房 玮 张盼月 张光明 张海波 编著

生物质厌氧发酵与产物控制技术

Anaerobic Fermentation of Biomass and Product Regulation

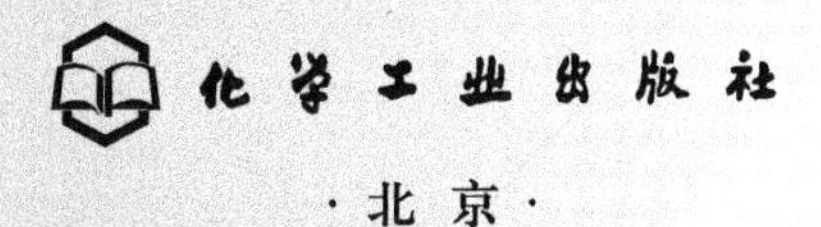

·北京·

内 容 简 介

本书在简述生物质特征与资源化利用现状的基础上，系统介绍了厌氧发酵的基本原理、发酵类型与微生物生态等内容，着重介绍了不同预处理技术（物理法、化学法、生物法）、发酵工艺操作情况（如底物浓度、pH）、共发酵技术等对生物质厌氧发酵产酸、厌氧发酵产甲烷及生物质深度发酵产乙醇的影响，并从物料理化性质、有机物增溶、微生物生态群落等多角度对相关原理进行了介绍。此外，本书还对发酵产物控制的最新研究成果进行了介绍。

本书力图涵盖生物质厌氧发酵基本理论与当前的最新研究进展，不仅可供环境专业初学生物质厌氧发酵的本科生、研究生学习使用，还可供从事生物质厌氧发酵研究的技术人员参阅。

图书在版编目（CIP）数据

生物质厌氧发酵与产物控制技术/房玮等编著. —北京：化学工业出版社，2021.4

ISBN 978-7-122-38521-5

Ⅰ.①生… Ⅱ.①房… Ⅲ.①生物能源-制备 Ⅳ.①TK6

中国版本图书馆CIP数据核字（2021）第026670号

责任编辑：赵卫娟　　装帧设计：史利平

责任校对：刘曦阳

出版发行：化学工业出版社（北京市东城区青年湖南街13号　邮政编码100011）

印　　装：北京虎彩文化传播有限公司

710mm×1000mm　1/16　印张14　字数211千字　2022年5月北京第1版第1次印刷

购书咨询：010-64518888　　售后服务：010-64518899

网　　址：http://www.cip.com.cn

凡购买本书，如有缺损质量问题，本社销售中心负责调换。

定　　价：128.00元

前言

目前，全球超过 80% 的能源供应都来自化石燃料。随着人口数量的急剧增长以及经济发展对能源需求的增加，人类对能源日益旺盛的需求将加速化石能源的枯竭，使能源紧缺时期提前到来。此外，化石燃料燃烧会排放大量有害气体，极大破坏生态环境、引发全球温室效应、危害人类健康。面对能源危机和环境恶化，大力开发、利用绿色可再生生物能源日益受到国际社会的广泛重视。

木质纤维素类生物质数量巨大、来源广泛，是地球上最丰富的可再生资源，为生物质能源生产提供了稳定的物料。例如，我国是世界上最大的食用菌生产国、消费国和出口国，蘑菇渣年产量超过 800 万吨。随着食用菌栽培技术的普及，预计未来，我国每年会产生更多的蘑菇渣。蘑菇渣含有丰富的氮、磷、钾元素，C/N 比较高，有机质含量在 90% 以上，而且含有丰富的粗蛋白质、粗脂肪、粗纤维、矿物质等营养物质，以及大量木质纤维素降解酶和各类水解酶。目前，由于得不到较好的管理处置，同许多其他木质纤维素类生物质类似，大部分蘑菇渣被随意丢弃，这在一定程度上限制了蘑菇的规模化生产，大量堆放的蘑菇渣也容易造成对环境的二次污染。仅有少部分的蘑菇渣被用作土壤改良剂或动物饲料，但这些方法处置能力弱、产品附加值低，不能有效缓解蘑菇渣大量累积的问题。因此，合理处置并进一步提高木质纤维素类生物质的综合利用，利用生物质生产能源对缓解能源危机、减少环境污染具有重要意义。

厌氧消化作为一种有效且相对简单的生物技术，已经在全世界木质纤维素原料的稳定化、资源化与减量化方面得到广泛应用。但是，木质纤维素类生物质中顽固性分子，特别是木质素的存在，使得目前厌氧消化工艺对木质纤维素原料的转化率不高，消化后有机物的降解率仅有 30% ~ 50% 。因此，有必要采取适当的预处理措施，提高木质纤维素类原料在厌氧消化过程中的转化率，提高其使用效率。白腐真菌能够分泌胞外木质素降解酶，有效地降解木质素，改变木质纤维素类生物质的结构和组分，提高木质纤维素类生物质的厌氧消化效率。作为生物预处理方法的一种，白腐真菌预处理具有能量消耗少、化学品投加量少等优点，因此受到研究者们的广泛关注。此外，瘤胃液中的细菌、真菌和原生动物通过协同作用，能够有效转化木质纤维素为挥发性脂肪酸，产生的挥发性脂肪酸又易被甲烷古细菌利用生产甲烷。由于具有高效水解、酸化木质纤维素的能力，瘤胃液处理可以作为一种生物预处理方法提高生物能源甲烷的生产效率。

挥发性脂肪酸（VFA），是厌氧消化过程中重要的中间产物，主要包括乙酸、丙酸、丁酸、戊酸和己酸，属于短链羧酸。这些短链羧酸是有机化工行业的重要生产原料，其附加值远大于甲烷，在生物塑料合成、生物能源生产和污水脱氮除磷等方面有广泛的应用潜力。为此国际上提出了“羧酸盐平台”的概念，即利用生物技术在混合开放系统（无须灭菌）中将有机废弃物转化成羧酸盐，作为各种化学品生产的原料前体。厌氧发酵产酸已成为废弃物资源化的主要研究方向之一。目前，关于木质纤维素生产生物质能的研究仍多集中于沼气和生物乙醇，存在产品附加值低，与粮食、动物饲料生产竞争等问题。对于以木质纤维原料为底物，特别是选择已被利用过的木质纤维素类生物质为原料，并结合白腐真菌预处理，强化其深度利用，促进厌氧发酵产酸的研究鲜有报道。此外，高效的“羧酸盐平台”不仅需要更高的 VFA 产率、更少的化学品投入，而且对发酵产物的控制同样十分重要。因为 VFA 的生产必须同后续利用相结合，不同的 VFA 组分对于后续产物的类型和品质具有不同的影响。但目前国内外对于厌氧发酵产酸的研究主要集中在通过预处理方法提高 VFA 产率，然而对 VFA 产物组分的调控，建立以丙酸、戊酸为主要发酵产物的研究还很少，同时底物在特定发酵系统中的转化路径也并不清楚。

全书共分为 7 章，分别对以下几个方面的研究内容进行论述。

第 1 章为绪论，综合论述了生物质资源化的意义及“羧酸盐平台”的发展潜力，介绍了厌氧发酵原理、厌氧发酵途径及厌氧发酵影响因素，归纳了木质纤维素的来源与特征。本章由北京林业大学房玮博士、张盼月教授编写。

第 2 章详细介绍了生物质预处理技术，并着重介绍了白腐真菌预处理技术，瘤胃液微生物预处理技术及其在木质纤维素能源转化过程中的应用，总结了木质纤维素利用现状。本章由北京林业大学房玮博士、张盼月教授编写。

第 3 章分三部分。第一部分介绍蘑菇渣发酵产酸的可行性分析及条件优化，主要考察底物浓度（6% ~ 18%）及发酵过程 pH（4 ~ 12）对厌氧发酵的产酸效率、酸组分及底物降解等的影响，探究最佳发酵过程的最佳底物浓度及 pH。第二部分研究了白腐真菌预处理技术对蘑菇渣厌氧发酵产酸的影响。

利用选取的真菌分别对高纤维素含量蘑菇渣（oyster champost）和高木质素含量蘑菇渣（raw champost）进行预处理，并考察真菌预处理对其产酸效率、酸组分及氮磷溶出的影响，通过预处理过程中真菌的生长、蘑菇渣成分和形态及真菌木质素降解酶活性的变化，对白腐真菌预处理机理进行了分析。第三部分提出剩余污泥共发酵，进一步提高了高纤维素含量蘑菇渣（oyster champost）厌氧发酵的效率。将剩余污泥与蘑菇渣混合发酵，考察两种底物的不同混合比例对厌氧共发酵过程水解产酸效率的影响，明确了最佳混合比例，并运用 Logistic 模型拟合厌氧发酵结果。本章由北京林业大学房玮博士、张盼月教授编写。

第 4 章关于厌氧发酵 VFA 组分不易调控、限制 VFA 后续应用路径的问题，进行了厌氧发酵路径调控的研究。在厌氧序批式反应器（ASBR）中通过厌氧颗粒污泥技术，建立以丙酸和戊酸为主要产物的发酵系统，考察不同 pH（6.0~6.5）条件对发酵效率、颗粒污泥性质及微生物群落的影响，并明确了发酵底物的转化路径。本章由北京林业大学房玮博士、张盼月教授编写。

第 5 章为瘤胃液预处理稻草促进稻草厌氧消化产酸产甲烷的可行性分析，考察了不同瘤胃液预处理时间（0~120 h）对瘤胃液预处理稻草过程及后续产甲烷的影响，考察了不同底物浓度（1.0% ~10.0%）对瘤胃液预处理过程中各指标及后续产甲烷产量的影响，并对预处理过程中瘤胃细菌群落结构和预处理后残渣特性进行了分析。本章由山西农业大学张海波教授、北京林业大学张盼月教授、河北工业大学张光明教授编写。

第 6 章研究了白腐真菌预处理促进以木质纤维类厌氧消化沼渣的厌氧发酵效果。考察了真菌预处理后发酵 VFA 产率、酸组分及氮磷溶出，分析了预处理过程中真菌的生长、沼渣 pH、成分和形态变化及真菌降解木质素酶的变化，探究了白腐真菌预处理促进产酸的机理。本章由北京林业大学房玮博士、张盼月教授编写。

第 7 章介绍了微波-碱预处理、超声-碱预处理和球磨预处理方法对稻草瘤胃液预处理残渣产乙醇发酵的影响。在最佳条件下，提出并评价瘤胃微生物主导的厌氧发酵和乙醇炼制一体化系统。本章由山西农业大学张海波教授、北京林业大学张盼月教授、河北工业大学张光明教授编写。

生物质的厌氧发酵技术是生物能利用的重要途径，环境厌氧技术在我国越来越受到重视。该书详细总结了厌氧发酵基本原理、生物预处理生物质技术、生物质厌氧发酵产物与产物控制技术、厌氧发酵微生物学等内容。

本书可以作为初学厌氧发酵人员的学习用书，以生物质厌氧发酵为研究课题，以及从事生物质厌氧发酵新技术研究的相关人员的参考书。

由于时间和编者水平有限，疏漏之处在所难免，恳请读者批评指正！

编著者

2022 年 3 月

目录

第1章 绪论

1.1 生物质资源化的意义

化石能源，特别是石油、煤炭和天然气的大量开发，推动了人类社会的大发展，预计到2050年全球人口数量将达到90亿。随着人口数量以及经济发展对能源需求的急剧增加，现有化石燃料已经不能持续满足能源消费的需求。国际能源署（IEA）预测，按照目前的消耗速度，到2060年全球能源消耗量将是目前水平的两倍以上，可能导致化石能源的加速枯竭，使能源紧缺时期提前到来[1]。与此同时，化石燃料的大量使用引发了一系列的环境安全问题。例如，化石燃料燃烧会排放大量的二氧化碳、氮氧化物等温室气体，是引起全球温室效应的主要原因。我国目前的能源消费结构仍以煤炭为主，燃煤过程中排放的二氧化硫可造成严重的酸雨污染，极大地破坏生态环境，危害人类健康。此外，有报道指出我国目前有超过70%的石油需要进口，石油资源的日益匮乏和中国对进口石油的过度依赖使我们不得不面对能源安全问题[2]。因此，面对能源危机和环境恶化，大力开发利用绿色可再生生物能源日益受到国际社会的广泛重视。

生物质能是太阳能以化学能形式储存在生物质中的能量形式（图1.1）。

生物质能一直是人类赖以生存的重要能源之一，仅次于煤炭、石油、天然气，在整个能源系统中占有重要的地位。生物质能不仅资源数量庞大，而且转化技术多样、生产方式安全。因此，利用生物质能源，对解决能源危机、发展低碳经济、改善生态环境、促进全球经济可持续发展具有重要意义。随着生物技术的不断发展，目前世界范围内使用生物质能生产

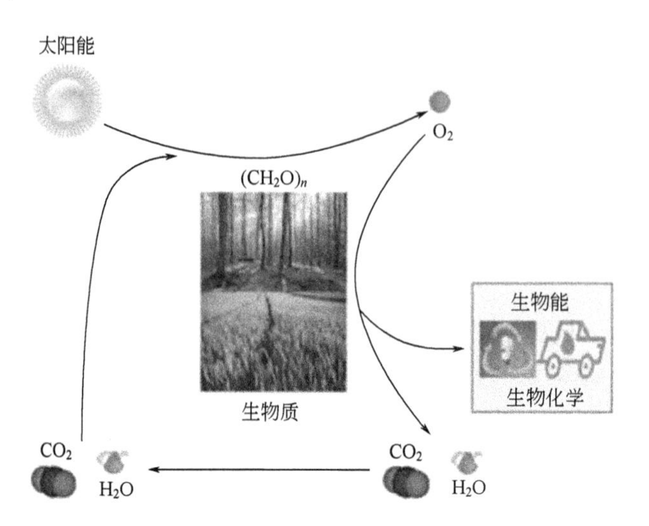

图 1.1 生物质能循环图

的化学品已经达到约 5000 万吨，占全球化学品产量的 10%[3]。同时，世界各国均加大了生物质能源发展力度，中国、美国和荷兰等国家宣布，计划到 2030 年，生物质能源将取代 25%～30%的化石燃料[3]。

如图 1.2 所示，生物质能转换技术主要分为直接燃烧、热化学法、生物转化和物理成型等。其中，生物转化是利用微生物或酶的作用，通过发酵方法将生物质转变成乙醇、甲烷、氢气等燃料。由于具有条件温

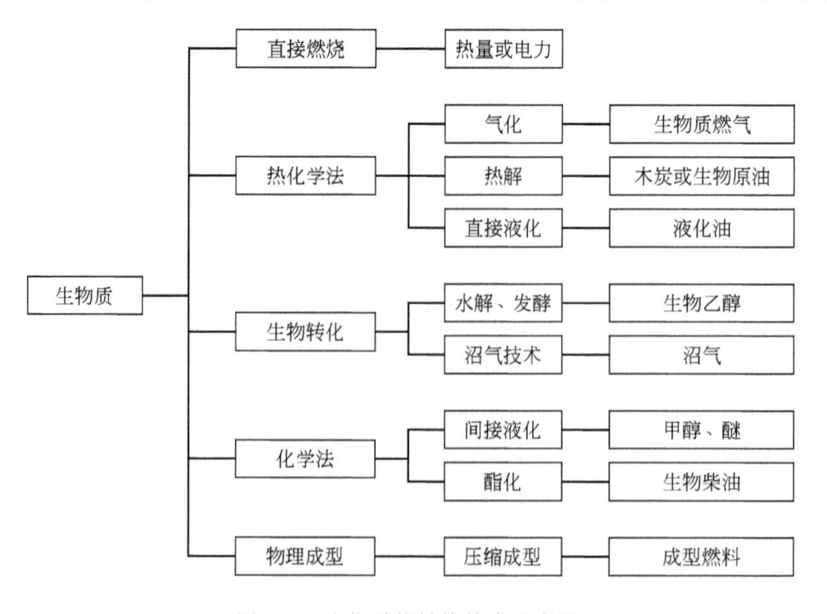

图 1.2 生物质能转换技术示意图

和、对环境友好等优点，生物转化方法逐渐受到重视，具有广阔的应用前景。目前生物乙醇和生物柴油是世界范围内发展规模较大的生物能源产品。

生物乙醇是一种不含硫及灰分的可再生清洁液体燃料，与汽油相比，乙醇具有辛烷值高、易完全燃烧、CO_2 排放少等优点，既可以单独作为发动机的燃料又可与汽油混合使用。在大规模发酵过程中，生物乙醇主要由含糖的生物质产生，最常见的是甘蔗、玉米、谷物或其他糖类作物，这些原料在微生物的作用下经过发酵过程转化成乙醇，生产的乙醇可以直接燃烧或与汽油混合用作汽车燃料[4]。

生物柴油的原料一般来自大豆、棉、油菜、棕榈等油料作物，动物油脂和餐厨垃圾油以及微藻等水生植物油脂。通过热化学工艺或酯交换技术将以上原料转化为可替代化石能源的可再生柴油燃料，并获得副产品脂肪酸甲酯和甘油。生物柴油可单独使用以替代柴油，又可以一定比例与柴油混合使用[5]。

沼气的主要成分为 CH_4（50%～70%）和 CO_2（30%～40%），沼气可直接使用，或将 CO_2 去除，得到纯度较高的 CH_4 产品。沼气可直接作为炊事、照明的生活燃料，也可作动力燃料，如果配置燃气内燃发电机组还可实现沼气发电。沼气发酵不仅是一个产能的过程，还是一个造肥的过程，发酵的残余物（沼液和沼渣）是优质的有机肥，可以改良土壤，发酵残余物还可以作为淡水养殖的营养饵料。因此，开发利用沼气既能弥补能源短缺，又能改善生态环境。印度是世界上最早利用沼气的国家，第一个大型沼气厂的投入使用可追溯到 1859 年，到 2008 年已建沼气池 450 万个，为近 10 万个家庭提供了炊事和照明[6]。德国是利用沼气最具代表性的国家，目前拥有中小型沼气池约 8900 个，政府大力推动沼气使用，并相应推行了一系列优惠政策和并网发电政策，极大提高了农场主建设沼气池的积极性。近几年，奥地利的沼气工程发展迅速，每年约投入 300 个沼气厂发电，近有 520～560GW・h 提供给国家电网，生产了约 130 万吨发酵残渣肥料，相当于营养成分的量为：5200 吨 N、2300 吨 K_2O 和 1600 吨 P_2O_5，同时每年可减排 CO_2 约 3.8 万吨[7]。作为能源消费大国，我国非常重视对沼气产业的发展，政府对农村沼气项目的投资已达 300 亿元。

据统计，2010年我国拥有大中小型沼气工程约7.3万处，沼气的资源潜力为3000亿立方米，年利用142.6亿立方米，折合标准煤2500万吨，可减排CO_2 5000多万吨[6]。但由于市场和技术的原因，我国的沼气产业发展缓慢，东西部差异较大，主要集中在农村小型沼气，而对大中型沼气工程重视不足。尽快实现沼气工程的规模化、产业化和标准化，将带来良好的经济和社会效益。

生物能源的生产有利于减少人类对化石能源的使用和依赖，减少温室气体排放，对经济、环境和社会产生积极影响。但是，生物能源的发展也面临可持续性和环境问题。目前生物能源生产的原料还是以玉米、高粱、甜菜等粮食作物为主。传统生物能源的大规模生产与人类争地争粮，可引发粮食安全问题，与可持续发展方式矛盾。因此，以木质纤维素作为原料的第二代生产生物能源技术成为未来发展方向。我国每年可产生大量的木质纤维素类生物质，这些物质是丰富的可再生资源，利用木质纤维素原料发展生物质能，对于拥有14亿人口的中国更具有重要意义。此外，目前的生物质能以生物燃料为主，用途过于单一，主要用于替代化石燃料。能源价格的波动对于生物质能的发展产生了许多不确定性因素。实际上，化石能源不仅可以作为燃料，也是日常生活中许多基本化学品的原材料，如塑料制品等。为了更好地替代化石燃料的使用，拓宽生物质能的应用范围，将生物质转化为有更高附加值的化石燃料衍生品，将是未来生物质能发展的一个方向。

1.2 羧酸盐平台-VFA生产

挥发性脂肪酸（VFA），主要包括乙酸、丙酸、丁酸、戊酸等小分子短链羧酸盐。这些羧酸盐及其衍生物是许多行业的重要原料，其附加值远大于甲烷，在气体生产、化工有机材料制造和废水脱氮除磷等方面有着广泛的应用潜力[8]。目前，工业上主要以石油为原料，通过化学合成的方法生产有机酸，这种方法不仅消耗了大量石油资源，还会对环境产生污染。随着环境保护要求的日趋严格以及能源紧张问题的日益突出，开发以非石油产品为原料、采用环境友好的生产技术，已成为国内外的一个重要研究热点[6]。由于具有操作条件温和、二次污染小等优点，微生物发酵法被认为是一种可替代化学法生产有机酸的环境友好技术。但如果以纯种微生物在无菌操作环境下进行有机酸生产，对操作要求苛刻，增加运行费用，而且容易染菌，导致发酵过程不能正常进行。为此，Holtzapple 和 Granda[9]于 2009 年首次提出“羧酸盐平台”的概念，即利用生物技术在混合开放系统（无须灭菌）中将有机废弃物转化成羧酸盐，作为各种化学品生产的原料前体。近年来，“羧酸盐平台”这一概念逐渐得到研究者的广泛关注和深入研究。例如，Agler 等[10]给出了羧酸盐转化途径的概述；荷兰 Wagenigen University 就如何在开放系统将有机物转化成中链脂肪酸进行了详细的研究[7]。下面分别就厌氧发酵机理、厌氧发酵类型及路径、典型功能细菌及 VFA 的资源化应用进行分析。

1.2.1 厌氧发酵机理

在一个完整的厌氧消化过程中，生物质在厌氧微生物的作用下可以被转化成甲烷、二氧化碳等气体。如图 1.3 所示，厌氧消化在多种生物酶和微生物的参与下，涉及多个连续的生化反应，整个过程可分成四个主要阶段，即水解阶段、酸化阶段、产乙酸阶段和产甲烷阶段[11]。

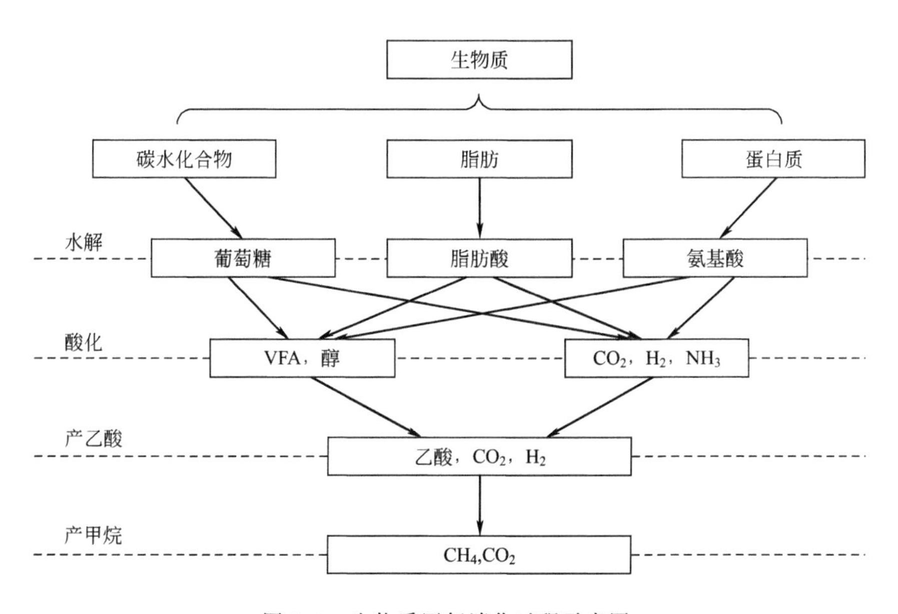

图 1.3　生物质厌氧消化过程示意图

在水解阶段，生物质中的蛋白质、碳水化合物和脂肪等复杂大分子有机物在不同胞外酶的作用下被水解成小分子物质，如氨基酸、葡萄糖和脂肪酸等。在酸化阶段，产酸菌将小分子物质转化成挥发性脂肪酸，如乙酸、丙酸和丁酸等，并伴随产生 NH_3、CO_2 和 H_2 等副产物。例如，碳水化合物被转化为单糖后，可通过糖酵解途径转化为丙酮酸，并进一步转化成小分子酸、醇和气体等小分子产物。对于蛋白质而言，水解后形成氨基酸和多肽，氨基酸可以单独被降解成有机酸，也可以多个氨基酸共同发生脱羧、脱氨反应，分解成小分子有机酸和气体等[12]。在产乙酸阶段，小分子有机酸进一步转化为乙酸、H_2 和 CO_2 等，同时 H_2 和 CO_2 还可以通过同型产乙酸过程产生乙酸。在产甲烷阶段，产甲烷菌将乙酸、H_2、碳酸、甲酸和甲醇等物质转化为 CH_4、CO_2 和细胞物质。在这一阶段，产甲烷菌既可以分解乙酸产生 CH_4，也可以由 H_2 还原 CO_2 产生 CH_4。VFA 是厌氧消化过程中重要的中间产物，生物质各组分首先被转化成 VFA，然后再继续转化成甲烷。表 1.1 对比了产酸菌和产甲烷菌的平均动力学参数。相对于产酸菌，产甲烷菌需要更长的世代周期时间和更严格的 pH 生长条件，因此在厌氧发酵过程中可以通过调节 pH 和停留时间等参数抑制产甲烷阶段，减少甚至避免 VFA 被消耗[13]。例如，Chen 等[14]通过在碱性环境下对污泥进行发酵，有效抑制了产甲烷菌的活性，避免了甲烷的生成。

表 1.1　产酸菌和产甲烷菌的平均动力学参数比较（van Lier 等[15]）

产酸菌、产甲烷菌	世代周期时间	适宜 pH	物质转化率
产酸菌			
Bacterioids	＜24h	4.5～8.5	13gCOD/(gVSS·d)
Clostridia	24～36h		
产甲烷菌			
Methanococcus	5～16d	6.8～7.2	3gCOD/(gVSS·d)
Methanosarcina barkeri	≈10d		

1.2.2 厌氧发酵类型及路径

1.2.2.1 发酵产乙酸路径

乙酸是最常见的发酵产物之一，由于其氧化还原电位较低，发酵过程中有机物趋向于乙酸转化。在产甲烷阶段，乙酸可向氧化还原电位更低的甲烷转化[9]。乙酸发酵路径主要分为以下三类。

（1）产氢产乙酸路径（糖酵解路径）

如图 1.4(a) 所示，通过糖酵解葡萄糖被转化成丙酮酸，丙酮酸在丙酮酸脱氢酶的催化作用下生成乙酰辅酶 A（acetyl CoA），acetyl CoA 在磷酸转乙酰酶（phosphotransacetylase，PTA）的催化作用下生成乙酰磷酸，并进一步在乙酸激酶（acetate kinase）的催化作用下生成乙酸[16]。

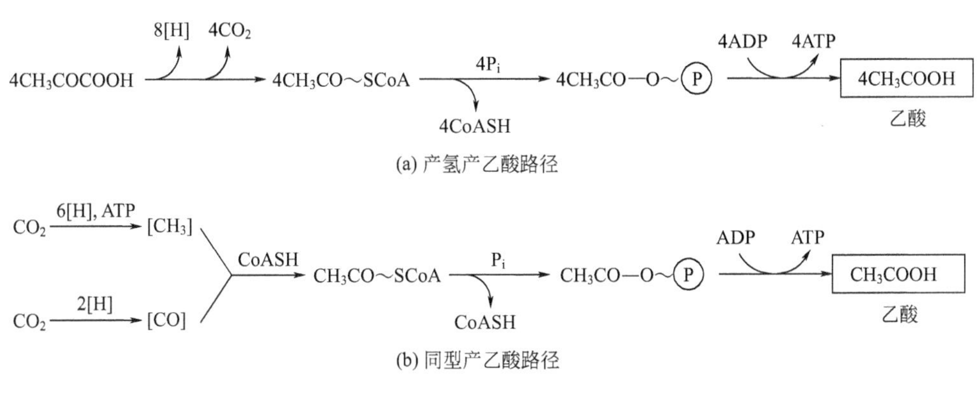

(a) 产氢产乙酸路径

(b) 同型产乙酸路径

图 1.4　两种乙酸形成路径示意图

（2）同型产乙酸路径

同型产乙酸是生成乙酸的重要途径之一。理论条件下，当以葡萄糖为底物时，通过同型产乙酸路径产生的乙酸可以达到总乙酸产量的近 1/3[17]。同型产乙酸菌在厌氧条件下可利用还原性乙酰辅酶 A，以 H_2 为电子供体将 CO_2 延伸成乙酸，Latif 等[18]对此路径进行了详细的描述。如图 1.4(b) 所示，首先将 CO_2 还原为甲酸盐，然后在 ATP 水解作用下将其结合到四氢叶酸（THFA）上，甲酰基-THFA 随后通过亚甲基-(methenyl-) 和亚甲基-THFA（methylene-THFA）还原成甲基四氢叶酸(formyl-THFA)。甲基四氢叶酸与 CO 在乙酰辅酶 A 合成酶上凝结成乙酰辅酶 A。乙酰辅酶 A 再通过乙酰磷酸路径，在乙酸激酶的催化作用下形成乙酸。其中，CO 来源于第二个 CO_2 在一氧化碳脱氢酶下的催化还原。与产氢产乙酸路径不同，该路径在氢分压高的时候更容易进行[19]。

（3）产氢产乙酸路径（小分子酸降解转化路径）

厌氧消化过程酸化阶段产生的小分子有机酸（如乳酸等），可以被转化成乙酸。如表 1.2 所示，标准状态下，丙酸、丁酸和乙醇转化成乙酸的反应在热力学上是不能自发进行的，只有当系统氢分压低于 10^{-4} atm（1atm＝101325Pa）时，它们才能转化成乙酸。

表 1.2　反应底物产乙酸反应过程（中性 pH，常温常压下）

反应底物	反应式	ΔG°/(kJ/mol)
氢气＋二氧化碳	$2HCO_3^- + 4H_2 + H^+ \longrightarrow CH_3COO^- + 4H_2O$	−2.9
乳酸	$CH_3CHOHCOO^- + 2H_2O \longrightarrow CH_3COO^- + HCO_3^- + H^+ + 2H_2$	−4.2
乙醇	$CH_3CH_2OH + H_2O \longrightarrow CH_3COO^- + H^+ + 2H_2$	+9.6
丙酸	$CH_3CH_2COO^- + 3H_2O \longrightarrow CH_3COO^- + HCO_3^- + H^+ + 3H_2$	+76.1
丁酸	$CH_3CH_2CH_2COO^- + 2H_2O \longrightarrow 2CH_3COO^- + H^+ + 2H_2$	+48.1
甲醇	$4CH_3OH + 2CO_2 \longrightarrow 3CH_3COOH + 2H_2O$	−70.3

1.2.2.2　发酵产丙酸路径

丙酸是各种发酵的主要终产物之一，许多细菌可以将葡萄糖直接转化为丙酸盐、乙酸盐和二氧化碳（1.5 葡萄糖⟶ 2 丙酸＋乙酸＋二氧化碳）。但是，也有大部分细菌，如 *Clostridium propionicum* 倾向于利用乳酸发酵得到丙酸（3 乳酸⟶ 2 丙酸＋乙酸＋二氧化碳）。到目前为止，人类发现肠道中发酵形成丙酸的路径共有三条，分别是琥珀酸路径（succinate pathway）、丙烯酸酯路径（acrylate pathway）和丙二醇路径（propanediol pathway）[20]，如图 1.5 所示。

（1）琥珀酸路径（succinate pathway）

葡萄糖等有机物先经糖酵解途径被分解为丙酮酸，然后在酶的催化作用下生成草酰乙酸，继续几步还原反应生成琥珀酸，最后在辅酶 A 转移酶、甲基丙二酰辅酶 A 变位酶的作用下生成最终的丙酸[21]。

（2）丙烯酸酯路径（acrylate pathway）

该路径似乎仅有少数微生物产生，如梭状芽胞杆菌（*Clostridium propionicum*）和消化链球菌（*Pestostreptococcus*）。当发酵系统内有大量易分解的有机物（如葡萄糖、淀粉等）时，容易发生乳酸累积，乳酸在辅酶 A 转移酶（coenzyme A transferase）的催化作用下生成乳酰辅酶 A（lactoyl-CoA），然后被转化为丙烯酰辅酶 A、丙酰辅酶 A，最终被还原

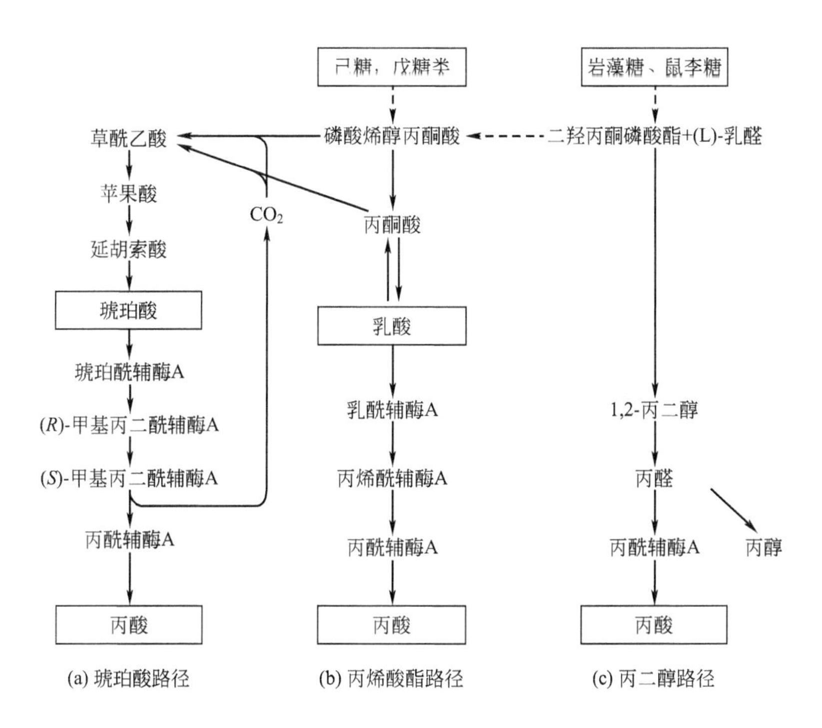

图 1.5 丙酸形成路径示意图（Reichardt 等[20]）

为丙酸[22]。

（3）丙二醇路径（propanediol pathway）

Scott 等[23]、Bobik 等[24]曾报道人类肠道中的一种菌群（*Roseburia inulinivorans*）可以利用岩藻糖、鼠李糖等作为基质，在丙醇脱氢酶（propanol dehydrogenase）等多种酶的催化作用下转化成丙酰辅酶 A，并最终生成丙酸和丙醇，作为发酵产物。但该路径只在人类肠道中发现，对于生物质发酵来说，琥珀酸和丙烯酸酯路径是生成丙酸的主要路径。

1.2.2.3 发酵产丁酸路径

丁酸通常是来自初级和次级发酵途径的产物。1861 年 Pasteur[25]首次揭示了葡萄糖经初级发酵生成丁酸的路径。如图 1.6 所示，葡萄糖先经 EMP 途径转化成丙酮酸，再和丙酮酸-铁氧化还原蛋白酶（pyruvate-ferredoxin oxidoreductase）产生 2 个 acetyl-CoA。两分子 acetyl-CoA 在硫解酶（thiolase，THL）的催化作用下生成乙酰乙酰辅酶 A（acetoacetyl-CoA），

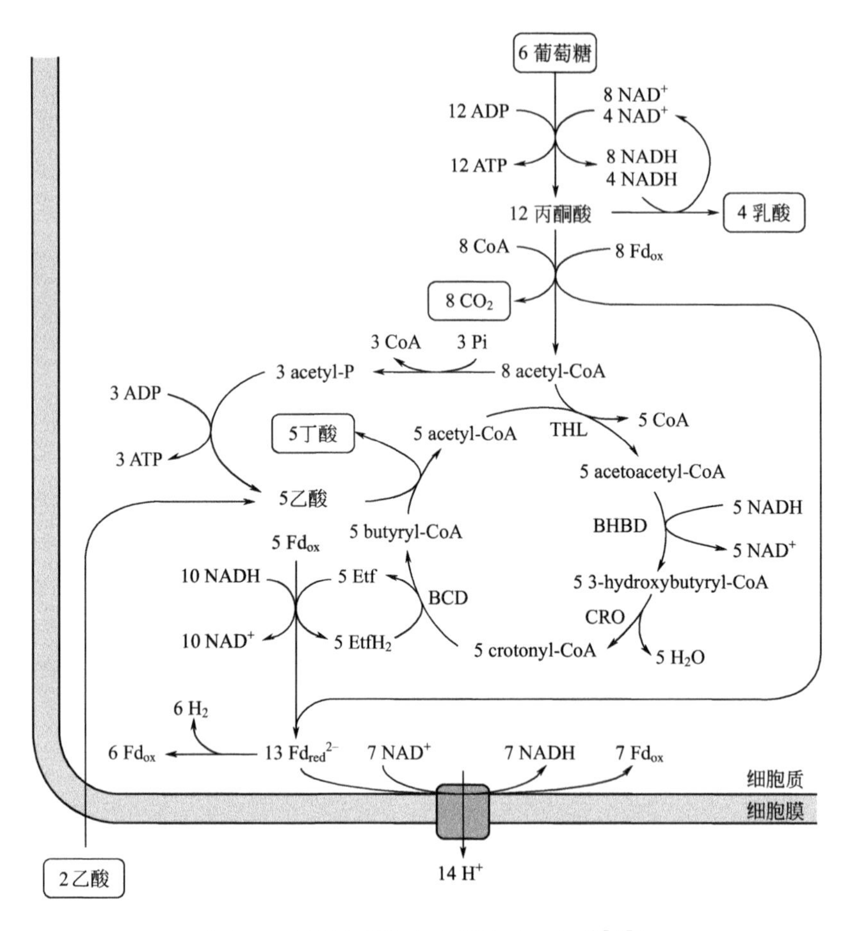

图 1.6　丁酸形成路径示意图（Louis 等[26]）

乙酰乙酰辅酶 A 在多种酶的催化作用下形成关键的前体丁酰辅酶 A（butyryl-CoA）。丁酰辅酶 A 再在磷酸丁酰转移酶（phosphotransbutyrylase，PTB）、丁酸激酶（butyrate kinase）的催化作用下，经过类似由乙酰辅酶 A 到乙酸的形成过程，最终生成丁酸。Louis 等[26]研究表明丁酰辅酶 A 也可通过丁酰辅酶 A 转移酶（butyryl-CoA transferase）生成，利用乙酸作为基质将辅酶 A（CoA）转移给乙酸，生成丁酸和乙酰辅酶 A，并且还指出在人体大肠中，丁酰辅酶 A 转移酶路径是生成丁酸的主要路径。

此外，丁酸盐也可以由次级发酵合成。*Clostridium kluyveri* 可以利用乙酸和乳酸生成丁酸，或者利用乙醇和乙酸生成丁酸，反应过程见式

(1.1) 和式(1.2)[27]。

$$\text{lactate}^- + \text{acetate}^- + H^+ \longrightarrow \text{butynate}^- + CO_2 + H_2O \quad (1.1)$$

$$6\text{ethanol} + 4\text{acetate}^- \longrightarrow 5\text{butynate}^- + 4H_2O + H^+ + 2H_2 \quad (1.2)$$

1.2.3 厌氧发酵过程中典型的功能细菌

厌氧发酵产酸是由多种不同功能的微生物相互作用、相互竞争的复杂多步骤微生物过程构成，其发酵效率和发酵产物由微生物的新陈代谢所决定。尽管发酵过程也有少量真菌和原核生物参与，但对发酵效果起主要作用的还是细菌[12,28]。表 1.3 按照降解底物和发酵产物的不同，归纳了厌氧发酵过程中几种典型的微生物[29,30]。

表 1.3 厌氧发酵过程中几种典型的微生物

微生物功能		典型菌种
按降解底物分类	纤维素降解菌	*Fibrobacter succinogenes*、*Ruminococcus albus*、*Ruminococcus flavefaciens*、*Eubacterium cellulosolvens*
	半纤维素降解菌	*Butyrivibrio fibrisolven*、*Prevotella ruminicola*、*Ruminococcus flavefaciens*、*Ruminococcus albus*、*Bacteroides ruminicola*、*Eubacterium xylanophilum*
	脂肪降解菌	*Anaerovibrio lipolytica*
	淀粉降解菌	*Bacteroides amylopilus*、*Selenomonas ruminantium*、*Streptococcus bovis*、*Ruminobacter amylophilus*、*Prevotella ruminicola*
	蛋白降解菌	*Proteolytic* species such as *Prevotella* (*Bacteroides*) *ruminicola*、*Ruminobacter* (*Bacteroides*) *amylophilus*、*Butyrivibrio fibrisolvens*
按发酵产物分类	产乙酸菌	*Acetobacterium woodii*、*Clostridium kluyveri*
	产乳酸菌	*Streptococcus bovis*、*Megasphaera elsdenii*
	产丙酸菌	*Selenomonas ruminantium*、*Megasphaera elsdenii*、*Succiniclasticum ruminis*、*Bacteroides species*
	产丁酸菌	*Clostridium butyricum*、*Clostridium kluyveri*、*Clostridium acetobutylicum*、*Clostridium pasteurianum*、*Butyrivibrio fibrisolvens*
	产琥珀酸菌	*Prevotella ruminicola*、*Fibrobacter succinogenes*、*Ruminobacter amylophilus*
	产戊酸菌	*Clostridium kluyveri*、*Megasphaera elsdenii*
	产己酸菌	*Clostridium kluyveri*、*Megasphaera elsdenii*、*Eubacterium pyruvativorans*

生物质中的大分子有机物（蛋白质、碳水化合物、脂肪等）在水解阶段可被各种功能的水解降解菌，如蛋白降解菌、淀粉降解菌、脂肪降解菌降解成小分子物质。产酸细菌按照主要发酵产物的不同，可以分为产乙酸菌、产丙酸菌等。许多细菌可以利用多种底物且拥有多种代谢路径，可以在发酵过程中生成多种有机酸。如 *Megasphaera elsdenii*，既可以将葡萄糖转化成乳酸，又可以将乳酸进一步转化成丙酸（如 1.2.2.2 所述）。对于木质纤维素类物质来说，纤维素降解菌和半纤维素降解菌在厌氧消化水解阶段发挥重要的作用，分别承担降解纤维素和半纤维素的功能。其中，*Fibrobacter succinogenes*、*Ruminococcus flavefaciens* 和 *Ruminococcus albus* 是发酵系统中降解纤维素的主要菌群[31]。*Fibrobacter succinogenes* 属于革兰氏阴性菌，只能利用纤维素、纤维二糖和葡萄糖生长，并形成乙酸和琥珀酸为主的最终产物。*Ruminococcus flavefaciens* 可以利用纤维素和纤维二糖，部分菌株可以利用葡萄糖，但不具有利用麦芽糖、乳糖、木糖和淀粉的功能[32]。*Ruminococcus albus* 只能利用纤维素和纤维二糖，生成乙酸、乳酸、H_2、CO_2 和甲酸[33]。此外，梭菌属（*Clostridium cellobioparum*、*Clostridium longisporum*、*Clostridium lochheadii*、*Clostridium chartatabidum*）和真杆菌属（*Eubacterium cellulosolvens*）也具有降解纤维素的功能。这些纤维素降解菌都属于严格厌氧菌，不能在有氧状态下存活，且对于生长的最适 pH 要求苛刻，范围在 6～7[32,33]。几乎所有的纤维素降解菌都可以降解半纤维素，如 *Ruminococcus flavefaciens*。Kamra[34] 的研究表明，*Butyrivibrio fibrisolven*、*Prevotella ruminicola*、*Ruminococcus flavefaciens* 和 *Ruminococcus albus* 是瘤胃中半纤维素降解最主要的细菌。其中，*Prevotella ruminicola* 是严格厌氧菌，属革兰氏阴性菌，可以发酵多种溶解性糖，以生产琥珀酸、甲酸和乙酸为最终产物。

发酵系统中微生物之间不仅存在竞争关系，而且存在相互共生的依存关系。产氢产乙酸细菌在代谢过程中可产生大量氢气，提高厌氧发酵体系中的氢分压，所以它们通常会和一些耗氢的细菌共生，才能维持生长，如 *Syntrophomonas*、*Syntrophospora* 和 *Syntrophothermus*。同型产乙酸菌在合成乙酸时，通常会和反应体系中其他的微生物竞争利用氢气，其中 *Acetobacterium* 和 *Clostridium* 是同型产乙酸菌出现频率最高的 2 个属[35]。此外，某些细菌的代谢产物是其他细菌的营养物质和能量来源[36]。例如，纤维素降解菌 *Ruminococcus albus* 的生长需要依靠非纤维素降解菌 *Prevotella ruminicola* 降解产生的 NH_4^+ 和 2-methylbutyrate，同时 *Prevotella ruminicola* 不能直接利用纤维素，需要依靠 *Ruminococcus albus* 降解纤维素产生的多糖为自己提供营养物质[37]。Scheifinger 等[38]在非纤维素降解菌（*Selenomonas ruminantium*）和纤维素降解菌（*Fibrobacter succinogenes*）共生的测试实验中发现，*Selenomonas ruminantium* 的生长需要依赖 *Fibrobacter succinogenes* 降解纤维素的水解产物。Russell[39]在随后的实验中也证实糊精可为非纤维素降解菌（*Selenomonas ruminantium* 和 *Prevotella ruminicola*）提供生长所需的营养物质。

1.2.4 挥发性脂肪酸的资源化应用

厌氧发酵过程产生的发酵液中含有大量的 VFA。如表 1.4 所示，VFA 一般是具有 1～6 个碳原子碳链的有机酸，具有很强的挥发性，但各自又具有不同的物理化学性质及商业价值。这些脂肪酸经提纯后可在其他行业中作为原料用于合成化学品。例如，丙酸是一种基本化工原料及重要的精细化工产品，广泛应用于食品、塑料、饲料、涂料、农药、医药等领域。根据美国能源署的报告，丙酸已成为全世界最重要的前 30 种化工原料之一[40]。戊酸主要用于制备正戊酸酯，广泛应用于香料、医药、润滑剂、增塑剂等[40]。乙酸化学合成为乙酸纤维素后，可进一步通过化学手段转化为色素、乳胶原料等[40]。

生物质厌氧发酵生产的发酵液中除了含有大量 VFA，还含有许多其他成分，如蛋白质、氮、磷等。为保证使用效率，往往需要在使用前进行净化处理或将 VFA 转化成易于分离的其他产品。VFA 的应用主要包括以下几个方面。

表 1.4　几种羧酸的基本特性及市场价值

有机酸	化学式	pK_a	市场规模/(t/年)	市场售价/(美元/t)
甲酸	CH_2O_2	3.74	30000	800～1200
乙酸	$C_2H_4O_2$	4.75	3500000	400～800

续表

有机酸	化学式	pK_a	市场规模/(t/年)	市场售价/(美元/t)
丙酸	$C_3H_6O_2$	4.87	180000	1500～1650
丁酸	$C_4H_8O_2$	4.81	30000	2000～2500
戊酸	$C_5H_{10}O_2$	4.87	—	—
己酸	$C_6H_{12}O_2$	4.88	—	—
乳酸	$C_3H_4O_3$	3.86	120000	1000～1800

1.2.4.1 生物塑料

聚羟基脂肪酸酯（polyhydroxyalkanoates，PHA）是很多微生物合成的一种细胞内聚酯，是一种可生物降解的、天然高分子生物材料，具有广阔的应用价值。在开放系统中，以 VFA 为碳源，利用微生物技术合成 PHA 可以有效降低生产成本[41]。在合成 PHA 的过程中，有机酸先转化为相应的脂肪酰辅酶 A，其中含奇数碳原子的有机酸，如丙酸、戊酸先转化成丙酰辅酶 A，再转化成聚羟基戊酸酯（PHV）；含偶数碳原子的有机酸，如乙酸、丁酸则先转化为乙酰辅酶 A，进而转化成聚羟基丁酸酯(PHB)[42]。许多研究者以各种废弃物发酵液为碳源，进行 PHA 生产的研究[43]。研究结果表明，灭菌纯菌条件下 PHA 的产量更高，可以达到85%以上；而在开放系统中 PHA 的产量为 40%～78%。Korkakaki 等[44]以垃圾渗滤液为底物生产 PHA，胞内 PHA 含量只有 29%；将垃圾渗滤液与合成的 VFA 在 SBR 系统中生产 PHA，产量可提高到 78%。为了进一步提高开放系统中的 PHA 产率，许多研究者从反应器运行方式、氨氮浓度及 C/N 等方面进行了深入研究[45]。

1.2.4.2 生物脱氮除磷

在污水生物脱氮除磷工艺中，需要易被利用的碳源，VFA 正是很多好氧工艺中常见的碳源组成。在生物脱碳除磷过程中，每去除 1mg 氮，需要碳源 5～10mgCOD；每去除 1mg 磷，需要碳源 7.5～10.7mgCOD[46]。由于许多城市污水中碳源不足，在反硝化过程中需要补充额外的碳源。为解决此问题，研究者进行了大量的实验研究，以 VFA 为碳源促进污水生物脱氮除磷（表 1.5）。反硝化菌倾向于利用小分子有机酸，乙酸效果最好、其次为丙酸。Tong 等[47]以污泥碱性发酵产生的发酵液作为实际污水厂生物脱氮除磷的补充碳源，结果显示，污泥在碱性条件下发酵，发酵液中乙酸和丙酸为主要产物作补充碳源，磷酸盐的去除率由 44.0%提高到 92.9%，总氮的去除率由 63.3%提高到 83.2%，脱氮除磷效果明显提升。与脱氮过程不同，对于生物除磷过程，发酵液中碳源被利用的优先顺序为正丁酸、丙酸、乙酸[48]。Thomas 等[49]利用初沉污泥进行厌氧发酵，并将发酵液作为碳源投加到脱氮除磷工艺中，结果显示，磷的含量降低到 1.2mg/L，除磷效率提高了 45%。

表 1.5　以发酵液为补充碳源的生物脱氮除磷效率

发酵液来源	氨氮去除率/%	总氮去除率/%	参考文献
高压均质预处理剩余污泥	99	—	[50]
剩余污泥	83	93	[47]
剩余污泥	—	99	[51]
剩余污泥	95	—	[52]
餐厨垃圾	92	73	[53]

1.2.4.3　合成中链脂肪酸

中链脂肪酸是 6～12 个碳原子碳链的有机酸，可以直接或间接用于工业生产，在食品加工、化妆品等领域具有广阔的应用范围。由于中链脂肪酸在水中溶解度较低，因而较短链脂肪酸更容易被提取分离，近年来受到了研究者的广泛关注和深入研究。一些厌氧微生物（*Clostridium kluyveri*、*Megasphera elsdenii* 等）经反向 β-氧化可以将短链脂肪酸转化成中链脂肪酸。该过程是以 acetyl-CoA、NADH 和 $FADH_2$ 作为能量载体的循环途径[54]。在一个循环中，acetyl-CoA 与另一个 CoA 衍生物偶联形成另外 2 个碳原子的 CoA 衍生物[54]。链延长的关键是将脂肪酸活化成 CoA 衍生物，该过程可以向脂肪中添加 CoA 进行脂肪酸的活化，也可以将 CoA 衍生物的 CoA 基团转移到另一个 CoA 衍生物上。例如乙酸，作为发酵中的关键分子，可以通过添加电子供体（如乙醇等）被激活[55]。

Kenealy 等[56]首次在连续运行的反应器中培养纯菌 *Clostridium*

kluyveri，表明 *Clostridium kluyveri* 可以在连续反应器中快速生长。基于此发现，Smith 等[57]首次发表了通过乙醇和丙酸制取中链脂肪酸的论文。Grootscholten 等[58]以乙酸和乙醇为发酵基质，在上流式污泥床反应器中制取己酸，反应器产率达到 16.6g/(L·d)，与产甲烷速率类似。Xu 等[59]以乳制品为发酵基质，采用两相发酵模式，在无须额外提供电子供体的情况下生产中链脂肪酸（C_6～C_9），在第一相产乳酸反应器中产率达到 36.96g/(L·d)，在第二相产己酸反应器中产率达到 1.68g/(L·d)。此外，近年来各国研究者就反应器构造、发酵底物的选择等方面进行了许多研究[10]。

1.3 厌氧发酵影响因素

1.3.1 底物类型

底物类型是影响发酵产物浓度的最重要因素之一。碳水化合物、蛋白质和脂质是构成生物质的最主要成分，微生物作用于它们的水解速率不同，进而对发酵产物造成不同的影响。通常认为，水解速率越大，产酸菌可以利用的溶解性有机物越多，产酸率越高[10]。如表 1.6 所示，目前研究结果表明各种类型底物的发酵产酸率达到 0.10～0.72g/gCOD，其中易降解的底物发酵产酸率更高。例如，Kyazze 等[61]以蔗糖为底物，在连续运行反应器中进行发酵，VFA 产率为 0.55g/gCOD。

表 1.6　发酵底物对有机物发酵产酸及组成的影响

发酵底物	发酵条件	VFA 产率	主要发酵产物	参考文献
香蒲	25℃，pH=12	127mgVFA/gTS	乙酸、丙酸	[66]
小麦秸秆	35℃，不控制 pH	141mgCOD/gTS	—	[67]
餐厨垃圾	37℃，不控制 pH	200mgCOD/gVS	乙酸、丁酸	[68]
大米	35℃，pH=6	720mgCOD/gVS	乙酸、丁酸	[69]
剩余污泥		239.66mg/gVSS	乙酸、丁酸	[70]
剩余污泥+餐厨垃圾	37℃，pH=8，C/N=22	669.80mgCOD/gVS	乙酸、丙酸	[71]
剩余污泥+农业废弃物	35℃，pH=10	486.6mgCOD/gVSS	乙酸、丙酸	[72]

发酵底物不同的碳氮比也是造成发酵浓度和类型差异的重要原因之一。因此，混合不同类型的底物可能会增加底物浓度和转化效率。例如，在甘油等发酵产丙酸过程中，增加氮源和维生素浓度有利于提高丙酸的产率[38]。剩余污泥的C/N偏低（6～9），并不处于最适宜发酵的碳氮比要求，因此污泥发酵结束后，发酵液中仍有大量的蛋白质未被转化[62]。针对这一问题，Feng等[63]向污泥底物中添加熟大米调节污泥发酵液的C/N，实验结果表明，添加熟大米调节C/N至20后，蛋白质降解程度显著提高，且提高了VFA的产率。

此外，底物类型对发酵产物类型也有直接的影响。Ma等[64]就发酵底物成分对VFA组分的影响进行了研究，结果表明，随着马铃薯皮废弃物的增加，发酵系统中丙酸和戊酸的浓度急剧减少，而乙醇和丁酸浓度增加。添加更多的餐厨垃圾后，戊酸和丙酸逐渐减少，但乙醇增加，丁酸则比较稳定。研究结果还表明，在厌氧发酵过程中，淀粉有利于丁酸和乙醇的形成，而脂质和蛋白质有利于丙酸和戊酸的形成。该结果与Chen等[65]的研究结论一致，富含蛋白质成分的物质，有利于形成以丙酸为主要产物的发酵液。

1.3.2 pH

pH是厌氧发酵过程中重要的影响因素，可以直接影响微生物的生长及生物活性。每种细菌和酶活的最适宜pH范围不同，超出这个范围会导致其丧失生理功能[74]。此外，同一种细菌在不同pH下的生理代谢路径可能会发生变化，从而导致发酵产物种类和含量的变化[66]。

大多数关于pH对底物发酵过程影响的研究表明，pH可以影响有机物的水解速率，从而影响发酵系统中溶解性有机物的数量，进而导致VFA产率的差异。Gallert等[73]指出水解脂肪和蛋白质的适宜pH条件倾向于中性或偏碱性，而碳水化合物的水解过程在酸性条件下效果更佳。同时，发酵过程pH的选择需要考虑发酵底物的性质和甲烷菌的抑制作用。如果发酵底物较难水解，在停留时间大于2d才能完全水解的情况下，通常需控制发酵pH在小于6或者大于8的范围，避免甲烷菌的生长[66]。Ma等[75]在污泥发酵研究中指出，碱性pH条件有利于污泥中有机物的水解，而pH为中性是产酸阶段的最佳条件。此外，Yuan等[76]在关于污泥碱性发酵机理研究中指出，当pH＝10时，污泥发酵液中VFA浓度较中性和酸性条件（pH＝5～7）提高了3～5倍。其主要原因在于碱性条件下污泥水解程度更大，为发酵阶段提供了更多的溶解性有机物，其中溶解性蛋白质贡献最大，其次是碳水化合物。碱性环境抑制产甲烷菌的生长也是VFA产率较高的原因之一。

此外，研究者还就pH对有机物发酵产物分布的影响进行了研究，但由于发酵底物、反应器运行状态等其他因素不同，很难得到统一的结论。Hussy等[77]在连续运行的反应器中发现pH为4.5时，发酵产物中丁酸含量达到70％，是主导产物，而Ren等[28]的研究表明在以葡萄糖为发酵底物，pH为4～5时，乙醇是主要发酵产物。Horiuchi等[78]以葡萄糖作为发酵底物，当pH从5提高到7时，发酵液中丁酸含量减少，而Temudo等[79]同样以葡萄糖为发酵底物，发现丁酸盐在pH为5.5以下时是优势产物。但Yu和Fang[80]基于明胶的合成废水发酵，发现pH范围在4～7时，乙酸均为主要的发酵产物。因此，pH对于发酵产物分布的影响（表1.7），需要综合考虑发酵底物、反应器运行等方面。

表1.7　pH对有机物发酵产酸及组成的影响

发酵底物	pH范围	最适pH	VFA产率	主要发酵产物	参考文献
剩余污泥	5～12	10	302.4mgCOD/gVSS	乙酸、丙酸	[81]
剩余污泥	6～9	8	520.1mgCOD/gVSS	丙酸	[63]
香蒲	6～12	12	127.2mgVFA/gTS	乙酸、丙酸	[66]
餐厨垃圾	4～6	6	0.9g/$gVSS_{降解}$	丁酸	[82]
高蛋白剩余污泥	3～11	9	600.0mgCOD/gVS	乙酸、丙酸	[83]
初沉污泥	3～11	10	301.6mgCOD/gVSS	乙酸、丙酸、戊酸	[84]

1.3.3 温度

温度是影响厌氧发酵生成VFA的另一重要因素。厌氧水解酸化细菌可适应的温度范围较广。按照温度不同，可将发酵类型分为低温发酵（<20℃）、中温发酵（25～40℃）和高温发酵（45～60℃）[85]。温度对酶活性、微生物生长速率及生化反应速率有不同的影响。厌氧发酵运行温度不同，对发酵产率影响差异较大。从热力学角度来看，随着温度的升高，有机物生物降解的初始吉布斯自由能下降，加快了生化反应速率[86]。多数研究表明，发酵温度的适当升高可促进 VFA 产量提高 20% 到 2 倍以上[87]。高温厌氧发酵可以提升反应速率，缩短发酵时间。但是，高温发酵运行方式不稳定，温度的波动对酸化产物的影响也较大。在高温条件下，反应器内温度变化应小于 0.6℃/d，如果温度变化超过 1.0℃/d，则可能导致微生物生理活性降低，甚至系统崩溃。此外，较高的温度会增加 VFA 和氨氮的 pKa 值，增加发酵液中游离铵和游离态有机酸的浓度，增加毒性风险[88]。由于存在上述缺点，目前大多数厌氧发酵工艺采用中温发酵。Cokgor 等[89]研究了温度（10～35℃）对初沉污泥发酵的影响，实验结果表明，35℃时 VFA 产率最大，为 340mgCOD/gVSS。VFA 产率随温度升高可归因于较多的可溶性蛋白和碳水化合物，以及较高的酶活性如蛋白酶和 α-葡糖苷酶。水解速率在中低温发酵工艺中往往是限制因素，这一点在低温发酵中更为明显[90]。

温度对厌氧发酵 VFA 组分影响的报道并不多，且结论不一致。Ahn 等[91]发现乙酸是初沉污泥中温和高温发酵的主导产物。Yuan 等[92]探究了在 4.0～24.6℃下温度对剩余污泥发酵的影响，实验结果表明，随着温度从 4.0℃上升到 14.0℃，丙酸和丁酸的含量分别从 20% 略微上升至 29% 及从 11% 上升到 16%，而乙酸的百分比从 55% 下降到 43%。与该结果相反的是，Yuan 等[93]进行污泥的中温发酵（30℃±2℃）和低温发酵时，乙酸均为主导产物，但在中温发酵时乙酸含量更高（表 1.8）。

表 1.8　温度对有机物发酵产酸及组成的影响

发酵底物	温度范围	最适温度	VFA 产率	主要发酵产物	参考文献
初沉污泥	10～35℃	35℃	340mgCOD/gVSS	乙酸、丙酸	[63]
剩余污泥	40～60℃	50℃	239.66mg/gVSS	乙酸、丁酸	[70]
餐厨垃圾	25～45℃	35℃	320mg/gVSS	丁酸、乙酸	[94]

1.3.4 有机负荷

有机负荷（organic loading rate，OLR）由有机底物和水力停留时间（hydraulic retention time，HRT）计算得来，表示单位体积单位时间反应器内接纳的有机污染物量，且应用范围为5～50gCOD/(L·d)[95]。通常调节OLR有两种方式：改变底物浓度或者改变停留时间。在系统稳定的前提下，提高OLR意味着提高系统的废弃物处理能力和产量，通常是在合理的范围内增加发酵底物浓度，使VFA的产率随着OLR的增加而增加[96]。但是，对于复杂有机物而言，通过降低HRT提高OLR，可能导致水解效率降低，产酸率下降[97]。例如，Banerjee等[98]发现，反应系统的HRT由30h下降至18h时，OLR相应由4gTS/(L·d)增加到7gTS/(L·d)，初沉污泥发酵产生的VFA总量由0.4g/L降至0.3g/L。此外，OLR对VFA的分布也有显著影响，特别是通过降低HRT提高OLR时，反应系统内微生物群落容易向生长周期更短的微生物转变，如乙酸菌和乳酸菌。Yu等[99]报道，在中温条件下，当OLR从4kgCOD/(m^3·d)增加到24kgCOD/(m^3·d)时，反应器内丙酸含量从13%上升到41%，而乙酸含量从40%下降到17%。Yu等[100]在淀粉废水发酵过程中也观察到类似的结果。但是，发酵系统在太高的有机负荷下运行通常是不稳定的，发酵系统可能会因乳酸积累导致pH下降而崩溃[101]。

1.4 木质纤维素类来源与特征

木质纤维素类生物质数量巨大、来源广泛，是地球上最丰富的可再生资源。农业生产、林业生产及市政活动可产生大量的木质纤维素类生物质，特别是我国作为世界农业大国，农业废弃物为生物质能源化提供了充足稳定的来源。木质纤维素主要包括纤维素（38%～50%）、半纤维素（23%～32%）与木质素（15%～30%）三大部分，此外还含有部分蛋白质、果胶和无机化合物等。在植物生产初级阶段，纤维素和半纤维素构成植物细胞壁的主要成分，为了防止结构被破坏，植物细胞壁通过整合新的聚合物如木质素而被固结[102]。木质纤维素三大组分在结构、性质方面各不相同，形成了天然木质纤维素复杂的结构。

1.4.1 纤维素

纤维素是世界上资源最丰富的聚合物。据估计，每年全世界纤维素的自然产量达 1.5×10^{12} t[103]。如图 1.7 所示，纤维素是由 β-1,4 糖苷键将 D-葡萄糖线性连接而形成的多糖[104]。作为木质纤维素类生物质的主要构成，纤维素主要分布在次级细胞壁。在初级细胞壁，纤维素大约含有 600 个葡萄糖单元；在次级细胞壁，纤维素的葡萄糖单元数在 13000～16000[105]。纤维素链之间通过氢键和范德华力相互连接，产生具有高拉伸强度的微纤维，这些微纤维的直径在 20～30nm，含有约 2000 个分子。这些纤维素微纤维通过半纤维素及果胶彼此附着，最外层由木质素包裹，得以抵抗生物和化学攻击[106]。由于纤维素分子在整个结构中具有不同的取向，导致具有不同的结晶度。在纤维素大分子聚集状态下一部分分子排列整齐、有规则，为结晶区；另一部分分子排列不整齐、较松弛，但其取向大致与纤维主轴平行，为无定形区。结晶度越高，纤维素可生物降解性越差[103]。

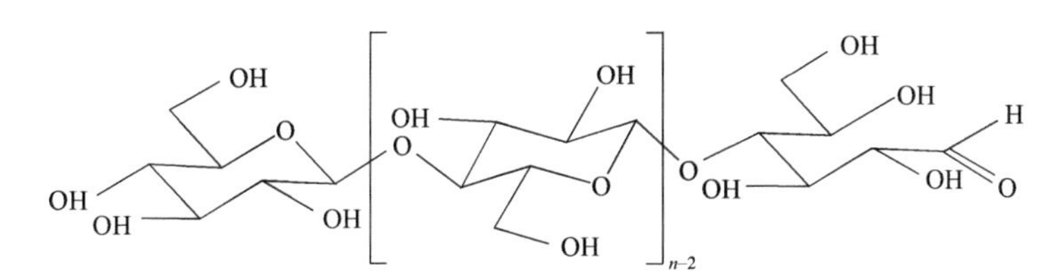

图 1.7 纤维素的基本结构（Klemm 等[103]）

1.4.2 半纤维素

半纤维素是无定形、无规则，具有多分支结构的异源多糖，在植物纤维的细胞壁中，起到连接纤维素和木质素的作用[107]。其主链及单链通过氢键、共价键、醚键连接。对于不同种类的植物，其连接方式不相同，并且结构并非单一。按照不同的多糖结构，半纤维素从结构上通常可分成木聚糖（xyloglycans）、甘露聚糖（mannoglycans）、木葡聚糖（xyloglucans）和混合连接的 β-葡聚糖（mixed-linkage β-glucans）四种类型[108]。在大多数情况下，木聚糖是由一个具有碳水化合物链的β(1,4)-D-吡喃木糖骨架，在其2、3位包含D-木糖、L-阿拉伯糖、D-木糖组成的L-半乳糖和D-葡萄糖等碳水化合物链（如图1.8所示）。由于具有无定形、多分支和聚合度低的特性，半纤维素对生物、热处理和化学处理高度敏感，部分半纤维素可溶于水，且绝大部分半纤维素可溶于碱及二甲基亚砜溶液。因此，半纤维素在厌氧消化过程中更易水解，其水解产物包括五碳糖和六碳糖。

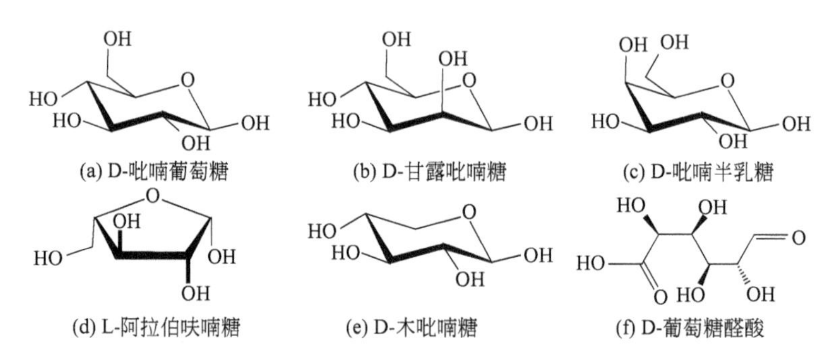

图1.8 半纤维素的主要成分（Sun等[109]）

1.4.3 木质素

木质素是自然界中第三大含量的高分子化合物，仅次于纤维素和甲壳素[104]。木质素以苯丙烷为结构单元，含有羟基、甲氧基和羰基等官能团，是一种大而复杂的芳香疏水性、无定形杂聚物。

如图1.9所示，根据组成差异，木质素的基本结构可以分为三大类，即愈创木基结构（G）、紫丁香基结构（S）和对羟苯基结构（H）[110]。这些基本结构单元主要通过醚键和碳碳键连接，构成复杂的三维网状结构。

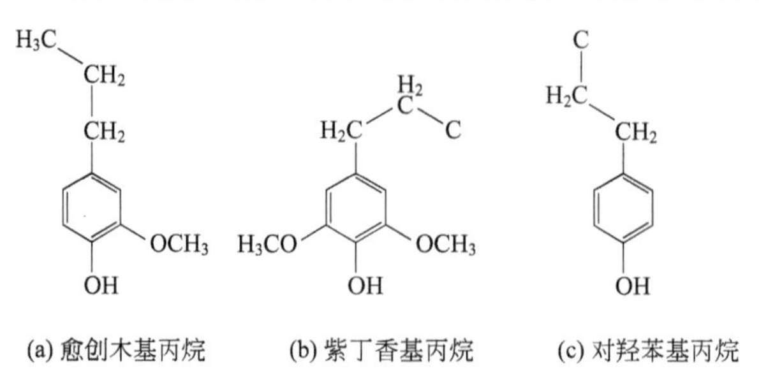

图1.9 木质素的基本结构单元

木质素的复杂结构使木质素在厌氧消化过程中几乎不被降解。在植物组织中，木质素在纤维素和半纤维素之间交联，起到黏结和填充作用，形成细胞壁的刚性三维结构。但是，木质素对纤维素的无定形捆绑在生物降解过程中限制了纤维素与酶的接触，阻碍微生物进一步接触和利用。因此，木质素的存在被认为是限制木质纤维素类生物质厌氧消化效率的最主要原因[111]。

第2章 木质纤维素类生物质预处理技术

2.1 生物质预处理方法概述

以木质纤维素类生物质为原料生产生物能源，在迄今为止的所有发酵过程中，纤维素、半纤维素和木质素的水解一直被认为是限速步骤[112]。如前所述，由于木质素在厌氧过程中几乎不能被细菌降解，且大量纤维素和半纤维素被木质素包裹，其复杂的结晶结构在一定程度上阻碍了酶对多聚糖的接触。所以降解木质素，释放纤维素和半纤维素成为木质纤维素利用的关键问题。此外，纤维素的结晶度也增加了细胞壁的稳定性并抑制了生物降解。因此，采取适当的预处理方法可以有效降解木质素，降低纤维素的结晶度和聚合度，促进纤维素和半纤维素与酶的有效接触，提高木质纤维素类生物质的可生化性[112]。木质纤维素类生物质预处理技术可以分为物理法、化学法和生物法三大类[113]。

2.1.1 物理预处理

物理预处理通常指在预处理过程中不使用化学物质，且不涉及微生物作用的方法，如机械预处理、超声波预处理、蒸汽爆破等[114]。

机械预处理指通过切割、研磨等方式，减小原料的粒径并增加生物质的比表面积，以增加发酵微生物与发酵底物的接触面积[114]。Zheng等[104]发现经过机械研磨预处理，市政废弃物的平均粒径下降5%～25%，在后续厌氧消化过程中水解速率提高23%～59%，相应甲烷产率提高超过了30%。但是，过度减小底物粒径对提高厌氧消化效率作用不大，甚至会导致厌氧消化效率下降。例如，Sharma等[115]在农业和森林废弃物的混合厌氧消化实验中发现，当粒径在0.30～0.40mm范围内时，甲烷产量随粒径的减小而增大；当粒径从0.40mm减小至0.088mm时，甲烷产量变化微乎其微。Rubia等[116]发现，与粒径范围0.36～0.55mm相比，粒径在1.4～2.0mm时的向日葵甲烷产率最大。因此，找到粉碎程度和厌氧消化效率之间的平衡点十分重要。

超声波预处理主要是使用超过20kHz的超声波辐照，可用于提高生物质的水解速率和可生物降解性，并且木质素的解聚和分离可以通过超声波预处理实现[117]。然而，目前超声波预处理主要用于液体含量较多的介质，因为超声波在液体中会发生空化现象，空化气泡瞬间破裂可产生超过100MPa的压力，能够破坏物质结构。同时，超声波空化可使介质局部温度达到5000K，对原料产生裂解效应。因此，该方法更适合于分解污泥等微生物生物质，并已在污泥预处理中得到有效应用。

蒸汽爆破是木质纤维素类生物质最常见的预处理方法之一，许多研究者将其用于促进厌氧消化产甲烷过程。据报道，经过蒸汽爆破预处理后，木质纤维素类生物质的甲烷产率可以提高40%以上[104]。该方法使木质纤维素原料在高温高压下（通常温度160～260℃，压力0.69～4.83MPa）维持几秒至几分钟至蒸汽饱和状态，之后突然释放压力至常压。在蒸汽爆破过程中，木质纤维素的主体结构由于自身的膨胀遭到破坏，半纤维素和木质素可以部分降解，从而使预处理的生物质更易降解[104]。但蒸汽爆破对设备要求较高，且预处理过程会损失一定的还原糖，并可能产生酚类等厌氧消化抑制物[114]。

2.1.2 化学预处理

化学预处理指通过使用化学品，如酸、碱和离子液体等，改变木质纤维素类生物质的物理化学特性。目前，各国研究者对化学预处理促进木质纤维素类生物质产乙醇和产甲烷过程研究较多，但对用于厌氧发酵产酸的研究较少[104]。其中，酸、碱和氧化预处理是经常使用的化学预处理方法。

酸预处理包括添加强酸或稀酸，如H_2SO_4、HCl、HNO_3、H_3PO_4和其他有机酸。酸预处理一般在室温下进行，无机酸投加浓度在1%～4%（g/g干重），而有机酸投加比率较高（乙酸，35%～80%）。酸预处理促进木质纤维素可生化性的机理是通过溶解半纤维素，使得纤维素具有更好的可接触性[114]。在酸预处理过程中发生的主要反应是半纤维素的水解，溶解的半纤维素（低聚物）可以在酸性环境中进行水解反应产生单体，如糠醛等[114]。浓酸预处理过程产生高浓度抑制物的风险较大，容易对后续厌氧过程产生副作用，因此在酸预处理中，稀酸预处理受关注程度更高。

碱预处理是指通过使用 NaOH、$Ca(OH)_2$、KOH 和 $NH_3 \cdot H_2O$ 等碱液去除木质素，使木质纤维素类生物质更易被微生物降解[104]。碱液能够打破木质素之间醚键和酯键连接，具有增大溶解木质素的作用。因此，与酸预处理相比，碱预处理效果更佳。此外，碱预处理还可以改变纤维素结构，达到降低天然纤维素致密性和稳定性的作用[118]。

用过氧化物或臭氧进行氧化预处理也是常用的化学预处理方法。在大多数情况下，过氧化物被原位转化成具有强氧化性的羟基自由基（OH^-）。目前，最常用的过氧化物是过氧化氢（H_2O_2）。预处理过程主要发生的反应包括氧化裂解芳香结构、亲电取代、侧移链和烷基芳基醚键的裂解。半纤维素被分解成单糖和有机酸，纤维素部分降解，木质素被裂解和氧化[119]。Zheng 等[104]总结，投加 1%～4%（g/g 干重）的 H_2O_2 预处理农林废弃物后，厌氧消化甲烷产率提高了 30%～120%。但是，H_2O_2 处理是一种非选择性的氧化过程，在该过程中可能造成半纤维素和纤维素的损失。此外，氧化产物中容易含有厌氧消化抑制物，这些因素在一定程度上限制了氧化预处理的大规模应用[120]。

2.1.3 生物预处理

木质纤维素的生物预处理是指利用水解酶或者降解木质素能力较强的微生物，将木质纤维素降解成易于厌氧细菌利用的物质，以达到促进生物燃料生产的目的。由于生物预处理法具有条件温和、能耗低和二次污染少等优点，近年来受到了研究者们的大量关注。常用的生物预处理法包括酶法和真菌法。

研究者们向反应器中直接投加胞外水解酶，如纤维素酶、半纤维素酶等，促进厌氧消化。例如，Gerhardt 等[121]利用商业水解酶对农业废弃物进行预处理，甲烷产量提高了约15%。但是，酶活易受很多因素影响，如底物和环境因素（pH、温度）等。Romano等[122]就何时向小麦草投加纤维素酶进行了研究，结果表明，在厌氧消化之前单独向小麦草投加纤维素酶可以提高水解效率，但是向反应器中直接投加纤维素酶，并没有观察到VFA和甲烷产量的变化，可能投加的纤维素酶在反应器中被迅速降解。

此外，还可以通过向木质纤维素原料接种纯菌、混合菌及真菌等，利用它们释放的胞外酶促进纤维素水解、木质素降解酶降解木质素，增大纤维素与厌氧细菌的接触面积。该方法所需成本相对较低，但真菌生长缓慢、预处理时间较长是限制其大规模应用的主要瓶颈[123]。表2.1对比了几种木质纤维素预处理方法的优缺点。

表2.1 木质纤维素类生物质预处理方法的优缺点

预处理方法	优点	缺点
物理预处理		
机械法	增大表面积，材料易储存	高耗能，对设备要求高，投资维护成本高
超声波法	操作方便	能耗高，需要投加液体介质
蒸汽爆破	操作方便	能耗高，产生抑制物
化学预处理		
酸法	溶解半纤维素	成本高，腐蚀设备，产生抑制物
碱法	木质素降解程度高	成本高
氧化法		非选择性降解，产生抑制物
生物预处理		
酶法	操作方便，低能耗	成本高，条件敏感，易失活
真菌法	低成本，低温	周期长、灭菌

2.2 白腐真菌预处理木质纤维素类生物质

2.2.1 白腐真菌预处理概述

按照木质纤维素降解底物的不同，木腐菌可分为白腐真菌、褐腐真菌和软腐真菌三类[124]。其中，褐腐真菌只能降解纤维素和半纤维素，不具有降解木质素的能力。因此，褐腐真菌不适合用于木质纤维素的预处理。软腐真菌可以同时降解纤维素、半纤维素和木质素，但是降解木质素的能力不如白腐真菌。白腐真菌，属于担子菌门真菌，因可以引起木材腐朽变白而得名。白腐真菌是自然界中已知的为数不多能的将木质素彻底矿化为二氧化碳和水的一类微生物[125]。

据报道，为了获取更多的营养成分，白腐真菌在营养物质（碳、氮、硫等）限制条件下进行木质素降解酶合成[126]。但是不同的白腐真菌种类对木质素和纤维素的降解速率有很大不同，因此在降解模式上存在较大差异。大部分白腐真菌，如 *Phanerochaete chrysosporium*，在降解木质素过程中可同时降解纤维素和半纤维素，导致有机底物的损失，影响后续转化效率[126]。还有一些白腐真菌能够选择性降解木质素，降解木质素的速率远高于纤维素的降解速率，即只损失少量的纤维素，主要利用半纤维素为自身需要的碳源[127]。这类白腐真菌被视为适用于木质纤维素类生物质的生物预处理过程[124]。真菌菌丝接种于木质纤维素类生物质之后，真菌木质素分解酶系统产生可以扩散到细胞壁中的小分子自由基组分，以自由基为基础的链式反应开始发生。当真菌能够接触到足够多的纤维素时，真菌从木质素降解转换成纤维素降解。从理论上讲，这一时刻木质素降解程度最大，纤维素可接触性最大，也是预处理效果最佳时间[128]。

近年来，学者们开始利用白腐真菌预处理木质纤维素类生物质，主要集中在厌氧消化产甲烷过程[112]。Rouches 等[112]总结了白腐真菌预处理木质纤维素类生物质对厌氧消化过程的影响，研究结果表明，平均 30d 的有效预处理，可以提高约 50%的甲烷产量[112]。Bisaria 等[129]通过白腐真菌预处理小麦秸秆的研究发现，经 *Pleurotus sajor-caju* 预处理 40d 后，小麦秸秆在中温厌氧消化中甲烷产量提高约 59%。

白腐真菌有效去除木质素是促进厌氧消化过程的一个重要原因。Zhao 等[130]在白腐真菌预处理庭院废弃物研究中发现，经过 *Ceriporiopsis subvermispora* 预处理 30d 后，庭院废弃物的木质素含量降低了 20.9%，而纤维素含量只下降了 7.4%，后续中温厌氧消化过程的甲烷产量较未预处理提升了约 154%。分析结果表明，木质素去除率与甲烷产量具有正相关的线性关系。除了通过降低木质素含量可以促进厌氧消化过程，白腐真菌预处理过程中对木质纤维素的物料改性，如扩大孔隙度、降低纤维素结晶度等作用也可以提高其厌氧消化效率[112]。

2.2.2 白腐真菌降解木质素机理

由于大多数可再生碳以木质素的形式或由木质素包裹的化合物如纤维素、半纤维素的形式存在，因此木质素的降解对于地球的碳循环具有十分重要的意义[110]。从 20 世纪 20 年代，人们开始对木质素的生物降解进行研究，并发现白腐真菌具有降解木质素的功能。直到 20 世纪 70 年代后期，Kirk 等[131]以 *P. chrysosporium* 为典型菌种，利用同位素示踪法揭示了木质素降解的生理学特征，如木质素的生物降解需要在低氮水平下进行等。随着酶学与生物学的发展，20 世纪 80 年代进入木质素生物降解研究的高峰期。人们先后从白腐真菌分离出漆酶（laccase）、木质素过氧化物酶（lignin peroxidase，LiP）和锰过氧化物酶（manganese peroxidase，MnP）等木质素降解酶，使人们弄清了白腐真菌依靠胞外酶降解木质素的机理[110]。

如上所述，木质素生物降解是依靠酶的催化作用产生具有化学不稳定性的木质素自由活性中间体、以自由基为基础的链式反应，并发生一系列自发的降解反应。涉及木质素降解过程的胞外酶主要包括 LiP、MnP 和漆酶。此外，该过程还涉及一些 H_2O_2 产生酶，如乙二醛氧化酶、葡萄糖氧化酶，它们的作用是以有机物为底物，生成过氧化氢，用于激发酶活反应[132]。白腐真菌分解代谢木质素的过程涉及单体之间的醚键断裂、丙烷侧链的氧化裂解、去甲基化及苯环断裂。

LiP 是一种含血红蛋白的糖蛋白，与木质素中非酚类芳香族及类似化合物的氧化裂解有关，是木质素降解的关键功能酶。但是，并非所有白腐真菌都分泌 LiP，如 *C. subvermispora* 不分泌 LiP，只分泌 MnP 和漆酶[133]。LiP 降解木质素是通过电子传递体攻击木质素，首先 LiP 从非酚类木质素结构上夺取一个电子，并将其氧化成离子自由基中间体，然后发生链式反应产生更多不同的自由基，导致木质素分子中的主要化学键断裂，最后引发一系列的链解反应[134]。图 2.1 为木质素过氧化物酶反应示意图。

MnP 存在于大多数白腐真菌中，也是一种胞外糖基化血红蛋白。与

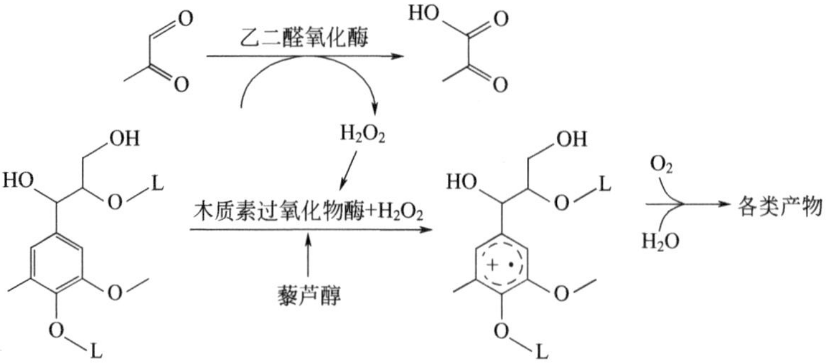

图 2.1　木质素过氧化物酶反应示意图（Hatakka 等[110]）

LiP 相似，MnP 同样需要 H_2O_2 作为启动因子，但机理不同。MnP 系统创造出低分子量的氧化剂，扩散到木质素基质中，可在一定程度氧化木质素酚类物质[135]。如图 2.2 所示，H_2O_2 将酶系统中胞外 Mn^{2+} 氧化至 Mn^{3+}，Mn^{3+} 进一步氧化各酚类化合物。在该催化反应过程中，还需要螯合剂如草酸盐和丙二酸盐的存在，这些螯合剂可以促使 Mn^{3+} 从酶的位点释放出来。H_2O_2 可能由乙二醛氧化酶产生，该酶可以从低分子量醛类转移电子（如乙二醛和乙醇醛）产生 O_2，从而形成 H_2O_2。芳香醇氧化酶和草酸氧化酶也是白腐真菌产生 H_2O_2 的主要酶[136]。

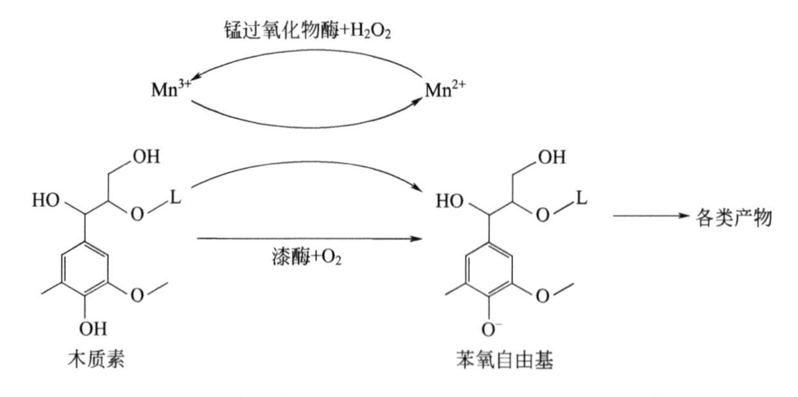

图 2.2　锰过氧化物酶和漆酶反应示意图（Hatakka 等[110]）

漆酶是一种典型含铜的糖蛋白，属于多酚氧化酶，大多分布在担子菌（*Basidimycetes*）、多孔菌（*Polyporus*）和柄孢壳菌（*Podospora*）等微生物中[137]。与 LiP 和 MnP 不同，漆酶利用氧气作为电子受体，主要催化攻击木质素苯酚结构单元。在反应中，苯酚的核失去一个电子而被氧化，产生苯氧自由基，可导致碳碳键和碳氧键的断裂，发生木质素解聚和聚合反应。但相比于 LiP 和 MnP，漆酶氧化能力较弱。漆酶具有同时催化解聚和聚合木质素的作用，但单独存在时不能降解木质素，只有同时存在 MnP 等其他酶，避免反应产物重新聚合时，才有较高的木质素降解效率。此外，研究者发现，漆酶可以与介体复合物相互作用提高其氧化性，与更广泛的底物反应[138]。

白腐真菌降解木质纤维素类生物质是一个复杂的过程，该过程除了木质素降解酶（LiP、MnP 和漆酶等）、过氧化物酶参与外，还包括许多其他生物酶，如纤维素酶、半纤维素酶等[136]。木质纤维素生物降解酶系中各种生物酶可相互协同，共同影响白腐真菌对木质素的降解效果。

2.2.3 白腐真菌预处理主要影响因素

2.2.3.1 底物性质

影响白腐真菌预处理效果的重要因素之一是底物基质构成的变化，底物性质不同可影响白腐真菌的生长及酶活产生[139]。木质纤维素类生物质的主要成分类似，但是各种成分含量、性质差别很大。例如玉米、小麦秸秆中纤维素含量较高，木质素含量较低，而森林废弃物如木材等木质素含量相对较高。即使同一起源的木质纤维素类生物质的组分也不完全一致。据报道，Labuschagne 等[140]发现在不同批次的小麦秸秆上，*P. ostreatus* 的生长量可以相差一倍。Arora 等[141]曾报道生长在不同地区小麦秸秆的真菌产生漆酶的时间和数量都相差较大。此外，木质素的构成和含量也会影响真菌预处理的效果。相比木质素构成的其他结构，愈创木基结构和紫丁香基结构较难降解，而相比于愈创木基结构，紫丁香基结构的缩合度及氧化电位低，因此真菌往往先降解紫丁香基结构，再降解愈创木基结构[139]。

底物营养元素的含量对白腐真菌预处理过程也有影响，但目前的研究主要集中在一些金属离子和碳氮的作用上。木质纤维素类生物质中某些金属离子，如 Mn^{2+}、Cu^{2+} 含量偏低，适当地添加这些金属离子有利于提高木质素降解能力。Mn^{2+} 作为酶的结构组分和活性因子，对白腐真菌木质素降解酶的合成和活性有显著影响。Bonnarme 等[142]的研究表明向玉米秸秆中添加 300mmol/L $MnSO_4$，*P. chrysosporium* 降解木质素的能力可提高约 41%。在自然界中，木质素降解发生在缺氮条件下，因此氮含量高时可能抑制部分真菌物种的木质素降解作用。目前关于微量元素对真菌降解过程的报道并不多见，未来可在该方向进行一些深入的研究，从而更好地调控白腐真菌预处理木质纤维素类生物质的效果。

2.2.3.2 菌株类别

白腐真菌种类丰富，自然界中约有 2000 多种白腐真菌，不同种属的白腐真菌对于底物的改性程度及产酶特性不同。例如，*P. chrysosporium* 可同时分泌 LiP、MnP，并且具有较强的纤维素酶分泌能力，而 *C. subvermispora* 只能分泌 MnP 和漆酶，不能分泌 LiP，且分泌纤维素酶的能力较弱[136]。因此，不同菌株对同一物质的预处理效果也不同。Cone 等[143]选取了 11 种白腐真菌在室温下对小麦秸秆进行预处理，结果表明经过 49d 预处理，只有 *C. subvermispora*、*L. edodes* 和 *P. eryngii fungi* 能够促进厌氧可生化性及产气效率，其余真菌在预处理过程中均较大程度地消耗了纤维素，导致资源利用效率降低。少量研究对比了相同种属不同菌株对木质纤维素类生物质预处理效果的影响。Membrillo 等[144]的研究发现，两种 *P. ostreatus* 菌株接种在同一种甘蔗渣上生长，产生了不同含量的漆酶（四倍差异）、木聚糖酶（三倍差异）和羧甲基纤维素酶（三倍差异）。Stajić等[145]报道，两种不同 *P. ostreatus* 菌株在木屑上生长时产生了不同含量的漆酶和过氧化物酶。表 2.2 列举了几种典型白腐真菌及其常见预处理的木质纤维素类生物质。

表 2.2 典型白腐真菌及其常见预处理底物（van Kuijk 等[139]）

菌种	预处理底物
Pleurotus eryngii	玉米、大米、小麦、甘蔗等
Trametes versicolor	桦木、棕榈、小麦、云杉等
Pleurotus sajor-caju	桦木、大米、云杉、小麦等
Lentinula edodes	雪松、棕榈、小麦、云杉等
Ceriporiopsis subvermispora	竹子、雪松、玉米、甘蔗、小麦等
Phanerochaete chrysosporium	桦木、大米、云杉、小麦等

2.2.3.3 培养环境

白腐真菌预处理木质纤维素类生物质通常采用固态发酵。相比于液态发酵，该方法操作简单、能量消耗低，可以最大限度地模仿自然界中白腐真菌降解木质纤维素类生物质的过程。固态发酵过程中，白腐真菌的生长及其对木质纤维素组成、物理化学性质的作用效果受一系列环境因子的影响，如粒径大小、底物含水率、pH、温度等。

大粒径的底物会阻碍真菌渗透到纤维素类生物质中，降低空气、水和代谢物中间体的扩散。Sachs 等[146]的研究表明，真菌更容易生长在比表面积较大的底物上。粒径的减小会增加底物的比表面积，为真菌提供更多的接触位点。Gómez 等[147]的研究结果表明，*Trametes* sp. 生长在小粒径的玉米秸秆上时可产生更多的纤维素酶和木聚糖酶。与大粒径相比，碳水化合物在较小粒径底物中可能更容易与真菌接触。

一般来说，大部分白腐真菌可以在 15～35℃之间生长，最适宜的木质素降解温度通常在 25～30℃之间[136]。Wan 等[124]的研究结果表明，28℃时 *C. subvermispora* 预处理玉米秸秆效果最好，可消化性最强。pH 也是影响预处理过程的重要参数，大部分白腐真菌适宜生长的 pH 范围为 4～6。培养基中 pH 的变化可影响胞外木质素降解酶的活性及反应过程。Baldrian 等[148]的研究表明漆酶的最适 pH 范围为 3.5～4.5。

白腐真菌是好氧真菌，适时搅拌，提高预处理过程氧气含量有助于提高木质素降解酶的效率，但不会改变木质素降解的选择性[149]。Hatakka 等[150]的研究表明每周三次通氧，真菌预处理时间可缩短一周。底物含水率是影响氧气在固液两相传质扩散的重要因素。底物含水率过低，可影响氧气扩散速度，阻碍菌体在基质上的正常生长繁殖[136]。70%～80%的含水率被认为是白腐真菌降解木质素的最佳范围。Asgher 等[151]探究含水率（40%～90%）对 *P. chrysosporium* 在玉米棒上生长时木质素降解酶释放的影响。结果表明，当含水率为 70%时，木质素降解酶含量最高。含水率过高，可导致底物的孔隙度和疏松性降低，不利于真菌生长。

2.3 瘤胃微生物预处理概述

近年来，以木质纤维素类生物质为原料生产生物能源受到广泛的关注[152]。在迄今为止所有的发酵过程中，水解一直被认为是主要的限速步骤[153]。木质纤维素类复合聚合物降解及转化效率低下问题，导致其大规模商业化生产乏力。与此相比，食草动物（主要为反刍动物）却能高效消化植物中的木质纤维素[154]。反刍动物的胃主要分为四个腔室，分别为瘤胃、网胃、瓣胃和皱胃（如图 2.3 所示）。反刍动物通过前三个胃与皱胃环境隔离，为共生的微生物提供理想的生长环境[155]。通过咀嚼、反刍及蠕动等生理活动，这些共生微生物能够协同降解植物聚合物，促进生物质原料的发酵[117]。

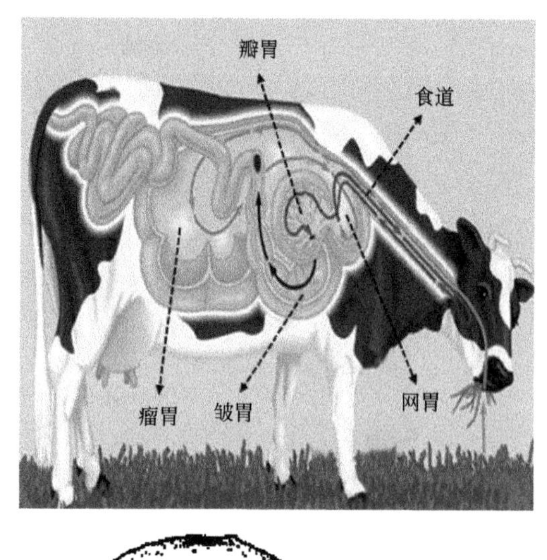

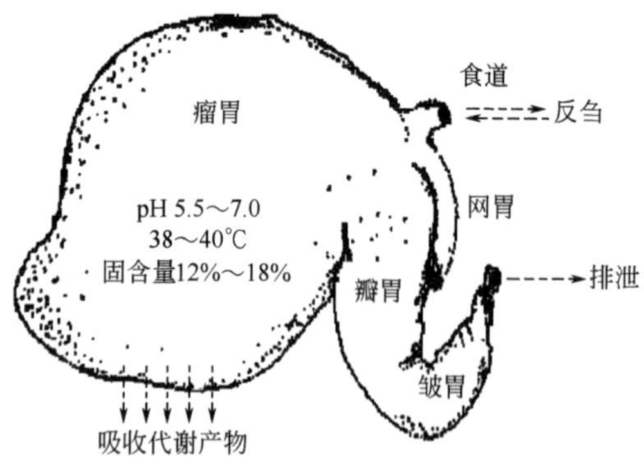

图 2.3　反刍动物胃内的 4 个腔室示意图

反刍动物消化最大的特点是瘤胃消化，大约 85%以上的木质纤维素饲料在瘤胃中被降解和吸收利用。瘤胃在所有的腔室中体积最大（一般一个600kg牛的瘤胃体积约80L)，是自然界中降解木质纤维素类生物质速率最快的反应器[156]。其内的瘤胃微生物能够降解宿主不能消化的物质，如纤维素和半纤维素等，将其转化为以乙酸为主的挥发性有机酸，供机体消化吸收。这些瘤胃微生物主要包含瘤胃细菌、厌氧真菌、瘤胃原生动物、产甲烷菌以及噬菌体等[157]。

2.3.1 瘤胃微生物对木质纤维素的降解机制

瘤胃微生物中的细菌、原生动物和真菌形成一个复杂的共生系统。这些微生物之间相互影响、共同进化，处于一种既协同又制约的动态平衡关系中，共同参与植物细胞壁的降解。如果不考虑它们之间复杂的相互作用，瘤胃细菌由于其数量上的优势及具有多种代谢途径，在纤维素降解过程中起主导作用[158]。瘤胃厌氧真菌则先附着于植物细胞壁上，通过假根穿透植物细胞表皮和木质化的细胞壁，以及通过分泌酯酶破坏木质素和半纤维素之间的酯键，释放纤维素和半纤维素被其他微生物利用[159]，但由于其数量较少，在破坏细胞壁的能力上还需进一步研究。而瘤胃原生动物可以通过物理裂解的作用破坏植物细胞壁，以及通过分泌各种酶直接降解植物细胞壁多糖，由于瘤胃原生动物对真菌和细菌具有吞噬作用，在国际上存在较大争议。一部分学者认为原生动物对宿主动物营养并无显著影响[160]，驱除这些瘤胃原生动物可减少瘤胃甲烷的产生，同时还可以提高对蛋白质的利用率[161]。瘤胃细菌、厌氧真菌和原生动物三者对木质纤维素降解相互关系的研究比较少，体外培养实验表明，全瘤胃液培养对植物细胞壁的降解率最高，其次为细菌和原生动物混合培养，说明瘤胃微生物对植物细胞壁的降解是细菌、厌氧真菌和原生动物之间协同作用的结果。一般认为厌氧真菌与纤维素分解菌之间没有明显的协同效应，而厌氧真菌与栖瘤胃普雷沃氏菌共培养时，木质素的降解率和降解程度明显提升，但与牛链球菌共培养时不能促进木聚糖水解[162]。由此可见，瘤胃微生物之间存在非常复杂的相互作用，虽然目前每种微生物的精确角色和作用还尚不清楚，但明确的是它们通过复杂的相互作用能够有效降解植物细胞壁。

近年来，一些学者通过不同的技术手段阐述了瘤胃微生物对木质纤维素的降解机制。O’Sullivan等[163]通过扫描电子显微镜（SEM）观察瘤胃微生物细胞黏附于纤维素颗粒的速度，发现其黏附速度明显快于厌氧消化池消化液中的微生物。瘤胃液和厌氧污泥消化液所形成的生物膜构造不同，前者的生物膜更加稳定和稠密，而后者表面附着强度较弱。瘤胃微生物的另一大优点是在生物膜形成过程中，能够快速有效地生成胞外物质，如纤维小体或类纤维小体复合物、菌毛或类菌毛复合物等[164]。Hu等[165]利用原子力显微镜（AFM）直观观察到瘤胃微生物去除秸秆表面木质素颗粒和蜡状薄片的过程。一系列高分辨率 AFM 图像清楚地显示了小孔和微晶纤维的形成过程，并得出秸秆表面形成的通道可能是瘤胃微生物降解及利用其内部纤维素的一个重要机制。这些通道很有可能是瘤胃真菌和原生动物作用的结果，因为瘤胃液中大部分瘤胃纤维素降解细菌不能够移动。纤维素水解酶可以通过这些通道降解内部纤维素，同时秸秆内部的可溶性碳可以通过这些小孔释放出来供非纤维素降解微生物使用。Zang 等[166]利用 X 射线光电子能谱（XPS）同样发现水生植物表面的蜡状物质和木质素颗粒可以被瘤胃微生物去除。Hu 等[165]利用气相色谱质谱联用仪（GC-MS）测定瘤胃微生物处理小麦秸秆的发酵液，发现发酵液中含有 2 种木质素成分，3,4-二甲氧基苯酚和 3,4-二甲氧基苯甲酸，进一步说明瘤胃液可以溶解小麦秸秆细胞壁中的部分木质素。然而，也有研究表明发酵液中并没有木质素的降解成分[167]。

2.3.2 瘤胃液转化木质纤维素原料

纤维素、半纤维素和木质素之间复杂的三维网状结构，赋予了木质纤维素原料坚固以及难以被微生物降解的特性。尽管木质纤维素类生物质具有坚固的结构，但其在瘤胃生态系统中却能被瘤胃微生物高效消化，这种现象引起了国内外研究学者广泛关注。目前，瘤胃液在体外成功地用于预处理不同木质纤维素类生物质，包括农业废弃物、市政固体废弃物和水生植物等。

Li 等[168]采用瘤胃液预处理玉米秸秆，在底物浓度分别为 3％和 10％（m/v）条件下预处理 72h，总挥发性脂肪酸和还原糖的产量分别为10147mg/L、127mg/L 和 13271mg/L、506mg/L。Hu 等[169]采用批式和半连续实验研究瘤胃微生物转化玉米秸秆效果，在批式实验中，反应240h，玉米秸秆的降解率为65％～70％，转化产物主要为乙酸、丙酸和丁酸，总挥发性脂肪酸量达到 0.59～0.71g/g$_{\text{降解}}$；在半连续实验中，在 96h 和 18h 的固体停留时间和水力停留时间条件下，玉米秸秆的降解率达到 65%，总挥发性脂肪酸量达到 0.56～0.59g/g$_{\text{降解}}$。Lazuka 等[170]利用体外富集培养 5 代后的瘤胃微生物处理小麦秸秆，反应 15d 后小麦秸秆的降解率达到 55.5%，挥发性脂肪酸产量为 2.92gTOC/L，并明确瘤胃微生物经富集培养后具有高效的水解木质纤维素能力。Baba 等[117]采用了瘤胃液预处理废纸，结果表明废纸经 6h 预处理后，纤维素、半纤维素和木质素的降解率分别达到 21.3%、33.0%和 40.5%；经 24h 预处理后，降解率明显高于 6h，纤维素、半纤维素和木质素的降解率分别为 74.7%、52.3%和 50.0%；产生的挥发性脂肪酸主要为乙酸，产量分别为 7.14g/L 和 11.35g/L。将预处理后的混合液进行半连续厌氧消化产甲烷实验，证明瘤胃液能够提高废纸的甲烷产量，是一种优良的预处理木质纤维素原料的方法，但随预处理时间的延长碳损失增加。Hu 等[171]和 Yue 等[172]分别优化了瘤胃液发酵水生植物香蒲（*Typha latifolia linn*）和美人蕉（*Canna indica* L.）的过程参数。在发酵香蒲的实验中，最佳底物浓度和 pH 值分别为 4.1gVS/L 和 6.9 时，香蒲的降解率为 75.9%，总挥发性脂肪酸的产量为 0.41g/gVS；在发酵美人蕉的实验中，在底物浓度 8.2gVS/L 和 pH 6.6 时降解率最高，为 52.3%，挥发性脂肪酸的产量在底物浓度 6.9gVS/L 和 pH 6.7 条件下最高，为 0.36g/gVS。

上述研究表明瘤胃微生物能够有效降解不同木质纤维素原料（降解率基本都高于 50%），并可将其转化为挥发性脂肪酸。瘤胃微生物还具有较高的水解效率。Yue 等[173]比较了接种瘤胃液和厌氧污泥对水生植物厌氧发酵的影响，结果表明接种瘤胃液的反应器产物生成速率［207.2COD/(L·d)］远快于接种厌氧污泥的反应器［120.4COD/(L·d)］。Kivaisi 等[174]采用连续操作方式研究瘤胃微生物厌氧转化玉米麸和甘蔗渣，当固体停留时间和水力停留时间为 60h 和 19h 时，总纤维素降解率为 54%～69%，挥发性脂肪酸的平均产量为 6.45～7.75mmol/(VS$_{\text{降解}}$·d)，较短的固体停留时间说明瘤胃微生物具有较高的水解效率。

2.4 木质纤维素的利用现状

我国生物质资源丰富。以农业废弃物为例，我国农区秸秆和果树修枝每年约5亿吨，林区可收集利用的枝丫材每年为3亿～5亿吨，仅此两项就可生产2.5亿吨左右的生物质油。同时，每年木竹加工剩余物、中幼林抚育、灌木平茬复壮、城镇绿化修枝、农业秸秆和甘蔗加工等还能提供数亿吨原料，生物量折合标准煤上亿吨，发展农林生物质能源潜力巨大。目前林业废弃物的利用主要包括以下几种方法。

2.4.1 加工成型

林业废弃物中原料粒径较大的如板皮、刨花、碎木板、加工过的木片、枝丫等均可进入生产线，作为生产纤维板、刨花板等人造板材的原料。将以上原料预处理后可以作为制造纸张的原料，不仅使废弃物得到了无害化利用，而且能减少树木的砍伐数量。

2.4.2 堆肥

林业废弃物中的枯枝落叶、草坪草等在一定条件下经过有氧发酵可以生产有机肥料。林业废弃物有机肥料由于以植物残体为原料，所以营养丰富，可以用于土壤改良，解决了土壤长期使用化肥造成的土壤板结问题，并且有增加透气、保温、保水、保肥的作用。

2.4.3 粉碎覆盖

林业废弃物可以应用于园林覆盖。园林覆盖是指将有机物或者无机物覆盖于土壤表面，达到保护和改善地面覆盖情况的一种措施。园林覆盖分为无机覆盖和有机覆盖两种。无机覆盖常利用石子、沙砾等，优点是费用低、不易腐烂。有机覆盖主要利用林业废弃物（主要为树皮、松针、木片等），对乔灌木下、花坛露地和花盆表面等进行覆盖。园林覆盖优点众多：可以达到节水蓄水的目的，因为覆盖减少了阳光的照射和土壤水分蒸发；可控制土壤温度，有利于植物过冬；改善土壤肥力，减少水土流失；减少扬尘和雾霾发生。

2.4.4 食用菌栽培

栎树、乌桕、桦树、椴树、榆树等的朽木或树桩可作为食用菌培养的基质。黑木耳、香菇、平菇、银耳、灵芝等食用菌、药用菌都可利用林业废弃物进行栽培。一般是将长度一定的林木截成段木，再在段木上打孔接种。利用林业废弃物栽培的食用菌营养均衡、操作简便，最大限度上还原了食用菌的自然风味。

2.4.5 化工原料转化

利用林业废弃物中的树根、锯末、枝丫、截头等产品可以生产栲胶、活性炭、松香、工业酒精等化工原料。目前针对林业废弃物化工原料转化已经有整套的解决方案，利用生物质干流热解系统，可先将林业废弃物转化为活性炭，再将压制好的活性炭进行干馏热解，经净化分离后进行燃气生产。生产过程中还会产生木醋和木焦油，木醋可以作为植物的叶面肥料，木焦油用于提炼生物质柴油。

2.4.6 直接燃烧

对林业废弃物最原始的利用方法就是直接燃烧，目前在世界各地均有大量的林业废弃物被作为燃料进行利用，这种方法的优点是处理简便、可就地取材，但缺点是会对大气造成严重的破坏，而且热能效率低，仅为20％～30％。目前较为通行的方法是将林业废弃物制成“生物质成型燃料”，可以达到热值高、燃烧充分、节能环保的目的。将生物质转化为电能可以实现长距离传输的目的，所以无论是对林业废弃物进行直接燃烧或成型燃烧都是一个一举两得的方法。目前生物质直接燃烧发电是仅次于生物质能源发电的技术。我国生物质资源，尤其是林业生物质资源巨大，发展林业废弃物直燃发电具有广阔的前景。

2.4.7 生物质能源转化

林业废弃物由于产量巨大，作为生物质能源转化的原料具有极大的潜力。根据我国《全国林业生物质能源发展规划》，到 2020 年能源林面积要达到 1678 公顷，林业生物质利用量要超过每年 2000 万吨标准煤，液体燃料利用率要达到 30％。林业生物质能源转化分为液化和气化两种。液化技术是将生物质通过热化学或生物化学方法转化为生物柴油、生物乙醇、生物甲醇、液化油等。气化技术是将生物质在高温缺氧状态或生物合成技术下，分解为一氧化碳、氢气、低分子烃类、甲烷等气体。目前，国内外将生物质乙醇和甲烷作为生物质能源转化的主要方向。

第3章 蘑菇渣发酵产酸

3.1 蘑菇渣厌氧发酵产酸

为了解决当今世界能源危机和环境恶化问题，利用生物厌氧消化技术生产可再生能源受到越来越多的重视[175]。厌氧消化过程可分为水解、酸化、产乙酸和产甲烷四个阶段[82]。其中，发酵底物经过水解酸化，可产生大量的挥发性有机酸（VFA)，其主要成分为乙酸、丙酸、丁酸等短链脂肪酸。这些VFA不仅可以作为发酵工业的原材料生产高附加值产品，还可应用于化学品生产、生物能源生产和城市污水脱氮除磷过程[176]。如在污水处理过程中每去除1.0mg磷，需要6.0～9.0mg的VFA[7]。目前VFA的大量生产主要采用化学合成，但是化学合成需要消耗大量的化石原材料，不仅生产成本高，并存在环境污染隐患。因此，通过生物发酵方法生产VFA具有广阔的发展前景[177]。

厌氧消化是十分复杂的过程，是在多种生物酶的参与下发生多个连续的生化反应，使多种微生物处于动态平衡中[178]。在厌氧消化实际过程中，影响厌氧消化的主要因素有底物总固体（TS）浓度、pH等。大量研究表明，不适宜的TS浓度，会阻碍物质传递效率，造成厌氧消化效率下降[171]。此外，pH对厌氧消化过程涉及微生物的生命活动具有重要影响。例如，Chen等[14]考察了不同pH对剩余污泥厌氧消化的影响，指出在碱性条件下能够提高污泥的产酸率。在批式实验条件下，以蘑菇渣为研究对象，探究蘑菇渣厌氧发酵产酸可行性，考察底物初始TS浓度和发酵pH对蘑菇渣发酵产VFA的影响，优化蘑菇渣发酵过程，为实现蘑菇渣减量化、资源化提供一个新思路。

3.1.1 实验材料与方法

实验所使用的主要化学试剂包括磷酸氢二钠（$Na_2HPO_4 \cdot 12H_2O$，分析纯）、酒石酸钾钠（$KNaC_4H_4O_6 \cdot 4H_2O$，分析纯）、重铬酸钾（$K_2Cr_2O_7$，分析纯）、乙酸（$C_2H_4O_2$，分析纯）、丙酸（$C_3H_6O_2$，分析纯）、正丁酸（n-$C_4H_8O_2$，分析纯）、异丁酸（iso-$C_4H_8O_2$，分析纯）、正戊酸（n-$C_5H_{10}O_2$，分析纯）、异戊酸（iso-$C_5H_{10}O_2$，分析纯）、丙酮（C_3H_6O，分析纯）、乙醇（C_2H_5O，分析纯）、磷酸（H_3PO_4）、浓盐酸（HCl，分析纯）、氢氧化钠（NaOH，分析纯）、浓硫酸（H_2SO_4，分析纯）、苯酚（C_6H_5OH，分析纯）、蒽酮（$C_{14}H_{10}O$，分析纯）和蒸馏水。

实验所用主要仪器设备信息如表 3.1 所示。

表 3.1 实验所用主要仪器设备信息

仪器设备名称	型号	生产厂商
气相色谱仪	Aglient 6890N	美国安捷伦公司
电子天平	FA1004	上海舜宇恒平科学仪器有限公司
马弗炉	BW-GWL 325	广东博威仪器设备有限公司
实验室 pH 计	FE20	梅特勒-托利仪器(上海)有限公司
冷柜	BCD-207K	海信容声冷柜有限公司
可见分光光度计	722	上海精密科学仪器有限公司
电热恒温水浴锅	DK-98-1	天津市泰斯特仪器有限公司
高速冷冻离心机	SIGMA-4K15	德国 Sigma 公司
水浴恒温振荡器	SHA-C	江苏省金坛市医疗仪器厂
粉碎机	FS1107	中国润普有限公司

（1）蘑菇渣

实验所用的蘑菇渣取自长沙某堆肥厂，用剪刀剪切至 2～3cm 长，装入塑料袋于 4℃冰箱保存。实验前，将储存的样品于 60℃烘箱内烘干 24h 至恒重，然后经过机械粉碎过 0.71mm 金属筛后，作为实验发酵底物。所用蘑菇渣的基本性质：TS＝60.96%，VS＝43.26%，碳氮比（C/N）＝28.69。蘑菇渣样品见图 3.1。

（2）接种污泥

实验所用接种污泥取自湖南省长沙市某农村沼气池。该沼气池采用中

(a) 原始蘑菇渣

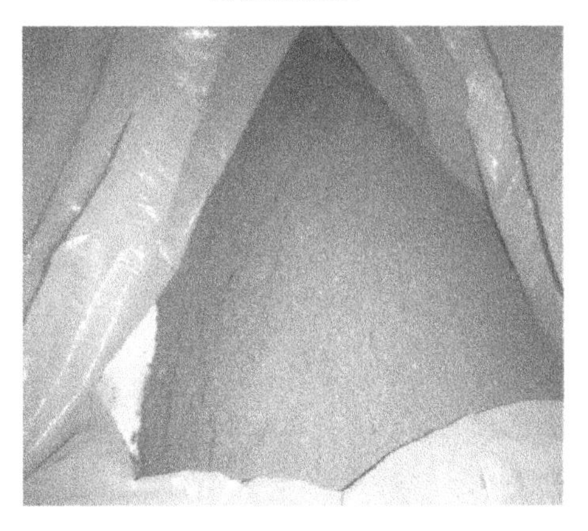

(b) 粉碎后蘑菇渣

图 3.1　蘑菇渣样品

温厌氧发酵，处理原料主要为畜禽粪便和农作物秸秆，运行有机负荷率约为 4.5kgVS/(m^3·d)、水力停留时间约为 25d。取回接种污泥后，滤掉大颗粒残渣，静置、沉淀 1d 后倒掉上清液，储存于 4℃备用。接种污泥的主要性质如下：TS＝9.93%，VS＝4.73%，pH＝8.1。实验前，将接种污泥在 100℃沸水中加热 1h，杀死产甲烷菌，然后用于厌氧发酵实验。

(3) 不同 TS 条件下蘑菇渣发酵产酸实验

考察不同初始 TS 对蘑菇渣发酵产酸效果的影响。将蘑菇渣加入有效容积 300mL、使用体积 250mL 厌氧反应瓶中，分别配制初始 TS 浓度为 6%、9%、12%、15%和 18%。接种污泥与蘑菇渣基质的混合比例为 1∶5（体积比）。实验前，向反应瓶内充氮气 5min，并用带孔的橡皮塞塞紧，确保反应瓶内处于厌氧状态。厌氧发酵期间，将反应瓶置于温度 35℃、转速 140r/min 的恒温水浴锅中，直到系统 VFA 浓度不再明显升高（<5%）。将等量接种污泥加入另一个反应瓶中，不加入蘑菇渣基质，作为厌氧发酵的对照组。

（4）不同 pH 条件下蘑菇渣发酵产酸实验

考察不同 pH 对蘑菇渣厌氧发酵的影响，控制系统 pH 为 4.0、6.0、8.0、10.0 及 12.0，考察蘑菇渣发酵产酸的效果。将蘑菇渣加入有效容积 300mL、使用体积 250mL 厌氧反应瓶中，配制系统初始 TS 浓度为 15%，用 2mol/L 盐酸或氢氧化钠分别调节系统 pH 为 4.0、6.0、8.0、10.0 及 12.0。接种污泥与蘑菇渣基质的混合比例为 1∶5（体积比）。实验前，向反应瓶充氮气 5min，并用带孔的橡皮塞塞紧，确保反应瓶内处于厌氧状态。厌氧发酵期间，将反应瓶置于温度 35℃、转速 140r/min 的恒温水浴锅中，直到系统 VFA 不再明显升高（<5%）。每 24h 取样分析并调节 pH。将不控制 pH 的反应瓶作为厌氧发酵对照组。

实验需要测定的参数包括污泥总固体（TS）、挥发性固体（VS）、pH、氨氮（NH_4^+-N）、磷酸盐（PO_4^{3-}-P）、溶解性化学需氧量（SCOD）、挥发性脂肪酸（VFA），测定方法见表 3.2。

表 3.2　分析参数及测定方法

分析参数	测定方法
TS、VS	重量法
pH	pH 计
SCOD	重铬酸钾法
氨氮	纳氏试剂分光光度法
磷酸盐	钼酸铵分光光度法
VFA	气相色谱分析

实验样品经 5000r/min 离心 30min 后，取上清液过 0.45μm 纤维素膜，得到的滤液保存于 4℃冰箱，并于 2d 内测定 VFA、SCOD、氨氮和磷酸盐。

气相色谱测定 VFA 的条件为：进样口和检测器温度分别为 250℃和 300℃。柱温采用程序升温，起始温度为 70℃，持续 3min 后，以 20℃/

min 的速度升温 5.5min，最后在 180℃下维持 3min。载气氮气的流速为 2.6mL/min。进样量为 1.0μL，分流比为 10∶1。火焰离子检测器中气体流速分别设定为 25mL/min、400mL/min、30mL/min。

3.1.2 底物浓度对蘑菇渣发酵产酸的影响

3.1.2.1 底物浓度对蘑菇渣发酵 VFA 产率的影响

不同初始 TS 浓度下，蘑菇渣发酵 VFA 产率变化如图 3.2 所示。由图 3.2 可知，五种初始 TS 浓度（6%、9%、12%、15%、18%）的发酵液中，VFA 产率在发酵初始阶段显著增加，然后缓慢增加，在发酵后期甚至出现下降。实验结果表明，在初始 TS 为 6%～15%的范围内，随着 TS 浓度的升高，VFA 产率也随之增加。当初始 TS 为 15%时，发酵瓶中 VFA 产率达到最大值 154mgCOD/gVS添加，而初始 TS 为 6%时，VFA 产率最低，只有 87mgCOD/gVS添加。值得注意的是，当初始 TS 继续增大为 18%时，发酵液中 VFA 产率较初始 TS 浓度为 15%时下降了约 10%，为 140mgCOD/gVS添加。该结果表明过高的初始 TS 浓度抑制了发酵底物的产酸效率，这与 Abbassi-Guendouz 等[179]的研究结果类似，他

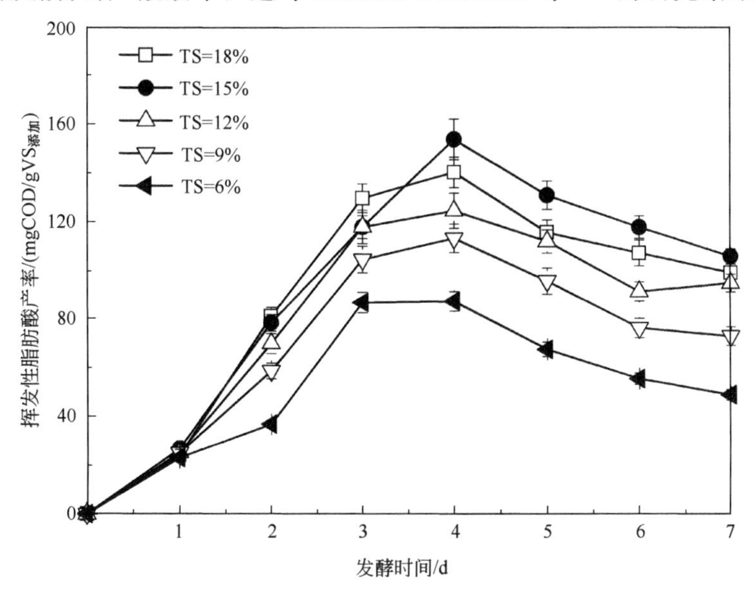

图 3.2 总固体浓度对蘑菇渣发酵 VFA 产率的影响

们的研究结果表明在初始 TS 浓度为 25%和 30%时，底物厌氧消化的产气量相同；当初始 TS 浓度升高至 35%时，产气量下降约 18%。Fernández 等[180]的实验结果表明，当初始 TS 浓度从 20%上升到 30%后，城市废弃物厌氧消化产气量下降了 17%。高 TS 浓度下，底物发酵产酸浓度高，某些纤维素水解菌对 pH 敏感性强，其活性在 pH 小于 6 的环境中容易受到抑制[181]。本实验发酵结束后，初始 TS 为 18%的发酵液中 pH 降至 5.6，导致后续纤维素降解微生物活性受到抑制，进而影响产酸效率。Abbassi-Guendouz 等[179]研究了 TS 浓度对甲烷产量的影响，发现随着 TS 浓度的增加，水解速率常数下降，而且当 TS 浓度过高的时候，由于传质受到影响，甲烷产量也会下降。因此，本实验中过高的 TS 浓度可能也影响了传质过程从而降低了系统的产酸能力。

此外，实验中初始 TS 浓度为 15%时，最大 VFA 产率在发酵第 4d 达到，之后 VFA 产率下降，可能由于产甲烷菌抑制不充分，消耗了发酵液中 VFA。因此，在不添加甲烷抑制剂的情况下，蘑菇渣最适宜发酵天数为 4d，比之前文献报道的其他木质纤维素类生物质最适宜发酵天数短[182]。蘑菇渣发酵时间短的优势可能由于蘑菇渣本身的性质决定。蘑菇渣作为真菌发育成蘑菇的营养物质，在蘑菇发育过程中，很多生物酶（如纤维素酶、木质素酶、蛋白酶等）可释放到蘑菇渣中，这些酶在一定程度上破坏了木质纤维素结构，增大了蘑菇渣与厌氧细菌的接触面积，因此该过程也可被视作一种预处理过程[183]。Lin 等[184]报道经过 110d 的香菇培养发育后，蘑菇基中的纤维素、半纤维素和木质素含量分别下降了 69.08%、61.56%和 54.30%。因此，相比于其他木质纤维素类生物质，蘑菇基经过真菌生长引起的分解和渗透，使得蘑菇渣更容易在厌氧过程中降解。

由以上结果可知，作为一种木质纤维素类生物质，利用蘑菇渣发酵具有一定的可行性。考虑发酵液中最大 VFA 产率和发酵效率，在初始 TS 为 15%时，发酵 4d 是蘑菇渣发酵的最优条件。

3.1.2.2 底物浓度对蘑菇渣发酵 VFA 组分的影响

图 3.3 表示在不同底物初始 TS 浓度达到最大 VFA 产率时，VFA 各组分的分布情况。

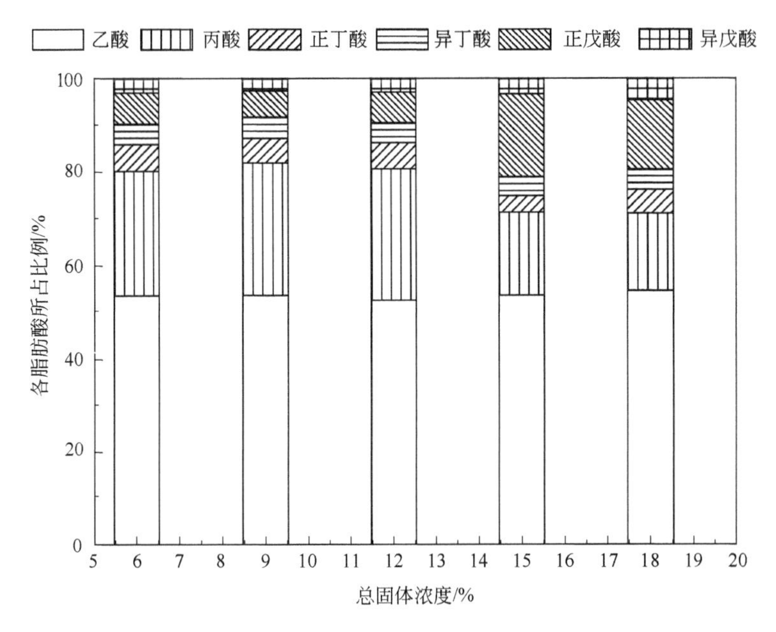

图 3.3　总固体浓度对蘑菇渣发酵 VFA 组分的影响

结果表明，乙酸、丙酸、异丁酸、正丁酸、异戊酸和正戊酸构成了发酵产物 VFA 的所有组分。在初始 TS 浓度 6%～18%的范围内，乙酸和丙酸的含量之和占总 VFA 含量 70%以上，是 VFA 的主要组成成分，与文献报道中其他木质纤维素原料的发酵产物分布比例基本类似[185,186]。此外，正丁酸和异丁酸含量之和在所有产物含量中不超过 10%，异戊酸在所有 VFA 组分中含量最低，低于 5%。当初始 TS 浓度逐渐增大，乙酸含量基本不变，维持在 53%～54%。但是，当初始 TS 浓度从 6%逐渐升高到 15%和 18%时，VFA 产物中丙酸含量由 26%～28%下降到 17%左右，同时伴随着正戊酸含量由 6%左右升高到 14%～17%，表明厌氧细菌可能进行了不同的代谢，形成了不同含量的发酵产物，导致乙酸和丙酸含量之和由 80%左右（TS=6%、9%、12%）下降到 70%左右（TS=15%、18%）。究其原因，可能是由于 TS 浓度增大，各发酵系统内 VFA 浓度不同，引起各反应系统 pH 的不同变化，进而可能影响到微生物群落的结构和代谢途径[187]。Yi 等[188]报道，初始 TS 浓度从 5%变化到 20%，可改变餐厨垃圾厌氧发酵系统的微生物群落结构，并改变发酵产物的组分。

VFA 的组成对于确定 VFA 的用途十分重要。例如，许多研究表明小分子有机酸如乙酸和丙酸可以被用作外加碳源应用于污水生物脱氮除磷工艺[7]。在聚羟基烷酸酯的生产工艺中，利用乙酸和丁酸生物合成3-羟基丁酸酯，而丙酸和戊酸可用于合成3-羟基戊酸酯，3-羟基戊酸酯比3-羟基丁酸酯材料性能好、市场商业价值高[13]。结合实验VFA的组成，乙酸和丙酸约占全部VFA含量的70%以上，因此该发酵液可作为污水脱氮除磷的外加碳源易于被利用。

3.1.2.3 底物浓度对蘑菇渣发酵过程氮磷释放的影响

在厌氧发酵过程中，有机物的水解会伴随氮磷的释放。氨氮的产生主要来自含氮有机物的分解，如蛋白质等。磷酸盐的产生主要来自脂肪类物质的分解[189]。但如果发酵液中含有过高的氮、磷可影响VFA的应用价值[13]。不同初始TS浓度下发酵液中氨氮、磷酸盐浓度的变化见图3.4。

由图3.4(a)可知，在发酵前2d，各发酵液中氨氮浓度快速升高，说明蘑菇渣在发酵过程快速水解。发酵第3d至发酵结束，初始TS浓度为6%～15%的发酵液中，氨氮浓度增长缓慢或无明显变化，但初始TS为18%的发酵液中，氨氮浓度继续上升。经过7d厌氧发酵后，初始TS浓度为6%～18%的氨氮浓度分别为380mg/L、390mg/L、406mg/L、477mg/L和531mg/L。此外，随着初始TS浓度的增大，氨氮的释放率也增大，发酵结束后达到2.11～7.59mg/$gVS_{添加}$，该结果与餐厨垃圾发酵液中氨氮的释放率（43.11～92.75mg/$gVS_{添加}$）相比[190]，明显偏低。因此，实验蘑菇渣的低氨氮释放率对发酵液的利用是一个优势。

图3.4（b）显示了发酵过程中磷酸盐随时间的变化情况。可以看出，发酵液中磷酸盐的浓度随发酵的进行而增大。发酵3d后，初始TS为6%～15%的发酵液中磷酸盐浓度基本稳定，而初始TS浓度为18%的发酵液中磷酸盐浓度在发酵过程中一直增大，直至反应第6天后基本维持稳定。此外，随着初始TS浓度的增大，发酵液中磷酸盐的浓度也增大，发酵结束后磷酸盐浓度达到46.4～79.4mg/L，对应的磷酸盐释放率为0.26～1.13mg/$gVS_{添加}$。尽管相比其他有机生物质（污泥、餐厨垃圾），蘑菇渣发酵液中氨氮和磷酸盐浓度及释放率偏低，但是降低发酵液中氨氮及磷酸盐浓度有利于发酵液的回收和使用，仍需进一步研究。

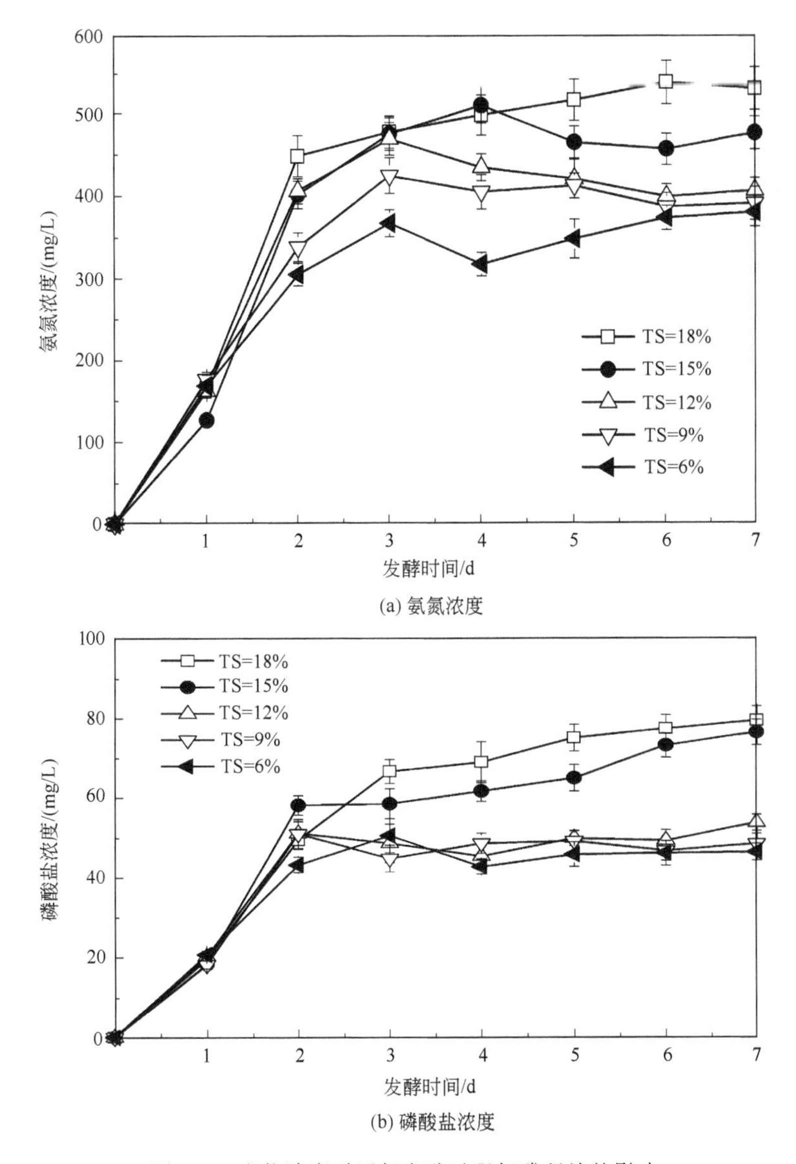

图 3.4 底物浓度对厌氧发酵过程氮磷释放的影响

3.1.3 pH 对蘑菇渣发酵产酸的影响

3.1.3.1 pH 对蘑菇渣发酵 VFA 产率的影响

图 3.5 为不同 pH 下蘑菇渣发酵液中 VFA 产率的变化。在发酵初始阶段，各 pH 条件下发酵液中 VFA 产率快速增加，但具体的增加趋势各

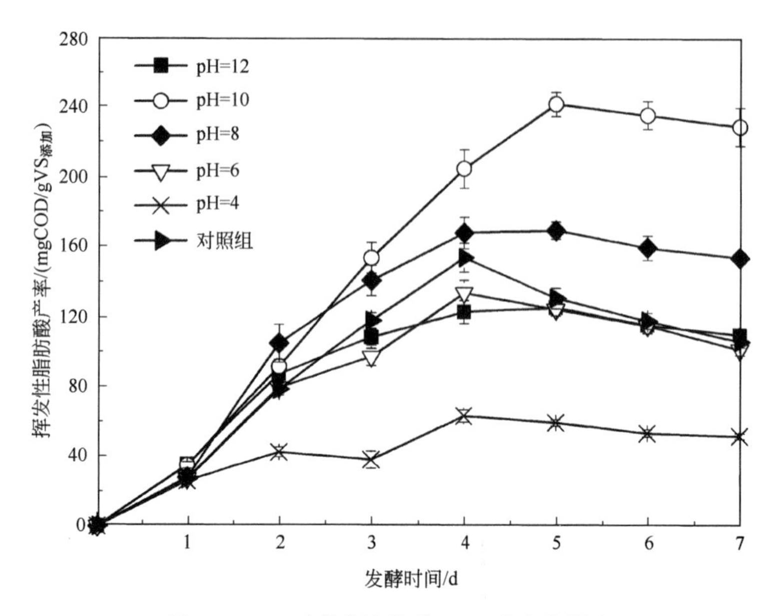

图 3.5 pH 对蘑菇渣发酵 VFA 产率的影响

不相同。在不控制 pH（对照组）时，第 4 天达到发酵液中最大 VFA 产率，约为 154mgCOD/gVS添加。当控制 pH 为 4、6、8 时，发酵液中最大 VFA 产率也在第 4 天达到，分别为 63mgCOD/gVS添加、133mgCOD/gVS添加、170mgCOD/gVS添加。当控制 pH 为 10 和 12 时，发酵液中 VFA 产率在第 5 天达到最大值，分别达到 241mgCOD/gVS添加 和 125mgCOD/gVS添加。VFA 产率在达到最大值后，随着发酵的继续进行，对照组和 pH 为 6、8 的发酵液中 VFA 产率下降，可能与产甲烷过程有关。

显然，当控制 pH 为 10 时，发酵液中 VFA 产率最大值为 241mgCOD/gVS添加，比 pH 为 4、6、8、12 和对照组分别高出了约 282%、113%、42%、93%和 56%。蘑菇渣在碱性状态下（pH＝8、10）发酵，发酵液 VFA 产率较其他 pH 条件下更高，与之前木质素类生物质发酵的研究结果类似。Chen 等[66]报道香蒲经过 25 天厌氧发酵后，发酵液 VFA 产率在 pH＝12 时比 pH＝6 时高出 1.4 倍。究其原因，一方面，碱性条件有利于木质素类生物质中有机物质的水解，提高了可生化降解性，为产酸微生物及生物酶提供更多可利用物质[114]；另一方面，与酸性条件相比，碱性状态有利于增加纤维素的孔表面积及表面纤维素可接触性，并减少纤维素损失[114]。此外，由于甲烷菌的最适 pH 在 6.5～7.5 之间，碱性条件下有利于抑制产甲烷菌的活性，减少 VFA 在发酵过程中的损失[191]。在 pH 较低时，发酵液中 VFA 更多以分子态存在，这些未解离的小分子有机酸可以自由穿过细胞膜进入细胞内部，造成细胞酸中毒，引起微生物死亡，抑制了发酵过程的进行。大多数纤维素分解菌对酸性环境敏感，其活性在 pH 低于 6.0 的环境中可受到抑制[181]，这可能是控制 pH 为 4 时，发酵液中 VFA 产率最低的原因。但值得注意的是，极端碱性对产酸细菌和酶活也具有一定的毒性作用，导致 pH 为 12 时蘑菇渣发酵液中 VFA 产率偏低[7]。

3.1.3.2 pH 对蘑菇渣发酵 VFA 组分的影响

图 3.6 为不同 pH 条件下，最大 VFA 产率时 VFA 各组分含量情况。结果表明，在任何 pH 条件下，乙酸均为 VFA 中的主要产物，含量达到 53%～71%。该结果与 Chen 等[66]的研究结果类似，香蒲在 pH 为 6～12 时，乙酸占 VFA 的含量达到 51.4%～96.7%，是发酵液 VFA 中的主要产物。此外，发酵液中乙酸含量随 pH 的升高而增大。例如，当 pH 从 4 升高到 10 时，发酵液中乙酸的含量从 62%升高到 71%。该变化主要由两方面原因引起，一方面，随着 pH 的升高，发酵系统内氢离子浓度降低，

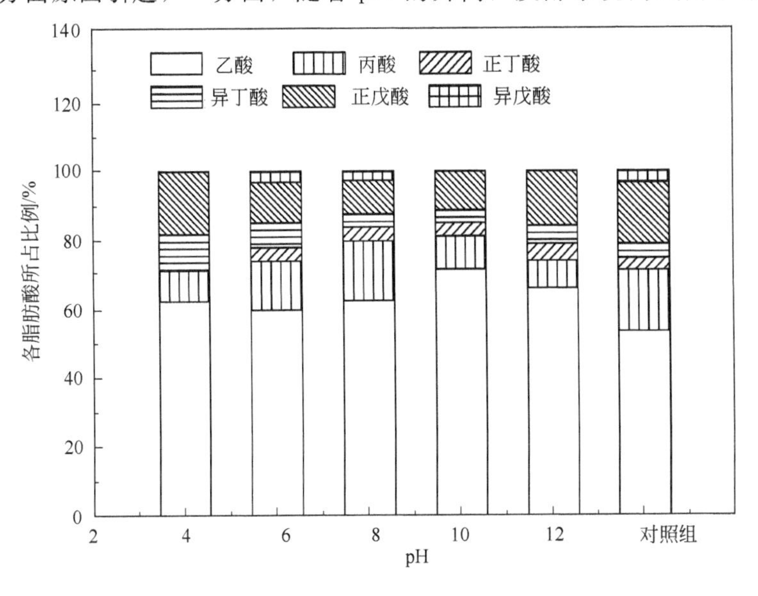

图 3.6 pH 对蘑菇渣发酵 VFA 组分的影响

如式(3.1) 所示，低浓度的氢离子使水解产物葡萄糖向乙酸的转化反应更容易发生；另一方面，pH 的变化可引起微生物群落的变化，在碱性环境下更有利于产乙酸菌的生长和代谢[192]。

$$C_6H_{12}O_6 + 4H_2O \longrightarrow 2CH_3COO^- + 2HCO_3^- + 4H^+ + 4H_2 \quad (3.1)$$

当 pH 从 4 升高到 12 后，发酵液中的丙酸含量发生下降，但戊酸含量从 12%增加到 21%，可能与乙醇和丙酸发生链延长反应合成戊酸有关[9]。其他成分在 VFA 中含量不高。各 pH 条件下，正丁酸和异丁酸含量之和在 VFA 中的含量不超过 12%；异戊酸在所有 VFA 组分中含量最低，其含量不超过 4%。

3.1.3.3 pH 对蘑菇渣发酵过程氮磷释放的影响

如图 3.7(a) 所示，发酵液中氨氮浓度在所有 pH 条件下均随发酵反应的进行而增大，在发酵过程结束时，发酵液中氨氮浓度达到 391～540mg/L，相应的氨氮释放率为 19.56～27.12mg/gVS$_{添加}$。发酵液中氨氮浓度的增加主要来源于蘑菇渣中含氮有机物的水解，如蛋白质等。在 pH 为 6 时，发酵液中氨氮浓度最高，为 540mg/L。当 pH 较低时，由于酸性条件可引起分子静电和氢键作用使蘑菇渣中的粗蛋白水解受到抑制，因此发酵液中氨氮浓度很低。而在偏碱性条件下，氨离子和羟基会转化成氨气分子从发酵液中逸散 [见式(3.2)]。

$$NH_4^+ + OH^- \rightleftharpoons NH_3 \cdot H_2O \quad (3.2)$$

图 3.7(b) 显示了 pH 对发酵过程中磷酸盐释放的影响。随着发酵反应的进行，各 pH 条件下发酵液中磷酸盐的浓度逐渐增大。发酵结束时，不控制 pH（对照组）的发酵液中磷酸盐浓度达到 80.35mg/L。控制 pH 为 4～12 时，发酵结束后发酵液中磷酸盐浓度分别为 313mg/L、231mg/L、177mg/L、161mg/L 和 69mg/L，相应的磷酸盐释放率为 3.47～15.76mg/gVS$_{添加}$。可以看出，与氨氮的释放不同，随着 pH 的升高，磷酸盐的浓度减小，在 pH 为 4 时磷酸盐浓度和释放率最大。Kang 等[193] 曾报道在酸性条件下（pH=4、5），观察到比在碱性条件下（pH=9～11）更高的磷酸盐浓度。

本节以蘑菇渣为研究对象，探究蘑菇渣厌氧发酵的可行性，并优化了

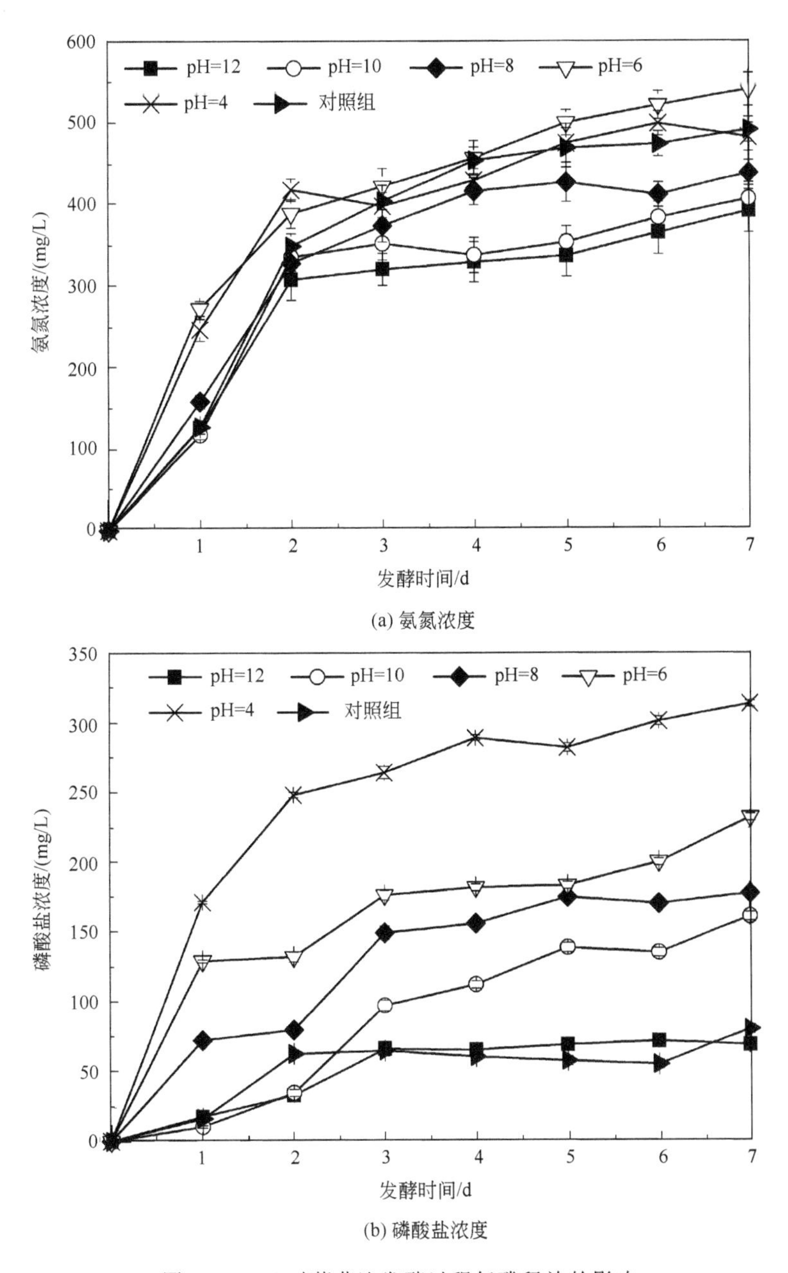

图 3.7　pH 对蘑菇渣发酵过程氮磷释放的影响

蘑菇渣厌氧发酵产酸的工艺条件。通过分析发酵产酸、VFA 组分分布及底物降解规律，重点考察了底物初始 TS 浓度和发酵 pH 对蘑菇渣发酵产酸的影响。通过以上研究和分析，得出如下结论：

① 在不控制 pH 的条件下，考察了五种初始 TS 浓度（6%、9%、

12%、15%和18%）对蘑菇渣厌氧发酵的影响，结果表明在厌氧发酵第4天，蘑菇渣发酵液中VFA产率达到最大值，比之前文献报道的其他木质纤维素类生物质最适宜发酵时间短。在初始TS浓度在6%～15%范围内，发酵液中VFA产率随TS浓度增大而升高。初始TS浓度为15%时，发酵液中VFA产率达到最大值，为154mgCOD/$gVS_{添加}$。当初始TS继续增大为18%时，发酵液中VFA产率较初始TS浓度为15%时下降了约10%，为140mgCOD/$gVS_{添加}$，表明初始TS浓度大于15%后会降低发酵底物的产酸效率。pH下降和传质速率下降可能是高底物TS浓度造成产酸效率下降的主要原因。各初始TS浓度的发酵液中，乙酸和丙酸均是VFA的主要组分，占总VFA含量70%以上。

② 随着底物TS浓度的增大，厌氧发酵过程中氨氮的浓度和释放率均增大。发酵结束后氨氮浓度达到380～531mg/L，对应的氨氮释放率为2.11～7.59mg/$gVS_{添加}$。随着底物TS浓度的增大，发酵液中磷酸盐的浓度也在增大，发酵结束后磷酸盐浓度达到46.4～79.4mg/L，对应的磷酸盐释放率为0.26～1.13mg/$gVS_{添加}$。

③ 在初始TS浓度为15%条件下，不同pH条件对蘑菇渣厌氧发酵影响的结果表明，当控制pH为10时，发酵液中VFA产率最大值为241mgCOD/$gVS_{添加}$，比pH为4、6、8、12和对照组分别高出了约282%、113%、42%、93%和56%。究其原因，碱性条件可促进木质素类生物质中有机物质的水解，同时碱性状态有利于增加纤维素的孔表面积及表面纤维素可接触性，减少纤维素损失。此外，碱性条件下有利于抑制产甲烷菌活性，减少VFA在发酵过程中的损失。在各pH控制条件下的发酵液中，乙酸和丙酸是VFA的主要产物，发酵液中乙酸含量随pH的升高而增大。

④ 经过7天厌氧发酵，不同pH条件下的发酵液中氨氮浓度达到391～540mg/L，对应的氨氮释放率为19.56～27.12mg/$gVS_{添加}$。在pH为6时，发酵液中氨氮浓度最高。与发酵液中氨氮释放不同，随着pH的升高，磷酸盐的浓度减少，在pH为4时磷酸盐浓度和释放率最大。反应结束时，磷酸盐浓度为69～313mg/L，对应的磷酸盐释放率为3.47～15.76mg/$gVS_{添加}$。

3.2 白腐真菌预处理促进蘑菇渣产酸

作为木质纤维素类生物质，蘑菇渣主要由纤维素、半纤维素和木质素构成。木质素的存在被认为是限制木质纤维素类生物质厌氧消化效率的最主要原因。

通过适当的预处理方法可以有效改变木质纤维素的结构，提高木质纤维素类生物质的厌氧可生化性。为此，研究者进行了包括物理、化学、生物和联合预处理方法在内的大量研究[68,194]。研究结果表明碱性条件有利于蘑菇渣的厌氧发酵产酸效率，同时维持厌氧发酵过程高 pH 环境也被视作一种化学预处理手段，但投加碱液会消耗大量化学品及容易产生二次污染、侵蚀反应设备等问题。与其他预处理方法相比，生物预处理具有能量消耗少、化学品投加量少等优点，近年来受到了研究者的关注，并被认为是一种具有潜力的预处理方法。其中，作为生物预处理方法的一种，白腐真菌通过分泌胞外木质素降解酶，可以有效降解木质素、改变木质纤维素类生物质的结构和组分，提高木质纤维素类生物质的厌氧消化效率[195]。

目前，白腐真菌预处理木质纤维素的研究主要用于促进产乙醇和产甲烷，但利用白腐真菌预处理促进蘑菇渣发酵产酸的研究尚未见报道。白腐真菌预处理的效果受真菌类型、底物性质和预处理条件等因素影响。白腐真菌与底物的匹配度对于去除木质素效果具有重要的影响。Tuyen 等[195]探究了 11 种白腐真菌对小麦秸秆预处理效果，实验结果表明只有 *C. subvermispora*、*L. edodes* 和 *P. eryngii* 能够提高小麦秸秆产甲烷产量。

因此，本章选择了两种不同类型的典型蘑菇渣，探究利用白腐真菌预处理蘑菇渣，促进蘑菇渣深度厌氧发酵产酸。此外，通过分析产酸率、VFA 组分分布评价蘑菇渣发酵产酸效果，并通过考察真菌生长、表观形态变化、蘑菇渣组分及胞外木质素降解酶变化分析白腐真菌预处理机理。

3.2.1 实验材料与方法

实验所使用的试剂包括乙酸（$C_2H_4O_2$，分析纯）、丙酸（$C_3H_6O_2$，分析纯）、正丁酸（n-$C_4H_8O_2$，分析纯）、异丁酸（iso-$C_4H_8O_2$，分析纯）、正戊酸（n-$C_5H_{10}O_2$，分析纯）、异戊酸（iso-$C_5H_{10}O_2$，分析纯）、丙酮（C_3H_6O，分析纯）、乙醇（C_2H_5O，分析纯）、氢氧化钠（NaOH，分析纯）、浓硫酸（H_2SO_4，分析纯）、2-溴乙基磺酸钠（化学纯）和蒸馏水。

实验所用主要仪器设备信息如表 3.3 所示。

表 3.3 实验所用主要仪器设备信息

仪器设备名称	型号	生产厂商
高压灭菌锅	FVA3/A1	意大利 FEDEGARI 公司
无菌操作台	EF/B2	西班牙 Telstar 公司
恒温培养箱	HPP110	德国 Memmer 公司
水质检测分析仪	LANGE-DR3900	德国 HACH 公司
涡旋仪	Stuart SA7	英国 Cole-Parmer 公司
超纯水仪	PURELAB Chorus 1	法国 Veolia 公司
高效液相色谱分析仪	Agilent Technology 1290	美国 Agilent 公司
恒温水浴锅	TSGP05	美国 Thermo 科技公司
超声仪	MXB6	英国 Grant 公司
紫外光谱仪	Genesys 105 UV-vis	美国 Thermo 科技公司
粉碎机	SM 2000	德国 Retsch 公司
红外光谱分析仪	Spectrum 400	美国 Perkin-Elmer 公司
高速离心机	Thermo Scientific^{TM}	美国 Thermo 科技公司
甲烷潜力测试系统	AMPTS Ⅱ	瑞典 bioprocess control 有限公司
扫描电镜	S-3400N Ⅱ	日立公司
木质纤维分析仪	Fibertec 2010	瑞典 FOSS 公司
气相色谱分析仪	Agilent Technology 7693	美国 Agilent 公司
pH 计	Multi 9630 IDS	德国 WTW 公司

（1）蘑菇渣来源

实验选用两种富含木质纤维素成分的蘑菇渣（Oyster 和 Raw），均取自荷兰瓦赫宁根大学下属的蘑菇培育研究中心（Mushroom Research, Wageningen University）。取回的蘑菇渣在 60℃烘箱内烘干 24h 后，切至

2～3cm 长，装入塑料袋于 4℃冰箱保存用于后续实验研究。

(2) 白腐真菌菌株

三种白腐真菌 *Trametes versicolor*（*T. versicolor*，strain MES 11914）、*Pleurotus sajor-caju*（*P. sajor-caju*，strain MES 03464）和 *Ceriporiopsis subvermispora*（*C. subvermispora*，strain MES 13094）取自荷兰瓦赫宁根大学植物培育系实验室（Department of Plant Breeding, Wageningen University），保种于 3%麦芽浸出液培养基，4℃下保存。

(3) 厌氧发酵接种污泥

厌氧发酵接种污泥取自 Harnaschpolder 城市污水处理厂（Den Hoorn, the Netherlands）中温厌氧发酵池。该厂处理的污水来自附近的生活污水和工业废水，采用厌氧-缺氧-好氧工艺，处理能力约 25 万 m^3/d。采集的接种污泥置于聚乙烯塑料桶保存在 4℃冰箱中，每次厌氧发酵实验前 24h，取出污泥于室温活化。接种污泥的基本性质如下：污泥 TS 为 (27.3±0.1)g/kg，污泥 VS 为 (19.2±0.1)g/kg，VS/TS 为 (70.0±0.1)%，pH 为 7.89±0.1。

(4) 白腐真菌培养与接种

① 3%麦芽糖琼脂培养基的配制：分别称取 3g 麦芽提取物和 10g 琼脂于 200mL 锥形瓶中，加入蒸馏水至总重 100g，瓶口处用纱布和封口膜封好，在 110℃下灭菌 30min 后，静置冷却 10～15min。在无菌操作台中（使用前打开紫外灯灭菌 40min），将灭菌后的 3%麦芽糖琼脂培养基缓慢倒入培养皿至体积 1/3 处，冷却至固体。

② 真菌在固体培养基上接种：在无菌条件下，用接种环从斜面培养基接入 5 块直径 1～2cm 的菌饼至 3%麦芽糖琼脂培养基，盖上培养盖在室温下放置约一周，至菌丝长满培养基表面。每 4 周用同样的方法进行传代，保存于 4℃冰箱。

③ 真菌在高粱培养基上接种：在无菌条件下，切取长有真菌的琼脂块（直径1～2cm），添加至装有灭菌高粱小球的培养盒。充分晃动培养盒使菌丝均匀分布，室温下放置 15d 左右，至高粱表面长满白色菌丝，然后保存于 4℃冰箱，用于后续预处理实验的真菌接种。

(5) 白腐真菌预处理蘑菇渣实验方法

真菌预处理实验在 1.2L 耐高压的聚丙烯灭菌容器中进行。分别称取

100g 烘干的 Oyster 和 Raw 蘑菇渣至容器中，在 121℃下高压灭菌 1h。当容器内温度降至室温后，向容器中按质量比 1∶10 投加长有菌丝的高粱小球，充分晃动。封好具有滤网的盖子后，转移样品至恒温恒湿培养箱，在温度 25℃、湿度 75%的条件下培养 6 周。每周在不同点均匀取样分析各项指标。白腐真菌预处理结束后，将蘑菇渣在 60℃烘干至恒重，备用。所有样品分析重复三次，取平均值作为分析结果。

（6）批式厌氧发酵实验

将真菌预处理后的蘑菇渣进行批式厌氧发酵产酸。发酵过程在批式反应瓶中进行，反应瓶总体积 500mL。配制 400mL，TS 浓度 15%的混合液。接种污泥投加比为 2∶1（$TS_{接种物}$∶$TS_{底物}$）。为抑制发酵过程中甲烷的产生，向各反应瓶中投加 19mmol/L 2-溴乙基磺酸钠[64]。实验前向反应瓶底部充入氮气 5min，确保发酵过程处于厌氧环境。自动搅拌转速设置为 180r/min，每运行 6min，间歇 30s，温度维持（35±1）℃。将只经过高压灭菌蘑菇渣的反应瓶作为对照组，只投加接种污泥的厌氧反应瓶作为空白组。VFA 产率计算见式(3.3)：

$$\text{VFA 产率}(\text{mgCOD/gVS}_{添加})=\frac{(\text{VFA}_x-\text{VFA}_i)V}{\text{VS}_{添加}} \tag{3.3}$$

式中 VFA_x——发酵液中 VFA 浓度（以 COD 计），mg/L；

VFA_i——空白组产生的 VFA 浓度（以 COD 计），mg/L；

V——反应瓶体积，400mL；

$VS_{添加}$——投加的蘑菇渣 VS 量，g/L。

各挥发性有机酸按 COD 计换算系数：1.07gCOD/g 乙酸，1.51g COD/g 丙酸，1.82gCOD/g 丁酸，2.04gCOD/g 戊酸，2.20gCOD/g 己酸。

（7）麦角固醇测定

麦角固醇（ergosterol）采取修正后的碱提取法，用高效液相色谱测定[196]，具体操作步骤如表 3.4 所示。

表 3.4 麦角固醇提取分析步骤

步骤顺序	提取分析步骤
1	称取约 1.0g 样品于 15mL 离心管，记录下准确质量，用于后续计算
2	加入 4mL 10% KOH-甲醇溶液

续表

步骤顺序	提取分析步骤
3	打开管帽1/4圈并超声15min
4	拧紧离心管，在70℃水浴中加热90min后冷却至室温
5	打开离心管，加入1mL超纯水
6	继续加入2mL正己烷
7	涡旋搅拌30s
8	4500r/min转速下离心10min
9	移取离心管顶部溶液1.0mL至10mL玻璃测试管
10	向15mL离心管补充加入1mL正己烷
11	重复步骤7～9
12	将玻璃测试管置于通风橱中，于50℃水浴中加热至少一晚，用于蒸发己烷
13	向玻璃测试管中加入1mL甲醇
14	超声4min(通风橱中进行)
15	涡旋玻璃测试管30s
16	经0.45μm纤维素膜过滤，盛于2mL专用液相分析瓶中
17	利用液相色谱进行分析(柱温：30℃；分析柱ODS-2(C_{18})5μ：250mm×4.6mm，流速1.5mL/min，检测波长UV-282nm；流动相：甲醇；进样：100μL)

固体蘑菇渣样品中麦角固醇浓度计算见式(3.4)：

$$麦角固醇浓度(mg/kg)=\frac{c\times100}{75\times\left(Y-\frac{P}{100+P}\times P\right)} \tag{3.4}$$

式中 Y——称取蘑菇渣的精确质量，g；

c——液相色谱分析的麦角固醇浓度，mg/L；

P——测试样品含水率，按质量计，%。

(8) 胞外木质素降解酶活性分析

实验中，胞外木质素降解酶活性测定采用紫外分光光度法。粗酶液提取步骤如下：称取1.0～1.5g固体样品于50mL离心管，准确记录质量M_x。按1∶20比例加入蒸馏水，在摇床中以160r/min的速度振荡30min。之后将离心管置于离心机，在12000r/min下离心30min，过0.45μm纤维膜，得到粗酶液。

① 漆酶。参照文献和实验室之前测试结果[197,198]，制备1mL反应体系，包括250mmol/L丙二酸钠溶液(pH约为4.5)0.2mL、5mmol/L 2,6-二甲基苯酚0.2mL和粗酶液0.6mL。在25℃下，依次向1.5mL塑

料比色皿中加入反应体系液体，空白组用超纯水代替粗酶液。用紫外分光光度计测定漆酶反应体系在 468nm 处在 2min 内反应液吸光度的变化。漆酶酶活计算见式(3.5)：

$$U=\frac{\Delta AV\times10^6}{\Delta tV_Sb\varepsilon} \tag{3.5}$$

式中　ΔA——吸光度最大差值；

V——体系总体积，1mL；

Δt——对应 ΔA 的时间；

V_s——粗酶液体积，0.6mL；

b——比色皿厚度，1cm；

ε——吸光系数，2,6-二甲基苯醛吸光系数为 27500/(mol·cm)。

② 锰过氧化物酶（MnP）。参照文献和实验室之前测试结果[198,199]，制备 1mL 反应体系，包括 0.1mol/L 酒石酸钠溶液（pH 为 5.0）0.2mL、粗酶液 0.6mL、0.1mmol/L $MnSO_4$ 溶液 0.1mL 和 0.1mmol/L H_2O_2 溶液 0.1mL。在 25℃下，依次向 1.5mL 石英比色皿中加入酒石酸钠溶液、粗酶液、$MnSO_4$ 溶液和启动因子 H_2O_2 溶液，启动酶促反应，空白组不加 H_2O_2 溶液。用紫外分光光度计测定 MnP 反应体系在 238nm 处在 2min 内反应液吸光度的变化。MnP 酶活计算见式(3.6)：

$$U=\frac{\Delta AV\times10^6}{\Delta tV_sb\varepsilon} \tag{3.6}$$

式中　ΔA——吸光度最大差值；

V——体系总体积，1mL；

Δt——对应 ΔA 的时间；

V_s——粗酶液体积，0.6mL；

b——比色皿厚度，1cm；

ε——吸光系数，Mn^{3+} 吸光系数为 6500/(mol·cm)。

③ 木质素过氧化物酶（LiP）。参照文献和实验室之前测试结果[198,199]，制备 1mL 反应体系，包括 0.1mol/L 酒石酸钠溶液（pH 为 3.0）0.2mL、0.4mmol/L 藜芦醇 0.1mL、粗酶液 0.6mL、0.52mmol/L H_2O_2 溶液 0.1mL。在 25℃下，依次向 1.5mL 石英比色皿中加入酒石酸钠溶液、粗酶液、藜芦醇、启动因子 H_2O_2 溶液，启动酶促反应，空白

组不加 H_2O_2 溶液。用紫外分光光度计测定 LiP 反应体系在 310nm 处于 2min 内反应液吸光度的变化。LiP 酶活计算见式(3.7)：

$$U=\frac{\Delta AV\times 10^6}{\Delta t V_s b\varepsilon} \tag{3.7}$$

式中　ΔA——吸光度最大差值；

V——体系总体积，1mL；

Δt——对应 ΔA 的时间；

V_s——粗酶液体积，0.6mL；

b——比色皿厚度，1cm；

ε——吸光系数，藜芦醇吸光系数为 9300/(mol·cm)。

(9) 扫描电镜观察

将待测样品固定在样品台，喷金后于 S-3400N Ⅱ型扫描电子显微镜下观察试样微观形貌并拍照。

(10) VFA 分析

样品总体积 1.5mL：加入滤液 0.3mL、1.2mL 戊醇（浓度约 320mg/L）和 10.6μL 98%甲酸溶液。采用气相色谱法分析 VFA，参数设置如下：

色谱柱：Agilent 19091F-112（25m×320μm×0.5μm）；

检测器：火焰离子检测器（FID）；

温度：进样口温度、柱温度和检测器温度分别设置为 240℃、240℃、250℃；

载气：氦气，流速 1.8mL/min。

(11) 木质纤维素含量测定

根据国标 GB/T 20806—2006 采用酸碱水解过程分离纤维素、半纤维素和木质素，使用纤维分析仪测定含量。

(12) 其他测试指标

实验涉及其他指标如 pH、TS、VS 等，不再详述。

3.2.2 白腐真菌预处理对蘑菇渣厌氧发酵的影响

3.2.2.1 白腐真菌预处理对蘑菇渣发酵 VFA 产率的影响

C. subvermispor 接种到蘑菇渣上后没有生长，因此本章后续讨论中不涉及 *C. subvermispor* 菌株的实验结果。

图 3.8 显示了真菌预处理对 Oyster 蘑菇渣发酵 VFA 产率的影响。在厌氧发酵的前 10d，各实验组 VFA 产率大小如下：332mgCOD/gVS添加（*P. sajor-caju* 预处理）＞309mgCOD/gVS添加（对照组）＞289mgCOD/gVS添加（原始底物）＞274mgCOD/gVS添加（*T. versicolor* 预处理）。随着发酵的进行，对照组和原始底物的 VFA 产率持续增大，反应结束时，对照组的总 VFA 产率为 437mgCOD/gVS添加，原始底物的总 VFA 产率为 415mgCOD/gVS添加。两者数值之间没有明显的统计学上差异，表明高压灭菌过程对 Oyster 蘑菇渣发酵产酸没有显著影响。值得注意的是，Oyster 蘑菇渣原始底物发酵的 VFA 产率甚至高于许多其他木质纤维素类生物质的发酵产酸产率[185,200]。Fang 等[201]发现类似的结果，认为可能是在蘑菇生长过程中选择性破坏了木质纤维素的结构，蘑菇生长过程本身可视为一种预处理方法。此外，本实验中 Oyster 蘑菇渣的 C/N 为 32.6，该数值处于厌氧发酵细菌的最适范围，有利于提高发酵产酸产率[202]。因此，Oyster 蘑菇渣具有较高的可生化性，在生物能源和生物化学品如 VFA 的生产中具有较高潜力。

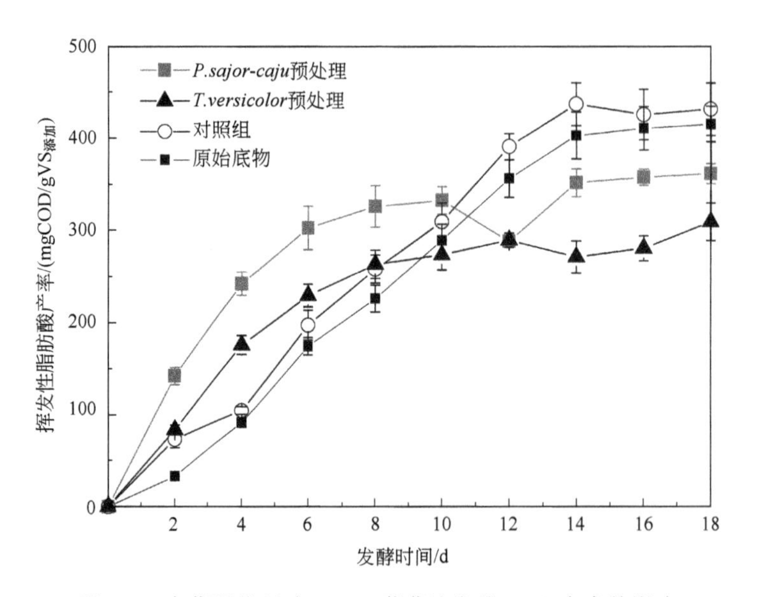

图 3.8 真菌预处理对 Oyster 蘑菇渣发酵 VFA 产率的影响

经过 *P. sajor-caju* 和 *T. versicolor* 预处理后 VFA 产率分别为 361mgCOD/gVS添加 和 309mgCOD/gVS添加，与对照组相比，其最大

VFA 产率分别下降了约 17%和 19%。以上结果表明，经 *P. sajor-caju* 预处理后，Oyster 蘑菇渣在发酵前 10 天产酸速率提高，但在整个预处理过程（18d）Oyster 蘑菇渣有机酸产率却降低了。可能在预处理阶段真菌破坏了木质纤维素的结构，增大了蘑菇渣的表面积和孔隙度，有利于为厌氧细菌分泌酶提供更多的接触位点，促进了发酵反应速率的提升[130]。但是，包括纤维素、半纤维素在内的大量木质纤维素类生物质在预处理阶段可能被大量消耗，因此在厌氧发酵阶段可转化为有机酸的底物减少了。Tuyen 等[195]曾报道，经 *T. versicolor* 预处理 49d 后，小麦秸秆中纤维素和半纤维素含量均下降了约 45%。

图 3.9 显示了真菌预处理对 Raw 蘑菇渣发酵 VFA 产率的影响。对照组和原始底物的最大 VFA 产率分别为 127mgCOD/gVS$_{添加}$ 和 117mgCOD/gVS$_{添加}$，两者差异并不显著。但是，该产率值远低于 Oyster 蘑菇渣的 VFA 产率，这主要是因为两者组分存在明显差异。Raw 蘑菇渣有机质成分中含有较高的木质素含量，木质素不仅不能在厌氧消化过程中被细菌降解转化，并且可阻碍胞外酶对纤维素的分解[102]。

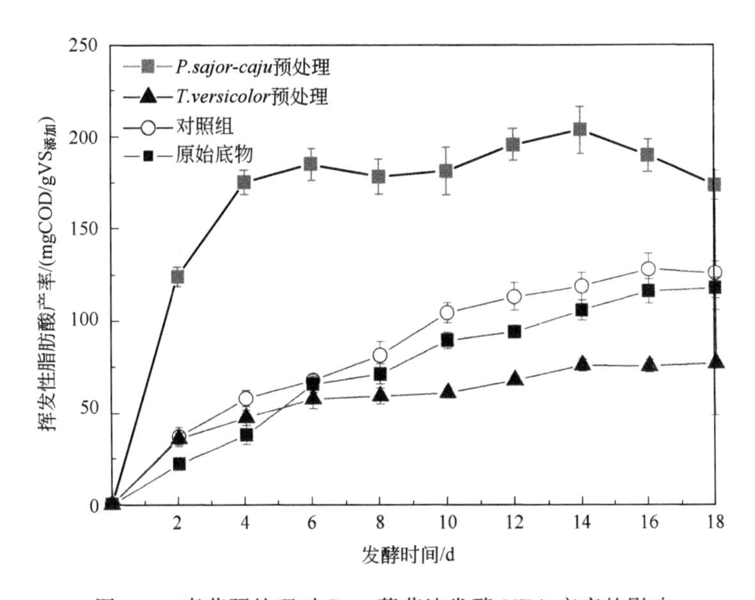

图 3.9 真菌预处理对 Raw 蘑菇渣发酵 VFA 产率的影响

真菌预处理显著影响 Raw 蘑菇渣的产酸效率，但两种真菌对产酸效率的影响并不一致。经真菌 *P. sajor-caju* 预处理后，Raw 蘑菇渣的 VFA

最大产率为 203mgCOD/gVS$_{添加}$，比对照组和原始底物分别提高了约60%和74%。经真菌 *T. versicolor* 预处理后，Raw 蘑菇渣的 VFA 产率相比于对照组和原始底物，分别降低了约 39%和 35%。两种真菌对 Raw 蘑菇渣发酵产酸作用效果不同的原因可能在于以下两方面：一方面，真菌可以有效改变蘑菇渣结构，增大蘑菇渣表面积和孔隙度，使厌氧细菌有更多的机会接触底物，进而转化成有机酸；另一方面，真菌在生长过程中改变了蘑菇渣的组分含量。*P. sajor-caju* 选择性降解木质素，提高了纤维素和木质素比例。有研究报道，低含量木质素有利于提高木质纤维素的厌氧可生化性，促进甲烷或者乙醇产生[124,64]。虽然 *T. versicolor* 具有很强的降解木质素能力，但是可能同时降解了大量纤维素和半纤维素[195,203]，导致后续厌氧发酵过程中可被利用的有机物底物减少，造成厌氧发酵VFA 产率下降。

3.2.2.2 白腐真菌预处理对蘑菇渣发酵 VFA 组分的影响

VFA 是小分子有机酸的混合物，在常温常压下具有熔点低、易挥发的特征。实验中，测得有机酸主要包括乙酸、丙酸、丁酸、戊酸和己酸。图 3.10 为不同真菌预处理两种蘑菇渣厌氧发酵后发酵液中 VFA 的组分分布情况。从图 3.10(a) 中可看出，无论是原始底物还是真菌预处理，Oyster 蘑菇渣厌氧发酵的主要有机酸产物均为乙酸，占 VFA 总量的比例达到 40%～48%。而且还发现整个发酵过程中，乙酸均为 VFA 中的主要组分。丙酸含量仅次于乙酸，在各发酵液 VFA 中占 32%～36%；丁酸和戊酸含量分别占 10%～15%；己酸含量最低，小于 3%。

图 3.10(b) 显示了不同真菌预处理 Raw 蘑菇渣的厌氧发酵液中 VFA 的组分分布情况。与 Oyster 蘑菇渣类似，乙酸和丙酸均为发酵液中有机酸的主要组分，占全部 VFA 含量的 70%以上，这一结果与之前的报道类似[202]。但是，乙酸和丙酸各自含量在 VFA 中的比例并不相同。区别于 Oyster 蘑菇渣，Raw 蘑菇渣发酵液中，乙酸含量上升至 46%～54%，而丙酸含量降低到 22%～28%，其原因可能是由于两种蘑菇渣组分的不同[64]。

根据发酵液产物的组分，厌氧发酵产酸可以分为不同类型，如乙酸型

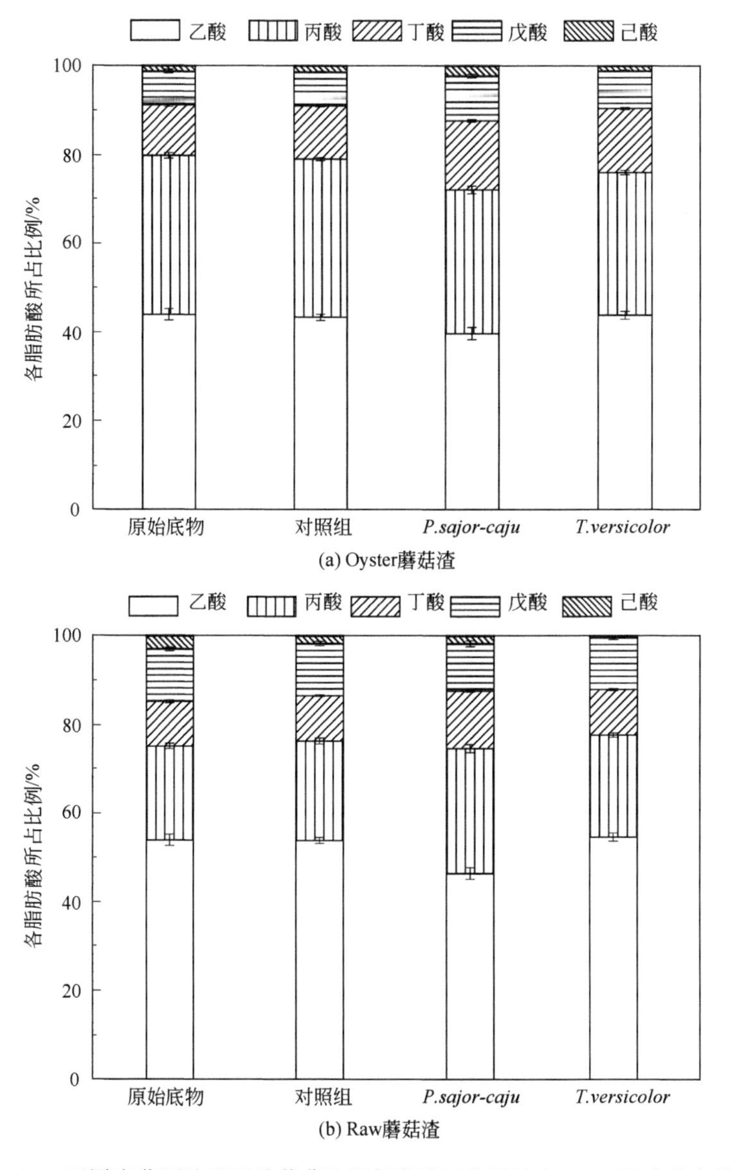

图 3.10　不同真菌预处理两种蘑菇渣厌氧发酵后发酵液中 VFA 组分分布情况

发酵、丙酸型发酵、丁酸型发酵等[204]。结合以上结果可知，真菌预处理并没有改变发酵液中有机酸的主要组分及发酵类型。与实验结果相似，Yu 等[205]发现超声、碱预处理等方法均没有改变发酵液中有机酸的主要组分。厌氧发酵产酸过程是多种微生物共同作用的结果，可能特定的环境条件（如 pH、氧化还原电位）对于驯化优势菌群和改变发酵路径作用更大。

3.2.3 白腐真菌预处理蘑菇渣的机理分析

3.2.3.1 两种蘑菇渣的性质对厌氧发酵过程的影响

反应底物的性质对真菌生长和厌氧发酵过程均有重要的影响，因此需要分析反应底物的物质成分[206,207]。如表 3.5 所示，Oyster 蘑菇渣和 Raw 蘑菇渣的 VS/TS 分别为 86.8%和 83.96%，表明它们在培育蘑菇之后仍然具有相当高的有机物含量，并且纤维素、半纤维素和木质素仍是这两种蘑菇渣有机含量的主要组成部分。但是，两种蘑菇渣中木质纤维素各成分的比例明显不同。相比于 Raw 蘑菇渣的高木质素、低纤维素和半纤维素含量特点，Oyster 蘑菇渣含有更高含量的纤维素和半纤维素，两者之和达到总干重约 48%，但木质素含量仅占总干重的 9%左右。此外，Oyster 蘑菇渣具有更高的 C/N，达到 32.6，有利于厌氧消化产酸过程[201]。因此，以上底物特征可导致 Oyster 蘑菇渣相比 Raw 蘑菇渣具有更好的厌氧发酵产酸效率[208]。

表 3.5　Oyster 蘑菇渣和 Raw 蘑菇渣的性质

参数	Oyster 蘑菇渣	Raw 蘑菇渣
TS①/(g/kg)	449.2±8.2	221.3±9.7
VS①/(g/kg)	257.1±4.2	125.4±6.4
VS/TS/%	86.8±0.1	83.96±0.1
总碳②/%	43.7±0.5	36.3±0.3
总氮②/%	1.34±0.3	2.91±0.2
碳氮比	32.6±0.3	12.4±0.2
总磷②/%	0.16±0.02	0.62±0.03
纤维素②/%	30.5±0.3	7.1±0.2
半纤维素②/%	17.8±0.5	4.5±0.2
木质素②/%	9.4±0.4	24.6±0.4

① 表示湿重。

② 表示干重。

3.2.3.2 白腐真菌预处理过程中真菌的生长情况

麦角固醇几乎不存在于其他有机体（除特定的绿藻、原生动物），是真菌细胞膜上特有的一种化学成分，所以这一指标被广泛应用于土壤或有机物中真菌的定量分析[209,210]。该研究中，接种真菌 *P. sajor-caju* 和 *T. versicolor* 的蘑菇渣在预处理后均长满大量白色菌丝，且均被检测出麦角固醇（图 3.11）。

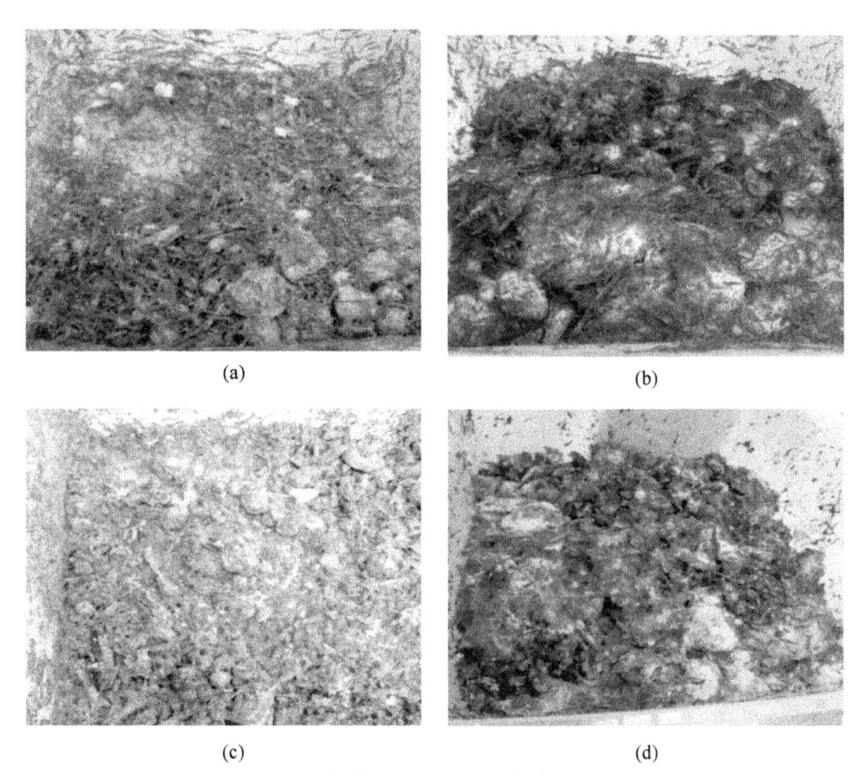

图 3.11　真菌预处理 6 周后真菌生长图片

（a）*P. sajor-caju* 在 Oyster 蘑菇渣生长；（b）*T. versicolor* 在 Oyster 蘑菇渣生长；（c）*P. sajor-caju* 在 Raw 蘑菇渣生长；（d）*T. versicolor* 在 Raw 蘑菇渣生长

如图 3.12 所示，预处理一周后，接种 *P. sajor-caju* 和 *T. versicolor* 的 Raw 蘑菇渣中即有大量的麦角固醇被检测出来，麦角固醇的含量分别达到 64mg/kgTS 和 43mg/kgTS。之后菌丝缓慢增长至真菌预处理结束，真菌预处理 6 周后，接种 *P. sajor-caju* 和 *T. versicolor* 的 Raw 蘑菇渣中分别含有麦角固醇 109mg/kgTS 和 85mg/kgTS。相比于 Raw 蘑菇渣，Oyster 蘑菇渣中麦角固醇逐步增加，表明真菌持续生长，预处理 6 周后，*P. sajor-caju* 菌株中麦角固醇含量达到 147mg/kgTS；检测到的最高麦角固醇含量是 175mg/kgTS，是在 *T. versicolor* 菌株预处理的 Oyster 蘑菇渣中获得的。由于不同菌株含有特定的麦角固醇含量，因此在同种菌株间直接进行比较才更有意义[211]。预处理过程中，同种菌株具有不同含量麦角固醇的主要原因可能在于两种蘑菇渣性质的不同。Oyster 蘑菇渣含有更高含量的纤维素和半纤维素，更有利于真菌直接利用营养物质并生长，而 Raw 蘑菇渣含有较低含量的纤维素和半纤维素，迫使真菌降解更多木质素。此外，两种蘑菇渣不同的碳氮比也可影响真菌的生长情况[212,213]。

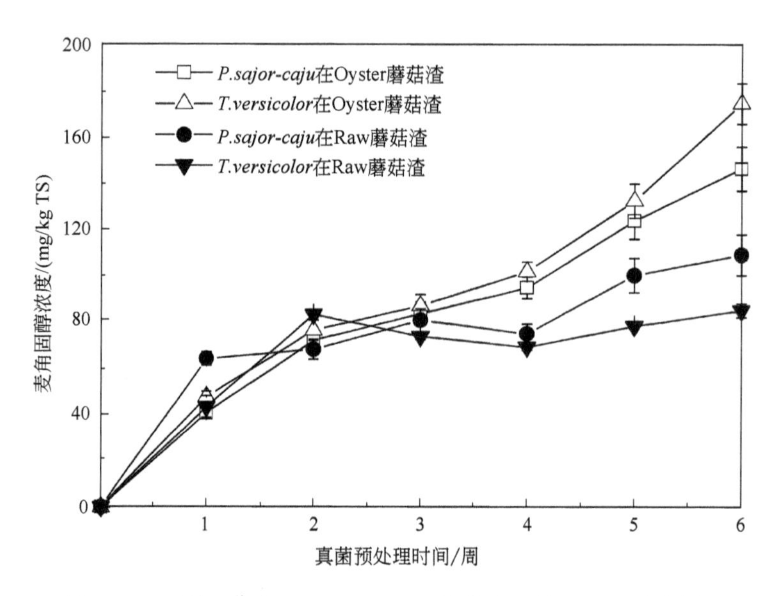

图 3.12 预处理期间 Oyster 和 Raw 蘑菇渣中真菌麦角固醇含量

3.2.3.3 白腐真菌预处理对蘑菇渣化学成分的影响

真菌经过 6 周预处理，两种蘑菇渣中的纤维素、半纤维素和木质素含量均发生变化，结果如表 3.6 所示。高压灭菌过程导致两种蘑菇渣中纤维素、半纤维素和木质素含量升高，蘑菇渣中的灰分可能在高压灭菌过程中被去除。此外，真菌预处理显著改变了两种蘑菇渣中木质纤维素组分的含量比例。Raw 蘑菇渣经菌株 *T. versicolor* 预处理后，Raw 蘑菇渣中纤维素含量达到 9.1%，与高压灭菌后相比，样品中的纤维素含量下降了 5.5%。但木质素含量仍然较高，为 38.7%，与高压灭菌后相比，并未发生明显变化。结果表明 *T. versicolor* 在预处理过程中对于木质素的降解能力较弱。不同的是，经菌株 *P. sajor-caju* 预处理后，Raw 蘑菇渣中纤维素含量明显升高，最大值达到 22.4%，而半纤维素含量并未发生明显变化，同时，蘑菇渣中木质素含量从预处理前的 36.8%下降到 24.3%。因此，纤维素/木质素的最大值在 *P. sajor-caju* 预处理 Raw 蘑菇渣中达到，为 0.92，该数值是未处理样品的 3.2 倍，表明 *P. sajor-caju* 在预处理过程中更多地选择性降解了木质素，保留了更容易被微生物利用的纤维素和半纤维素，有利于后续厌氧消化效率的提升。真菌 *P. sajor-caju* 对木质素选择性降解的特征与文献报道结果一致[214,215]。

Oyster 蘑菇渣中纤维素和木质素含量在真菌预处理后都有所增加，但是纤维素/木质素值却下降。经菌株 *T. versicolor* 预处理后，Oyster 蘑菇渣的纤维素/木质素下降至最低值 2.61，与原始底物和高压灭菌后蘑菇渣相比，分别降低了约 19%和 16%。结果表明，在 *T. versicolor* 预处理过程中，Oyster 蘑菇渣中的纤维素被更多地消耗利用，这一趋势与 Raw 蘑菇渣预处理并不一致。不同原料的性质对真菌的生长和酶活均有不同的影响。Owaid 等[216]研究发现与单独接种在水稻秸秆上相比，真菌 *Pleurotus ostreatus* 在含有更高含量纤维素和半纤维素的混合农业废弃物基质上，其生长和木质纤维素酶分泌均有显著提高。白腐真菌在接触木质纤维素类生物质时，更偏向于利用容易降解的纤维素、半纤维素，当无法继续接触易被利用的纤维素时，白腐真菌才释放木质纤维素酶分解木质素，进而继续利用被包裹的纤维素和半纤维素，这可能是真菌在 Oyster 蘑菇渣预处理过程中消耗大量纤维素的原因[139,217]。

表 3.6 真菌预处理前后 Oyster 蘑菇渣和 Raw 蘑菇渣的组分对比

底物	处理条件	纤维素量（干重）/%	半纤维素量（干重）/%	木质素量（干重）/%	纤维素/木质素
Oyster 蘑菇渣	未处理(原始底物)	30.5	17.8	9.4	3.24
	高压灭菌后	52	19.6	16.8	3.09
	P. sajor-caju 预处理	40.9	14.6	13.3	3.07
	T. versicolor 预处理	39.1	16.7	15.0	2.61
Raw 蘑菇渣	未处理(原始底物)	7.1	4.5	24.6	0.29
	高压灭菌后	16.6	7.9	36.8	0.45
	P. sajor-caju 预处理	22.4	7.6	24.3	0.92
	T. versicolor 预处理	9.1	5.2	38.7	0.24

3.2.3.4 白腐真菌预处理前后蘑菇渣的表面形态

真菌生长过程中，菌丝、酶和分泌的小分子物质均具有穿透木质纤维素的能力，使木质纤维素的表观结构发生显著变化[128]。扫描电镜观察到的 Oyster 蘑菇渣和 Raw 蘑菇渣真菌预处理前后表面形态如图 3.13 所示。原蘑菇渣具有较完整的微观结构，特别是 Oyster 蘑菇渣，表面较为平整、纤维结构整齐、无明显孔隙。经过高压灭菌后，蘑菇渣的微观结构并未发生明显变化。

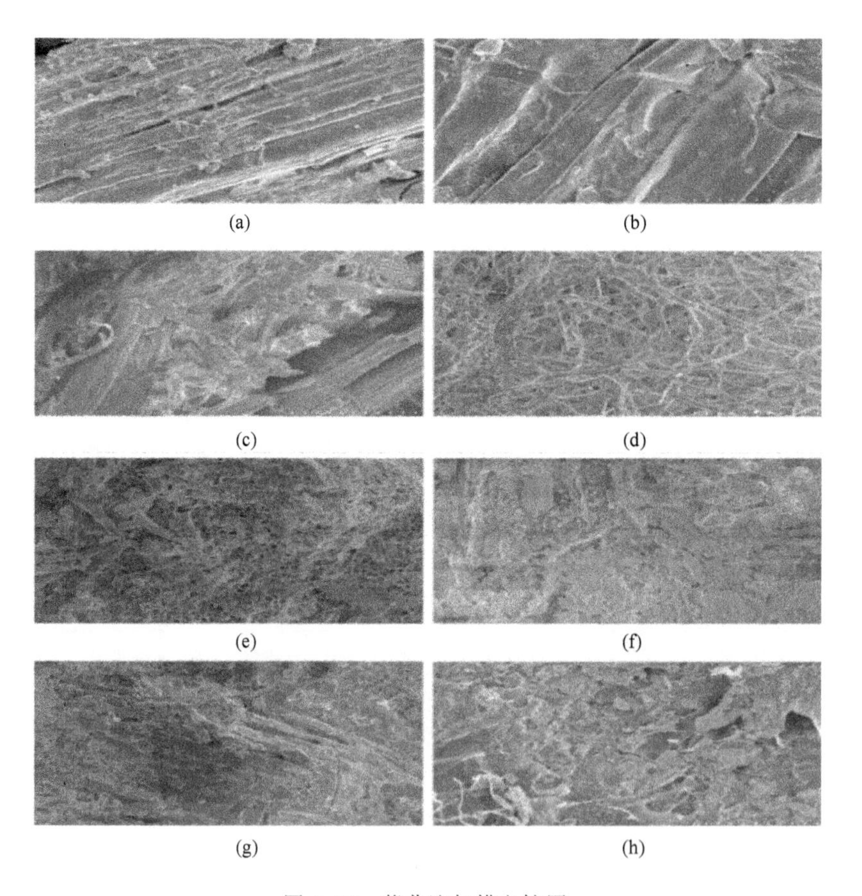

图 3.13 蘑菇渣扫描电镜图

(a) 未处理 Oyster 蘑菇渣；(b) 高压灭菌后 Oyster 蘑菇渣；(c) *P. sajor-caju* 预处理 Oyster 蘑菇渣；(d) *T. versicolor* 预处理 Oyster 蘑菇渣；(e) 未处理 Raw 蘑菇渣；(f) 高压灭菌后 Raw 蘑菇渣；(g) *P. sajor-caju* 预处理 Raw 蘑菇渣；(h) *T. versicolor* 预处理 Raw 蘑菇渣

真菌预处理后的蘑菇渣表面附着有菌丝。如图 3.13(c) 所示，经真菌 *P. sajor-caju* 预处理后的 Oyster 蘑菇渣尤为明显，样品表面附着有菌丝，沿着菌丝生长方向形成一系列菌团。此外，经真菌 *P. sajor-caju* 预处理后，蘑菇渣的纤维结构变薄且存在断裂现象，表面破碎较为明显。经真菌 *T. versicolor* 预处理后的蘑菇渣表面破碎及断裂现象更加显著，形成了大量的丝状结构，表面结构进一步被破坏。真菌预处理破坏了蘑菇渣表面及内部结构，使蘑菇渣的刚性程度降低，结构由紧密变疏松，不仅有利于真菌的生长，也使生物酶更容易与底物接触，有利于生化反应的进行[218]。Wan 等[124]的研究发现，经过真菌预处理 52d 的玉米秸秆结构疏松，孔径增大约 1.5 倍，后续产糖率最大提高可达到 75%。

3.2.3.5 白腐真菌预处理过程中胞外木质素类降解酶活性的变化

图 3.14 显示了真菌预处理过程中胞外木质素类降解酶活性的变化情况。在木质素降解酶体系中，仅检测到漆酶和 MnP 酶活，而 LiP 未检测到。由图 3.14(a) 可知，同一种真菌在两种蘑菇渣上产生的漆酶活性不同，Oyster 蘑菇渣中的漆酶活性明显高于 Raw 蘑菇渣。预处理一周后，*T. versicolor* 在 Oyster 蘑菇渣中的漆酶活性达到最大值，约为 312U/gTS，较 Raw 蘑菇渣中 *T. versicolor* 产生的漆酶活性更高。该结果表明 Oyster 蘑菇渣可能有利于实验选用的真菌在预处理过程中释放更多的漆酶。如图 3.14(b) 所示，*P. sajor-caju* 在预处理 Oyster 蘑菇渣过程中，MnP 活性偏低。综合漆酶和 MnP 活性分析，表明 *P. sajor-caju* 在预处理 Oyster 蘑菇渣过程中木质素降解酶活性偏低，可能导致真菌预处理 Oyster 蘑菇渣时木质素降解率偏低，进而导致厌氧发酵 VFA 产率降低。

此外，图 3.14(b) 显示 *T. versicolor* 在 Raw 蘑菇渣中产生的 MnP 活性偏低。因此，*T. versicolor* 在 Raw 蘑菇渣预处理过程中可能主要依靠漆酶降解木质素，漆酶的氧化能力较弱[148]，使得 *T. versicolor* 降解木质素的能力较弱，该结论与蘑菇渣中木质素含量的变化一致。*P. sajor-caju* 预处理 Raw 蘑菇渣，前 3 周 MnP 活性一直较低，第 4 周后 MnP 活性显著提升，可以推测 *P. sajor-caju* 预处理 Raw 蘑菇渣时，木质素的降解主要发生在第 4 周后。

本节研究了白腐真菌预处理对两种蘑菇渣厌氧发酵产酸的影响，并对

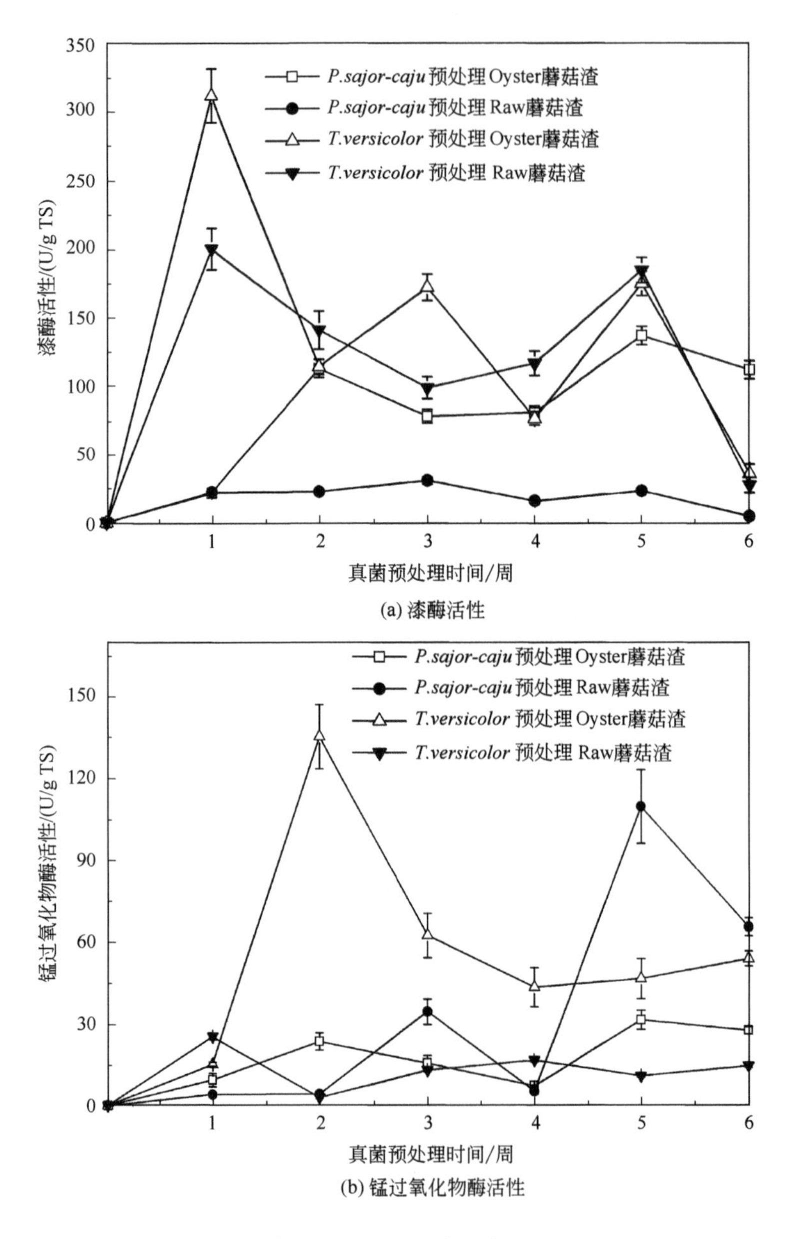

(a) 漆酶活性

(b) 锰过氧化物酶活性

图 3.14 真菌预处理期间蘑菇渣中的酶活性变化

预处理过程进行了机理分析，得到以下结论：

① 未经预处理的 Oyster 蘑菇渣 VFA 产率最大，为 437mgCOD/gVS添加。经 *P. sajor-caju* 和 *T. versicolor* 预处理后，其 VFA 产率分别为 361mgCOD/gVS添加 和 309mgCOD/gVS添加，与对照组相比，最大 VFA

产率分别下降了约17%和19%。

② 经真菌 *P. sajor-caju* 预处理后，Raw 蘑菇渣的 VFA 最大产率为 203mgCOD/gVS$_{添加}$，比对照组和原始底物分别提高了约60%和74%。经真菌 *T. versicolor* 预处理后，Raw 蘑菇渣的 VFA 产率相比于对照组和原始底物，分别降低了约39%和35%。

③ 在两种蘑菇渣发酵液中乙酸和丙酸均为主要的 VFA 组分。在 Oyster 蘑菇渣的发酵液中，乙酸占总 VFA 比例达到40%～48%；丙酸含量仅次于乙酸，在 VFA 中占32%～36%。在 Raw 蘑菇渣发酵液中，乙酸所占比例上升到46%～54%，而丙酸所占比例降低至22%～28%。

④ 选用的白腐真菌在蘑菇渣预处理过程中作用机理不同。经过真菌预处理后，Oyster 蘑菇渣的纤维素含量下降，但木质素含量变化不大，表明真菌预处理过程消耗了更多纤维素。对于 Raw 蘑菇渣，*T. versicolor* 预处理过程中的木质素降解能力较弱，木质素含量变化不大，但纤维素含量下降显著。经菌株 *P. sajor-caju* 预处理后，Raw 蘑菇渣中纤维素含量明显增大，达到最大值22.4%，而半纤维素含量未发生明显变化，同时木质素含量从预处理前36.8%下降到24.3%。表明菌株 *P. sajor-caju* 在预处理过程中选择性降解木质素，对纤维素的消耗较少。

⑤ 两种真菌在预处理蘑菇渣过程中主要利用漆酶和 MnP 降解木质素。Oyster 蘑菇渣可能有利于实验选用的真菌在预处理过程中释放更多的漆酶。*T. versicolor* 在 Raw 蘑菇渣预处理过程中，主要依靠漆酶降解木质素，而 *P. sajor-caju* 在预处理 Raw 蘑菇渣降解木质素过程中，MnP 起到主要作用。

3.3 蘑菇渣和剩余污泥共发酵促进厌氧发酵产酸

前面的研究结果显示白腐真菌对于高木质素类生物质具有良好的预处理效果。但是对于高纤维素类生物质，如 Oyster 蘑菇渣，实验选用的白腐真菌预处理并不能促进其厌氧发酵 VFA 产率。相反，与原始底物相比，经过 *P. sajor-caju* 和 *T. versicolor* 预处理后，Oyster 蘑菇渣的 VFA 产率分别下降了17%和19%。因此，寻找一种绿色环保、环境友好的方法，进一步提高 Oyster 蘑菇渣厌氧发酵的 VFA 产率，成为本节拟解决的关键问题。

共发酵指底物包含两种或两种以上物质同时进行厌氧发酵。共发酵具有以下优点[62]：①能够增加有机物含量；②稀释发酵抑制物或毒性物质；③调节底物C/N；④减少反应体积；⑤提高发酵系统的碱度等。因此，共发酵方法在近年来受到了研究者们的广泛关注。剩余污泥是活性污泥法污水处理过程中的副产物。由于执行更严格环保标准，需要新建污水处理厂或对已建污水处理厂进行升级改造，2020 年，我国城市污水厂产生的剩余污泥已达到 6000 万吨/年[60]。厌氧消化可以将污泥降解并转化成生物能源，也是目前城市污水处理厂中较为主流的污泥稳定化技术。剩余污泥具有较高的碱度，但是缺乏足够的碳水化合物，导致 C/N 偏低（在 6～9 之间），限制了污泥厌氧发酵的效率[60]。Oyster 蘑菇渣具有较高的 C/N，其值达到 32.6。因此，将 Oyster 蘑菇渣与剩余污泥混合，可以有效改善底物的营养物比例，调节发酵底物初始 C/N。同时，混入的剩余污泥有利于提高发酵底物的碱度。

本节主要探究 Oyster 蘑菇渣与剩余污泥混合共发酵的可行性，考察不同混合比例的蘑菇渣与剩余污泥对其厌氧发酵产酸的影响。通过分析不同混合比例的蘑菇渣与剩余污泥底物降解程度、VFA 产率、pH 及氮磷释放变化，确定最佳混合比例，并利用 Logistic 模型模拟厌氧发酵产酸过程。

3.3.1 实验材料与方法

实验所使用的试剂、仪器设备信息等同第 3.1 节。

（1）蘑菇渣

本实验所用蘑菇渣（Oyster）同 3.1 节，其测定方法见表 3.2。采集的蘑菇渣在 60℃烘箱内烘干 24h 至恒重后切至 2～3cm 长，装入塑料袋于 4℃冰箱保存用于后续实验。

（2）剩余污泥

剩余污泥取自荷兰 Harnaschpolder 城市污水处理厂（Den Hoorn, the Netherlands）的沉淀池。污泥样品采集后，装入聚乙烯塑料桶中，静置 30min 弃去上清液后于 4℃冰箱中保存，保存时间不超过 7d。实验使用前 24h，将污泥置于室温。污泥样品的基本性质如下：TS 为（54.7±

0.1)g/kg，VS为（42.6±0.1)g/kg，VS/TS为（77.9±0.1)%，pH为6.8±0.1。

（3）厌氧发酵接种污泥

接种污泥取自荷兰Harnaschpolder城市污水处理厂（Den Hoorn，the Netherlands）中温厌氧发酵池。该污水处理厂处理来自附近的生活污水和工业废水，采用厌氧—缺氧—好氧工艺，处理能力约25万m^3/d。采集的接种污泥置于聚乙烯塑料桶保存在4℃冰箱中，每次厌氧发酵实验前24h，取出污泥于室温活化。接种污泥基本性质如下：TS为（30.6±0.1)g/kg，VS为（22.2±0.1)g/kg，VS/TS为（72.4±0.1)%，pH为7.0±0.2。

（4）分析方法

实验分析的特征参数包括TS、VS、pH、溶解性化学需氧量(SCOD)、氨氮浓度、磷酸盐浓度、挥发性有机酸等，各参数的测定方法参照表3.2。三维荧光光谱采用HORIBA Scientific公司荧光分光光度计进行测定，激发和发射狭缝宽度分别为5nm和5nm，扫描波长范围λ_{ex}为240～450nm，λ_{em}为240～500nm。

采用基于逻辑斯蒂模型（Logistic model）拟合厌氧发酵过程，见式(3.8)。

$$\frac{dC_{VFA}}{dt}=\mu C_{VFA}\left(1-\frac{C_{VFA}}{C_{max}}\right) \tag{3.8}$$

根据已知条件，将式(3.8）进行积分变形，推得式(3.9)：

$$C_{VFA}=\frac{C_{max}}{1+\left(\frac{C_{max}}{C_0}-1\right)e^{ut}} \tag{3.9}$$

式中　t——发酵时间，d；

C_{VFA}——VFA浓度，mg/L；

C_{max}——发酵过程中最大VFA浓度，mg/L；

μ——最大比产酸速率。

（5）厌氧发酵实验

将蘑菇渣和剩余污泥按一定比例混合进行批式厌氧发酵产酸实验。厌氧发酵在总体积500mL的厌氧发酵反应瓶中进行。本实验设置5个实验组，按不同底物比例设为编号R1（TS_{WAS}100%)、R2(TS_{WAS}∶$TS_{champost}$=

75%：25%)、R3 (TS_{WAS} ：$TS_{champost}$ = 50%：50%)、R4 (TS_{WAS} ：$TS_{champost}$ = 25%：75%) 及 R5($TS_{champost}$ 100%)。接种污泥与底物投配比为 2：1。发酵底物及接种污泥量详见表 3.7。实验前向反应瓶底部充入氮气 5min，确保发酵瓶中的厌氧环境。为抑制发酵过程中甲烷产生，实验前向各反应瓶中投加 19mmol/L 的 2-溴乙基磺酸钠[64]。自动搅拌转速设置为 180r/min，每运行 6min，间歇 30s，温度为 (35±1)℃。将只投加接种污泥的厌氧反应瓶作为空白组，VFA 产率计算方法见式(3.3)。

表 3.7 发酵底物及接种污泥量

实验组	TS 比例		底物质量		接种污泥/g	蒸馏水/mL
	剩余污泥	蘑菇渣	剩余污泥/mL	蘑菇渣/g		
R1	4	0	85.62	0	306.3	8.06
R2	3	1	64.21	1.17	306.3	36.59
R3	1	1	42.81	2.34	306.3	50.86
R4	1	3	21.40	3.51	306.3	72.27
R5	0	4	0	4.68	306.3	93.67

3.3.2 蘑菇渣与剩余污泥共发酵对产酸的影响

3.3.2.1 蘑菇渣与剩余污泥共发酵对 VFA 产率的影响

图 3.15 表示以不同比例混合的蘑菇渣和剩余污泥为原料对厌氧发酵 VFA 产率的影响。厌氧发酵 2d 后，所有实验组均检测到大量 VFA 产生，随着发酵的进行，系统内 VFA 产率逐渐提高，之后趋于平缓。在单独底物的发酵体系中，剩余污泥的 VFA 产率高于蘑菇渣的产酸效率。经过 20d 厌氧发酵，R5 ($TS_{champost}$ 100%) 的最大 VFA 产率为 436mgCOD/gVS_{added}，该值与第 3.2 节的结果相似。而 R1 (TS_{WAS} 100%) 的最大 VFA 产率达到 521mgCOD/gVS_{added}，比 R5 ($TS_{champost}$ 100%) 最大 VFA 产率高约 19.5%。在混合发酵体系中，R2(TS_{WAS} 75%：$TS_{champost}$ 25%)、R3(TS_{WAS} 50%：$TS_{champost}$ 50%) 和 R4(TS_{WAS} 25%：$TS_{champost}$ 75%) 在发酵结束时的最大 VFA 产率分别为 512mgCOD/gVS_{added}、596mgCOD/gVS_{added} 和 505mgCOD/gVS_{added}。由此可见，相较于蘑菇渣单独发酵，蘑菇渣与剩余污泥的混合发酵系统提高了底物 VFA 产率。值得注意的是，

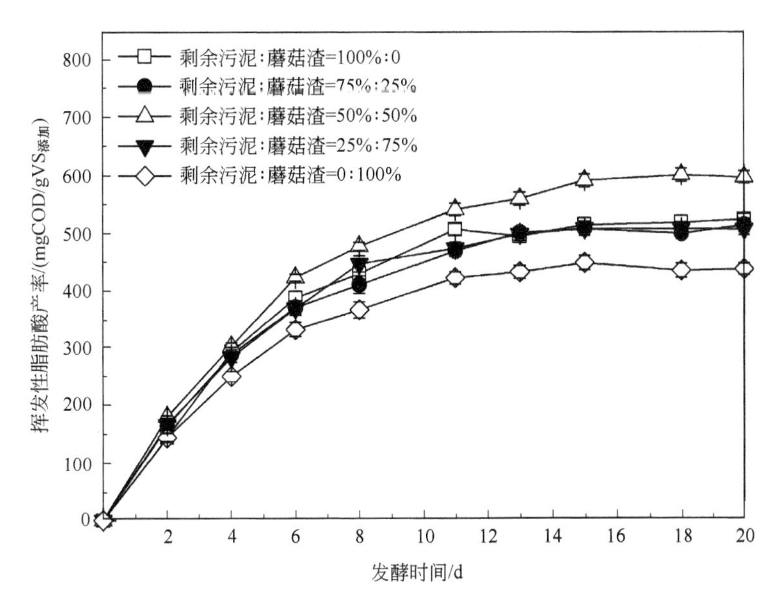

图 3.15　发酵底物比例对厌氧发酵 VFA 产率的影响

VFA 产率并不是随着剩余污泥比例的增加而一直提高。当剩余污泥比例为 50%，即 R3（TS_{WAS} 50%：$TS_{champost}$ 50%）的 VFA 产率最高，与 R5（$TS_{champost}$100%）和 R1（TS_{WAS}100%）相比，其 VFA 产率分别高出了约 36.7%和 14.3%。当剩余污泥比例增加到 75%时，即 R2（TS_{WAS}75%：$TS_{champost}$25%）的最大 VFA 产率开始下降，仅比 R5（$TS_{champost}$100%）的 VFA 产率高约 17.4%。由表 3.8 可知，与其他研究中污泥与其他有机物厌氧共发酵的 VFA 产率相比，实验采用剩余污泥同蘑菇渣共发酵达到了较高的 VFA 产率。

表 3.8　污泥与其他有机物厌氧共发酵的 VFA 产率比较

发酵底物	VFA 产率	参考文献
脱水污泥＋餐厨垃圾	392mg/gVSS	[219]
剩余污泥＋农业废弃物	487mgCOD/gVSS	[72]
剩余污泥＋餐厨垃圾	670mgCOD/gVS	[71]
剩余污泥＋预处理的甘蔗渣	360mg/gVSS	[201]
剩余污泥＋蘑菇渣	596mgCOD/gVS	实验

混合发酵提高 VFA 产率的原因可归结为以下几个方面。首先，从 R1（TS_{WAS}100%）和 R5（$TS_{champost}$100%）单独发酵的 VFA 产率看，实验

所用剩余污泥的产酸能力比蘑菇渣强，这是由底物的性质决定的。因此，增加剩余污泥的比例，有助于提升底物的产酸效率。其次，混合发酵系统中 R3(TS_{WAS}50%：$TS_{champost}$50%) 的 VFA 产率高于 R1(TS_{WAS}100%) 和 R2(TS_{WAS}75%：$TS_{champost}$25%)，说明底物组成的区别也是提高 VFA 产率的一个因素。值得注意的是，蘑菇渣与剩余污泥混合物改变了底物的初始 C/N，R1～R5 体系中初始 C/N 分别是 6.0、12.7、19.3、26.0 和 32.6。合适的底物 C/N 有利于提高厌氧产酸菌的代谢活性，从而改善底物的酸化效率。若底物 C/N 过低，厌氧产酸菌的生长将受到抑制，从而导致底物产酸效率下降[50]。据报道，C/N 在 15～30 之间时，厌氧产酸效率最初呈非线性快速增长，然后增长趋于缓慢；最佳厌氧发酵 C/N 为 20～30[220]。因此，R3(TS_{WAS}50%：$TS_{champost}$50%) 中的初始 C/N 基本处于最佳范围，且较 R1(TS_{WAS}100%) 和 R2(TS_{WAS}75%：$TS_{champost}$25%) 更接近于最佳 C/N 范围。虽然 R4(TS_{WAS}25%：$TS_{champost}$75%) 和 R5($TS_{champost}$100%) 的 C/N 处在适宜厌氧发酵的范围，但是底物性质的差别可能是导致 VFA 产率较低的原因。

3.3.2.2 蘑菇渣与剩余污泥共发酵对 VFA 组分的影响

表 3.9 记录了厌氧发酵结束时各实验组 VFA 组分的分布比例。由表 3.9 可知，在所有实验组中，乙酸均是最主要的有机酸产物，其比例在 36%～40%之间。有机酸组分分布比例的基本顺序为：乙酸＞丙酸＞丁酸＞戊酸＞己酸。Ma 等[75]指出，剩余污泥在中温厌氧发酵时，乙酸为最主要的组分，丙酸是第二高含量的组分。在 R1(TS_{WAS}100%) 和 R2(TS_{WAS}75%：$TS_{champost}$25%) 的发酵液中，尽管丙酸是第二高含量组分，但是同丁酸和戊酸含量的差别并不大，特别是 R1 (TS_{WAS}100%)，丁酸与丙酸含量之差约为 2%。因此，R1 (TS_{WAS}100%) 系统可被认为是混合型发酵。在单独蘑菇渣发酵系统 R5 ($TS_{champost}$100%) 中，丙酸含量达到 33.81%，乙酸和丙酸为主导产物，二者含量之和超过 70%，该结果与第 3.2 节实验结果相似。但 R5 ($TS_{champost}$100%) 系统中戊酸含量为 9.31%，仅为 R1 (TS_{WAS}100%) 系统戊酸含量的 52%。在混合发酵体系中，当反应底物中蘑菇渣含量超过 50%后，发酵液中丙酸含量较 R1

($TS_{WAS}100\%$)提高约50%，占总VFA含量的30%左右，同时戊酸含量下降超过30%。初始C/N可影响挥发性短链脂肪酸生成的主要代谢途径。在低C/N条件下，乙酸的累积主要是通过氨基酸之间的stickland反应形成，随着C/N的增大，导致乙酸累积的主要代谢途径转变为糖酵解的丙酮酸途径[202]。

表3.9 各实验组厌氧发酵结束时VFA的组分分布比例

VFA组分比例/%	R1	R2	R3	R4	R5
乙酸	39.17	39.71	37.21	36.88	38.85
丙酸	21.88	25.92	30.37	29.08	33.81
丁酸	19.76	18.21	19.40	18.79	15.78
戊酸	17.79	15.36	11.82	13.91	9.31
己酸	1.43	1.08	1.19	1.32	0.57

3.3.3 蘑菇渣与剩余污泥共发酵过程中的底物降解规律

3.3.3.1 蘑菇渣与剩余污泥共发酵过程中SCOD的变化规律

厌氧消化过程包括水解、酸化、产乙酸和产甲烷四个阶段。在水解阶段，发酵底物中非溶解性有机物在微生物的作用下逐渐被水解为溶解性物质，这些溶解性物质进一步被微生物转化成挥发性脂肪酸及氢气和二氧化碳等气体。SCOD是溶解性化学需氧量，其浓度变化可以反映底物的水解情况[221]。

剩余污泥和蘑菇渣混合比例对发酵液SCOD变化的影响如图3.16所示。

随着发酵反应的进行，所有实验组发酵液中的SCOD均呈现先快速增加，之后缓慢增加的趋势。蘑菇渣与剩余污泥的混合比例在一定程度影响了底物的水解程度。经过20d厌氧发酵，R1～R5发酵液中SCOD值分别为15873mg/L、16278mg/L、18288mg/L、15173mg/L和14450mg/L。增加的SCOD来自纤维素、半纤维素、蛋白质、脂质等固体物质在微生物作用下的溶解。在单独底物的发酵系统中，与剩余污泥相比，Oyster蘑菇渣的水解程度更低。两种有机物的不同性质导致了这样的结果差异。一方面，蘑菇渣中木质素的包裹作用限制了纤维素与厌氧细菌的可接触性。

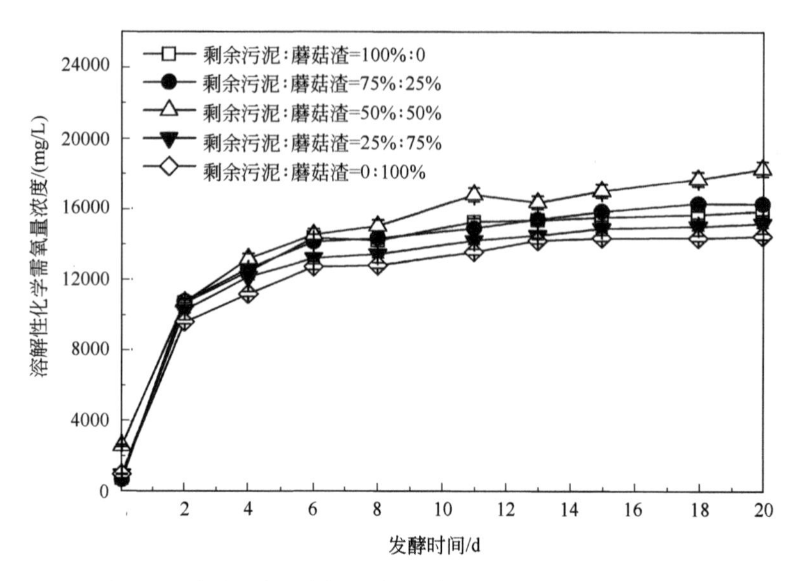

图 3.16 发酵底物比例对厌氧发酵过程中 SCOD 变化的影响

另一方面，相比于木质纤维素类材料，剩余污泥的有机成分蛋白质和脂质的水解速率更高[62]。此外，厌氧发酵结束后 R3（TS_{WAS} 50%：$TS_{champost}$ 50%）发酵液中的 SCOD 浓度最大，较 R1（TS_{WAS} 100%）和 R5（$TS_{champost}$ 100%）分别高出了 13.2%和 26.6%，表明剩余污泥与蘑菇渣的共发酵促进了原料底物的水解程度，为后续产酸过程提供更多可利用的有机物，致使后续 VFA 产率的提升。

VFA/SCOD 可以表示有机物转化成挥发性有机酸的程度。在厌氧发酵结束时，R1～R5 发酵液中 VFA 浓度分别为 5202mg/L、5019mg/L、5904mg/L、5058mg/L 和 4548mg/L，相应的 VFA/SCOD 比例为 32.8%、29.8%、32.3%、33.3%和 31.5%。尽管剩余污泥和蘑菇渣混合可以提升发酵液中 VFA 浓度和产率，但不能提高溶解性有机物的 VFA 转化程度。对厌氧发酵结束后 R3（TS_{WAS} 50%：$TS_{champost}$ 50%）的发酵液进行三维荧光光谱分析，结果如图 3.17 所示，图谱中主要有 3 个荧光峰。其中，E_x/E_m = 270nm/350nm 附近的特征峰代表芳香型蛋白，E_x/E_m = 250nm/460nm 附近的特征峰代表富里酸类物质，E_x/E_m = 400nm/460nm 附近的特征峰代表类腐殖酸类物质[222]。因此，R3（TS_{WAS} 50%：$TS_{champost}$ 50%）发酵液中含有大量类蛋白质和类腐殖质物质。Yin 等[223]发现污泥厌氧发酵后仍存在许多类蛋白质未能在厌氧发酵过程中转化，导致污泥产酸率不高。

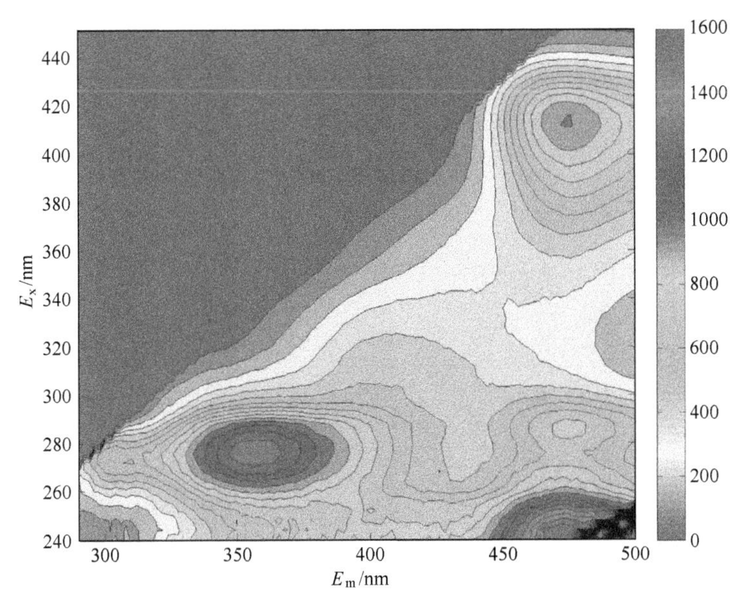

图 3.17 厌氧发酵后 R3（TS_{WAS}50%：$TS_{champost}$50%）发酵液的三维荧光光谱

3.3.3.2 共发酵过程 pH 变化及氮磷释放

pH 是厌氧消化过程中重要的影响因素之一，pH 及其稳定性对于微生物活性及代谢路径影响很大[224]。图 3.18 表示不同实验组发酵液中 pH 在厌氧消化过程中的变化情况。在厌氧发酵开始时，实验组中的 pH 随剩余污泥比例增大而增高，R1～R5 中初始 pH 分别为 6.83、6.79、6.58、6.53 和 6.46。经过 2d 的厌氧发酵过程，R1～R5 中 pH 快速下降，随着发酵的进行和 VFA 的累积，所有实验组发酵液中的 pH 继续缓慢下降。结合图 3.15 可知，发酵液中 pH 的下降主要由 VFA 的累积导致。厌氧发酵结束后，R1～R5 中 pH 分别为 6.18、6.06、6.04、5.95 和 5.89。据报道，产酸菌可以在 pH 为 5.0～8.5 的范围内生存[82]。因此，整个发酵过程 pH 始终处于发酵产酸的合理范围，VFA 累积不会对发酵产酸造成严重的抑制作用。

在单独发酵系统中，随着厌氧发酵过程的进行，Oyster 蘑菇渣发酵液中 pH 下降到 6.0 左右，甚至在第 12 天后低于 6.0。Asanuma 等[181]指出 pH 低于 6.0 时纤维素降解菌的活性会受到抑制。结合图 3.16 可知，R5（$TS_{champost}$100%）发酵液中 SCOD 在发酵第 12 天后不再明显增加，可能与纤维素水解受到抑制有关。剩余污泥发酵液的 pH 始终高于 Oyster

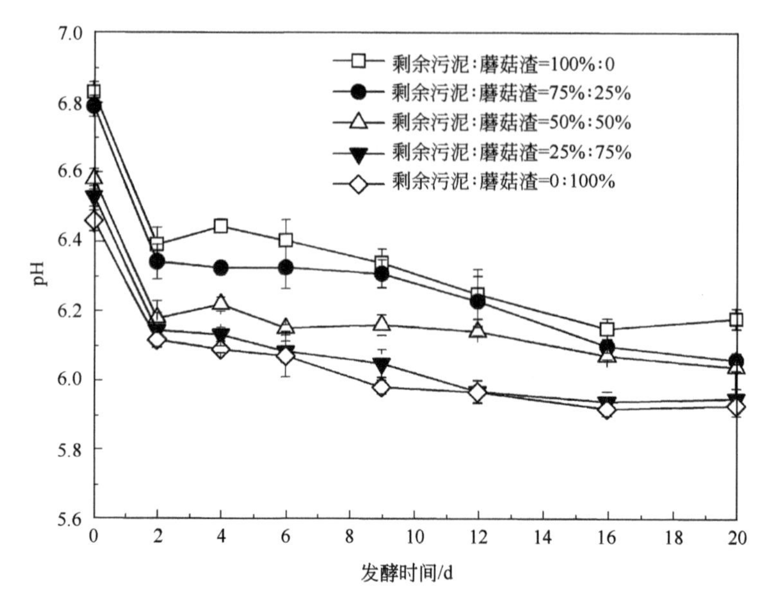

图 3.18 pH 在厌氧发酵过程中的变化

蘑菇渣发酵液的 pH，显示出剩余污泥具有较好的缓冲能力。在混合发酵体系中，R2（TS_{WAS}25％：$TS_{champost}$75％）和 R3（TS_{WAS}50％：$TS_{champost}$50％）发酵液的 pH 高于 R4（TS_{WAS}75％：$TS_{champost}$25％），且在厌氧发酵过程中始终处于 6.0 以上，保证了纤维素水解对 pH 的最低要求。因此，混合剩余污泥和蘑菇渣可以提高发酵体系的碱度，使厌氧发酵过程的 pH 可以维持在厌氧水解、酸化菌适宜的范围内。

pH 在很大程度上依赖于体系的缓冲能力和碱度。在厌氧发酵过程中，底物水解释放的氨氮可以起 pH 缓冲作用。在厌氧发酵结束后，R1～R5 发酵液中的氨氮浓度分别为 2660mg/L、2380mg/L、2210mg/L、2180mg/L 和 1820mg/L。显然，氨氮浓度随剩余污泥比例的增加而增大，剩余污泥发酵过程中的氨氮主要来自蛋白质、氨基酸的水解过程[82]。适宜的氨氮浓度为发酵液提供了较好的缓冲能力，确保整个发酵过程处于适宜的 pH 环境。实验中氨氮浓度的变化同 pH 变化规律一致，因此可以推断混合剩余污泥和蘑菇渣是通过提高发酵液中的氨氮浓度，从而提高了发酵体系的缓冲能力和碱度。此外，厌氧发酵结束后，R1～R5 发酵液中的磷酸盐浓度分别为 570mg/L、480mg/L、470mg/L、480mg/L 和 390mg/L。剩余污泥发酵系统中较高的磷酸盐浓度可能来自污泥细胞壁蛋白质及脂质的水解。共发酵 R3（TS_{WAS}50％：$TS_{champost}$50％）发酵液中氨氮和磷酸盐浓度较 R1（TS_{WAS}100%）发酵液分别低了 17%和 18%，若将这种发酵液直接用于污水生物脱氮除磷过程，不仅可提供高浓度的 VFA 碳源，而且氨磷浓度较低，可减轻污水处理的负担。

3.3.4 共发酵产酸过程的数学模拟

观察实验所产生 VFA 浓度随时间的变化曲线，不难发现共发酵过程中 VFA 累积与 S 形曲线较为接近，并结合厌氧发酵过程机理推测，实验决定引入 Logistic 模型对共发酵产酸过程进行拟合。Logistic 方程的提出先被用于描述生态学中种群增长，后逐渐被应用于批式微生物实验研究中，如污泥厌氧发酵工艺等过程[225]。

通过 Origin 8.0 软件对共发酵的 VFA 浓度进行拟合，可求得 C_{max}和 μ，结果如图 3.19 及表 3.10 所示。由表 3.10 可知，各组拟合结果回归系

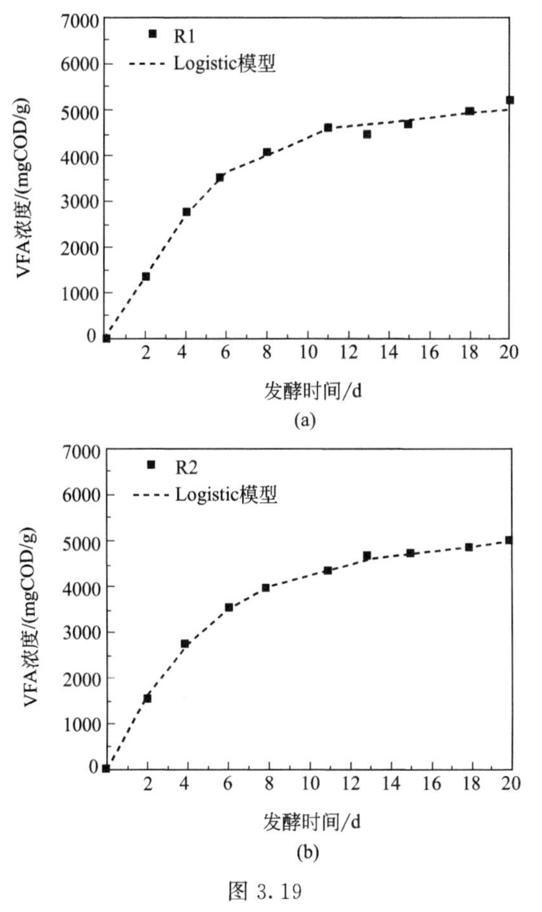

图 3.19

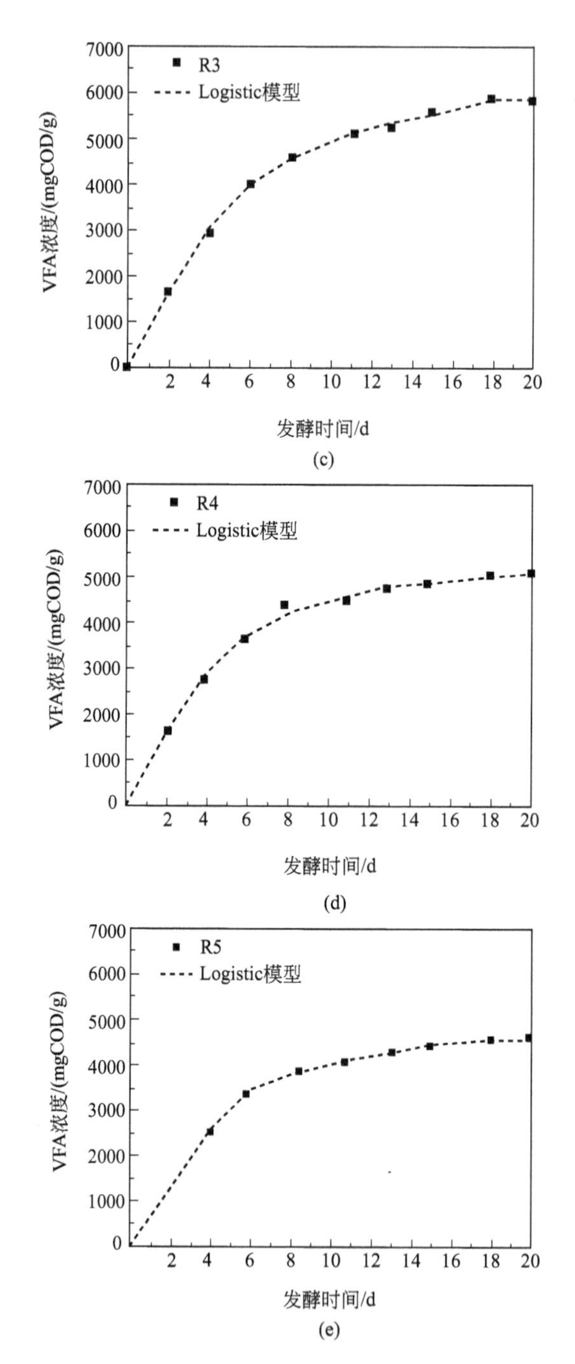

图 3.19 Logistic 模型对混合发酵产酸数据的拟合曲线

(a) R1；(b) R2；(c) R3；(d) R4；(e) R5

数 R^2 均大于 0.99，说明剩余污泥与蘑菇渣共发酵产酸规律符合 Logistic 方程。蘑菇渣单独发酵系统 R5（$TS_{champost}$ 100%）的拟合 VFA 浓度最低，而混合发酵系统 R3（TS_{WAS} 50%∶$TS_{champost}$ 50%）的拟合 VFA 浓度最高，为 6003mg/L。通过 Logistic 模型拟合厌氧发酵产酸过程，说明剩余污泥与蘑菇渣共发酵，能够显著提高底物的产酸能力，最佳混合比例为 TS_{WAS} 50%∶$TS_{champost}$ 50%，该拟合结果与实验值所得结论一致。

表 3.10 不同实验组拟合 Logistic 方程动力学的结果

实验组	Logistic 模型		
	C_{max}/(mg/L)	μ/d^{-1}	R^2
R1	5242	3.98	0.9940
R2	5196	4.09	0.9993
R3	6003	4.04	0.9970
R4	4971	3.66	0.9952
R5	4631	3.75	0.9994

本节研究了 Oyster 蘑菇渣与剩余污泥共发酵促进厌氧发酵产酸的可行性，通过对 VFA 产率以及底物降解规律的考察，确定了 Oyster 蘑菇渣与剩余污泥最佳混合比例，并运用 Logistic 模型拟合了实验结果，得出以下结论：

① 在单独底物的发酵体系中，剩余污泥的 VFA 产率（521mgCOD/$gVS_{添加}$）高于蘑菇渣的 VFA 产率（436mgCOD/$gVS_{添加}$）。相较于蘑菇渣单独发酵，蘑菇渣与剩余污泥的混合发酵系统能够提高系统的 VFA 产率，其中 R3（TS_{WAS} 50%∶$TS_{champost}$ 50%）达到最大的 VFA 产率，为 596mgCOD/$gVS_{添加}$。与 R5（$TS_{champost}$ 100%）和 R1（TS_{WAS} 100%）相比，其 VFA 产率分别高出了 36.7%和 14.3%。底物的特性和适宜的初始 C/N 可能是促进其共发酵产酸的主要原因。

② 在所有实验组中，乙酸均是最主要的有机酸产物，其比例在 36%～40%之间，有机酸组分分布比例的基本顺序为乙酸>丙酸>丁酸>戊酸>己酸。蘑菇渣与剩余污泥共发酵影响了 VFA 组分分布。剩余污泥发酵系统 R1（TS_{WAS} 100%）属于混合型发酵，而在蘑菇渣发酵系统 R5（$TS_{champost}$ 100%）中，乙酸和丙酸为主导产物，二者含量之和超过 70%。

在混合发酵体系中，当反应底物中蘑菇渣含量超过50%后，发酵液中丙酸含量较R1（TS_{WAS}100%）提高约50%，占总VFA含量30%左右，同时戊酸含量的下降超过30%。初始C/N可影响挥发性短链脂肪酸累积的主要代谢途径。

③ 随着发酵反应的进行，所有实验组发酵液中的SCOD均呈现先快速增加，后缓慢增加的趋势，且蘑菇渣与剩余污泥的混合比例可影响底物的水解程度。厌氧发酵结束后R3（TS_{WAS} 50%：$TS_{champost}$ 50%）中SCOD值最大，较R1（TS_{WAS}100%）和R5（$TS_{champost}$ 100%）分别高出了13.2%和26.6%，表明剩余污泥与蘑菇渣共发酵促进了底物的水解程度，为后续产酸过程提供更多可利用的有机物，致使后续VFA产率提升。

④ 在厌氧发酵结束时，R1～R5发酵液中VFA浓度分别为5202mg/L、5019mg/L、5904mg/L、5058mg/L和4548mg/L，相应的VFA/SCOD比例为32.8%、29.8%、32.3%、33.3%和31.5%。该结果表明尽管剩余污泥和蘑菇渣混合可以提升系统的VFA浓度和产率，但不能提高溶解性有机物的VFA转化程度。

⑤ 较单独蘑菇渣发酵过程，蘑菇渣与剩余污泥共发酵提高了整个发酵系统的缓冲能力与碱度，使厌氧发酵过程的pH可以更好地维持在厌氧水解、酸化菌适宜的范围内。剩余污泥和蘑菇渣混合提高发酵液中的氨氮浓度，可能是共发酵提高发酵液缓冲能力和碱度的主要原因。

⑥ 动力学拟合结果表明，剩余污泥与蘑菇渣共发酵符合Logistic模型，按照R3（TS_{WAS}50%：$TS_{champost}$50%）混合比例可获得最大VFA浓度，与实验结论一致。

第4章 ▶▶

厌氧发酵定向产丙酸、戊酸机理分析

在第3章的研究中发现，乙酸和丙酸是厌氧发酵最主要的有机酸产物，而且乙酸含量更高。由于乙酸化学势能较低，在发酵过程中以乙酸型发酵最为常见，往往不需要特别调控就可以获得以乙酸为主要产物的发酵液。高效“羧酸盐平台”不仅需要更高的羧酸盐产率、更少的化学品投入，而且对发酵产物的控制同样十分重要[8]。因为VFA的生产必须同后续利用相结合，不同的VFA组分对于后续产物的类型和品质具有不同的影响。例如，与乙酸型发酵相比，利用丙酸和戊酸为原料前体生产的聚羟基脂肪酸酯具有更好的材料性能及更高的商业价值。但是，目前关于发酵过程产物控制的研究并不多见[226]，绝大多数研究均围绕如何通过预处理技术或共发酵方法等提升VFA产率。目前少量关于发酵产物调控的研究也仅限于以乙酸为主要产物的发酵系统[28]，而建立以丙酸和戊酸为主要产物发酵系统的报道并不多见[227]。因此，探究如何建立更多厌氧发酵产酸类型及其过程控制，对于生产、利用发酵VFA，建立完整的“羧酸盐平台”具有十分重要的实际意义。

因此，本章探究如何建立以丙酸和戊酸为主要产物的厌氧发酵系统，考察了不同pH（6.0、6.5）条件下反应器的运行情况、厌氧发酵的VFA产率、成分组成及微生物群落变化，并明确发酵底物的转化路径。

4.1 实验材料与方法

（1）试剂与设备

实验所用试剂同第3章。此外，还使用了葡萄糖（$C_6H_{12}O_6$，分析纯）、半胱氨酸盐酸盐（cysteine-HCl，分析纯）、酵母提取物（分析纯）、氯化铵（NH_4Cl，分析纯）、三水磷酸氢二钾（$K_2HPO_4 \cdot 3H_2O$，分析纯）、二水氯化钙（$CaCl_2 \cdot 2H_2O$，分析纯）、七水硫酸镁（$MgSO_4 \cdot 7H_2O$，分析纯）、氯化钠（NaCl，分析纯）、乙二胺四乙酸二钠（EDTA，分析纯）、氯化锌（$ZnCl_2$，分析纯）、六水氯化钴（$CoCl_2 \cdot 6H_2O$，分析纯）、四水氯化锰（$MnCl_2 \cdot 4H_2O$，分析纯）、六水氯化镍（$NiCl_2 \cdot 6H_2O$，分析纯）、二水氯化铜（$CuCl_2 \cdot 2H_2O$，分析纯）、四水氯化亚铁（$FeCl_2 \cdot 4H_2O$，分析纯）、亚硒酸钠（Na_2SeO_3，分析纯）、高硼酸（HBO_3，分析纯）、四水钼酸铵（$(NH_4)_6Mo_7O_{24} \cdot 4H_2O$，分析纯）、二水钨酸钠（$NaWO_4 \cdot 2H_2O$，分析纯）。

实验所用主要仪器设备信息如表 4.1 所示。

表 4.1　实验所用主要仪器设备信息

仪器设备名称	型号	生产厂商
水质检测分析仪	LANGE-DR3900	德国 HACH 公司
多功能探头	CPS41D	瑞士 Endress 公司
高清电子拍照显微镜	VHX-5000	日本 Keyence 公司
超纯水仪	PURELAB Chorus 1	法国 Veolia 公司
高效液相色谱分析仪	Agilent Technology 1290	美国 Agilent 公司
高速离心机	Thermo Scientific™	美国 Thermo 科技公司
高清显微镜	MM3M	丹麦 Unisense 公司
在线气体检测仪	X2GP	美国 Emerson 公司
气相色谱分析仪	Agilent Technology 7693	美国 Agilent 公司
pH 计	Multi 9630 IDS	德国 WTW 公司

（2）厌氧序批式反应器

实验在厌氧序批式反应器（ASBR）中进行。ASBR 是一种以序批间歇运行为主要特征的厌氧处理工艺，具有较强的操作灵活性，其“feast-famine”间歇式的运行模式易于形成颗粒污泥。ASBR 一个完整的运行操作周期包括进水期、反应期、沉降期和排水期 4 个阶段。

图 4.1 为反应器的照片，反应器主体部分为双层有机玻璃。反应器总高 160cm，内径 6.5cm，运行体积 2.6L，排水口设在距反应器底部 45cm 处，排水量为 1.3L。实验采用人工配制，进水 COD 浓度为 10g/L，运行

图 4.1　反应器照片

周期为 2h，水力停留时间为 4h。通过水浴控制反应器温度为 37℃，运行设置为：15min 进水、99min 反应、3min 沉降、3min 排水。反应器运行期间 pH 通过投加 2mol/L 氢氧化钠调节，将 2%消泡剂随碱液一起投加，流速是碱液流速的 1/4。

反应器启动阶段系统 pH 维持在 6.0，运行稳定后（出水中 VFA 浓度及组分变化<10%）以 0.25 为跨度分两步提高 pH 至 6.5。当出水 VFA 浓度波动小于 10%且至少维持 2 周以上，可认为反应器在该 pH 下达到稳定状态。在稳定运行状态下，进行颗粒污泥粒径、污泥沉降系数考察，颗粒污泥内 pH、周期循环分析及微生物群落分析等。

接种物取自荷兰某农场的牛粪，过 1mm 金属筛，过筛后取 30mL 接种于反应器中。

（3）废水水质

废水主要基质包括葡萄糖（$C_6H_{12}O_6$），10.3g/L；半胱氨酸盐酸盐（cysteine- HCl），0.118g/L；酵母提取物，0.05g/L；NH_4Cl，0.967g/L；$K_2HPO_4 \cdot 3H_2O$，0.25g/L。此外，废水中还包括各种微量元素成分，其中微量元素为 $CaCl_2 \cdot 2H_2O$，125mg/L；$MgSO_4 \cdot 7H_2O$，111mg/L；NaCl，39mg/L；EDTA，66mg/L；$ZnCl_2$，0.85mg/L；$CoCl_2 \cdot 6H_2O$，0.00083mg/L；$MnCl_2 \cdot 4H_2O$，0.17mg/L；$NiCl_2 \cdot 6H_2O$，0.2mg/L；$CuCl_2 \cdot 2H_2O$，0.67mg/L；$FeCl_2 \cdot 4H_2O$，6.2mg/L；Na_2SeO_3，1.07mg/L；HBO_3，0.056mg/L；$(NH_4)_6Mo_7O_{24} \cdot 4H_2O$，1.5mg/L；$NaWO_4 \cdot 2H_2O$，0.044mg/L。主要基质和微量元素分别配制。为避免人工配水中发生微生物生长、消耗葡萄糖等成分现象用 2mol/L 的盐酸溶液，调节配水主要基质 pH 为 2.0～2.5 后放入 4℃冰箱中保存。

（4）颗粒污泥采集与分析

从反应器中部用粗口注射器取出混合液，确保取样器的前端内径应稍大于颗粒污泥的最大粒径。将少量混合液倒入培养皿中，加入蒸馏水稀释约 10 倍，使尽量多的颗粒能够分辨出来。对于每一个污泥样品，选取不同放大倍数拍摄至少 3 次。图像分析采用（Image-VHX-5000）图像分析软件。

（5）微生物种群分析

收集反应器内混合液 50mL，在 4℃下离心（12000g，12min），去除上清液收集固体部分储存在 80℃用于 DNA 提取。使用 DNeasy Ultra Clean 微生物试剂盒（Qiagen，Hilden，Germany）进行 DNA 提取，按照说明书操作步骤进行。完成 DNA 抽提后，利用 1%琼脂糖凝胶电泳、QuBit 3.0 荧光计和 QuBit dsDNA HS 分析试剂盒检测 DNA 的质量。使用生物分析仪（Agilent Technologies，Santa Clara，CA，USA）对分离的 DNA 进行最终质量检查。提取合格的 DNA 采用细菌 16S rRNA 基因（V3-V4）用于 PCR 扩增，并使用 Illumina MiSeq 平台进行高通量测序。使用 Illumina Casava 管道生成读数，使用 Illumina Chastity 过滤和内部协议（Base Clear）进行检查，并使用 FASTQC 质量控制工具进行最终评估。按照 97%相似性对非重复序列（不含单序列）进行 OTU 聚类，得到 OTU 代表序列，生成 OTU 表格。属于类群丰度小于 5%的 OTU 被滤除，剩余的OTU被用于检查核心微生物组。基于OTU聚类分析结果进行多样性指数分析。

（6）其他指标分析

实验所需测定的其他参数，包括pH、VFA、TS、VS等，参照表3.2。气体成分测定采用气相色谱法，仪器为日本岛津GC-2014型气相色谱仪，色谱柱型号为TDX-01；检测器为热导池检测器TCD，进样口、柱温和检测器的温度分别设置为150℃、140℃、150℃。用氦气作为载气，流速25mL/min，桥电流设为150mA。气体进样量为1mL。

4.2 厌氧颗粒污泥反应器的稳定运行

4.2.1 反应器内污泥颗粒化过程

在反应器运行初期，pH维持在6.0，水力停留时间设置为24h，逐渐缩短到4h，从而使污泥负荷逐渐提高。随着反应器的运行，反应器内污泥浓度VSS逐步上升。反应器运行约30d后，VSS浓度达到8.7～12.3g/L；继续培养至60d左右，污泥VSS浓度继续上升，最终稳定在14.9～16.2g/L。

为更好地观察污泥颗粒化的变化过程，定期对反应器内污泥样品进行显微成像分析，如图4.2所示。反应器运行初始阶段，污泥呈松散的絮状结构，由于腐殖质的存在，反应器中污泥呈深褐色。随着驯化时间的延长，污泥絮体增多，逐渐聚集，反应器底部出现小颗粒。随着污泥驯化的继续进行，颗粒数量和粒径都逐渐增加，而絮体污泥逐渐被颗粒污泥取代，污泥颜色逐步变为黄色。启动约两个月后，反应器内污泥几乎全部变为颗粒污泥，粒径达到441～673μm。随着污泥颗粒的增大，颗粒污泥更加紧实。污泥沉降系数（SVI）由开始阶段平均值的69mL/gVSS下降至14.1mL/gVSS，表明污泥具有良好的沉降性能。出水中VSS含量平均值从1.7g/L下降至0.9g/L。如果继续延长沉降时间至5min，出水中VSS浓度会下降至0.03g/L。至此，污泥完全实现颗粒化。

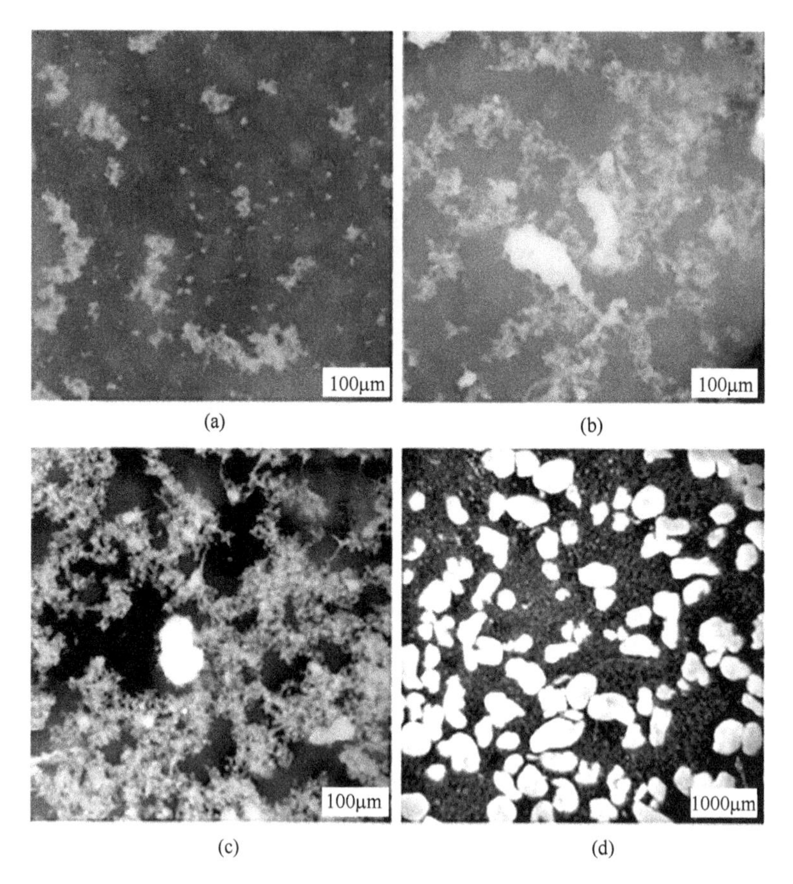

图 4.2 厌氧颗粒污泥形成过程中的形态变化（pH=6.0）

（a）反应器启动 2d；（b）反应器启动 30d；（c）反应器启动 37d；（d）反应器启动 62d

4.2.2 不同 pH 条件下反应器稳定运行概况及产物组成

表 4.2 描述了反应器在 pH 为 6.0 和 6.5 时，系统稳定后的运行情况。如表 4.2 所示，在不同 pH 条件下，反应器系统保持了较高的产酸效率，最大产酸率在 pH 为 6.0 时获得，达到（0.73±0.02）$gCOD_{VFA}$/$gCOD_{葡萄糖}$。相比于葡萄糖转化速率，乳酸转化速率很低，约为 0.09gCOD/(gVSS·h)，是整个发酵过程的限速步骤。pH 值升高至 6.5 后，葡萄糖转化速率提高，但对乳酸转化速率没有任何影响。

反应器稳定运行后，不同 pH 条件下发酵产物的分布如表 4.3 所示。通过 COD 和碳平衡分析可知，发酵产物和污泥生物量 COD 之和为进水

表 4.2 反应器系统特征概况

pH	6.0	6.5
SVI/(mL/gVSS)	14.1±0.4	16.2±0.5
颗粒污泥粒径/μm	441～673	413～667
Y_{VFA}/($gCOD_{VFA}$/$gCOD_{葡萄糖}$)	0.73±0.02	0.67±0.02
Y_X/($gCOD_{VFA}$/$gCOD_{葡萄糖}$)	0.24±0.03	0.27±0.04
Y_{CH_4}/($gCOD_{VFA}$/$gCOD_{葡萄糖}$)	0.015±0.003	0.020±0.003
Base/(mol OH^-/mol 葡萄糖)	1.66±0.07	1.78±0.06
q_s^{max}-葡萄糖/[gCOD/(gVSS·h)]	0.5	≥0.8
q_s^{max}- 乳酸/[gCOD/(gVSS·h)]	0.09	0.09
污泥平均停留时间/d	2.7±0.4	2.6±0.5
颗粒污泥停留时间/d	17.7±8.2	10.0±6.5

总 COD 的 97%～101%，表明发酵过程中的主要产物均被分析。表 4.3 显示，丙酸和戊酸均是 pH 为 6.0 和 6.5 条件下的主要发酵产物，表明实验成功开发了以丙酸和戊酸为主要产物的发酵系统。在 pH 为 6.0 时，丙酸和戊酸含量之和约占反应器出水 COD 比例 51%，在 VFA 中的比例达到 69%。当 pH 为 6.5 时，丙酸和戊酸含量之和约占反应器出水 COD 比例 46%，在 VFA 中的比例达到 68%。此外，随着 pH 升高，反应系统产酸率下降，主要是由丁酸和戊酸的产率下降以及更高污泥产率所致，但同时乙酸和丙酸的产率提升。污泥产率随 pH 下降而降低的原因，可能是有更多的能量用于维持细菌能量代谢，因为远离细菌最适 pH 时，细菌对能量需求更高。生产丙酸、戊酸等奇数碳有机酸的细菌，如 *Selenomonas ruminantium*、*Megasphaera elsdenii*、*Prevotella ruminicola* 的最适宜 pH 分别是 6.5、6.0 和 6.5[228]。

表 4.3 ASBR 中各产物组分分布

发酵产物	pH=6.0	pH=6.5
乙醇	0.4±0.1	—
乙酸	9.4±0.6	11.2±0.9
丙酸	25.6±1.1	28.6±1.8
丁酸	12.8±0.4	10.0±0.9
戊酸	24.7±1.1	17.6±1.5

续表

发酵产物	pH=6.0	pH=6.5
己酸	0.4±0.1	0.2±0.1
CH_4/g	1.5±0.3	2.0±0.1
VFA 产率	73.4±1.9	67.8±2.5
污泥产率	26.3±2.6	28.2±4.7
COD 平衡	101.3±5.1	97.0±7.9
碳平衡	101.2±5.8	98.2±4.2

注：表中数值表示占进水 COD 百分比。

值得注意的是，该系统在发酵过程中几乎不发生气相 COD 损失，只有 0.01～0.02gCOD/gCOD 葡萄糖被转化到气体中，使反应器顶部氢气浓度低于检测限。甲烷产率一直很低，主要来自氢营养型甲烷菌，而不是乙酸型甲烷菌。乙酸型甲烷菌的缺乏可能由以下原因所致：首先，乙酸型甲烷菌在 pH 低于 6.2、未解离的 VFA 浓度达到 15mg/L HAc_{eq}时会被严重抑制[229]。由表 4.4 可知，在颗粒污泥内部，未解离的有机酸浓度过高，因此乙酸型甲烷菌不能在颗粒污泥内部存在。高浓度未解离 VFA 的存在，可能也是颗粒污泥空心化结构的主要原因之一。在颗粒污泥外部，未解离的 VFA 浓度低于约 15mg/L HAc_{eq}的抑制浓度，然而乙酸型甲烷菌在最适条件下的倍增时间是 4d[230]，而该系统中的污泥停留时间（SRT）仅为 1.8～2.2d。因此，该条件不利于乙酸型甲烷菌的生长。

其次，氢营养型甲烷菌的倍增时间仅需 1～2d，该系统的 SRT 对于氢营养型甲烷菌的生长足够长，使氢营养型甲烷菌能够在该系统中存活。而且，氢营养型甲烷菌具有较好的耐酸性和较快的生长速率[231]。Fang 等[231]曾报道，在 pH 为 5.5 的酸化系统中发现了氢气合成甲烷生产。

表 4.4 颗粒污泥内外未解离有机酸浓度

项目	pH=6.0	pH=6.5
颗粒污泥外部游离态 VFA 浓度/(mmol/L)	4.61	4.35
颗粒污泥内部游离态 VFA 浓度(pH=5.2)/(mmol/L)	20.66	19.51

4.2.3 厌氧颗粒污泥内部结构及生理特征

分析颗粒污泥内部结构及理化性质，对于维持颗粒污泥系统长期稳定运行及理解发酵过程中如何抑制甲烷产生，具有重要意义。如图 4.3 所示，颗粒污泥内部为空心结构。实验选取 pH 为 6.0 和 6.5 反应器内的颗粒污泥，分别测量颗粒污泥内部 pH。结果显示，无论颗粒污泥取自哪种 pH 条件下的反应器内，颗粒污泥表层 500μm 处的 pH 开始下降，颗粒内部的最小 pH 均约为 5.2，该结果与之前文献报道一致[232,233]，并且该厚度与之前报道葡萄糖在颗粒污泥中最大扩散渗透深度一致（400～500μm，8～10mmol/L 葡萄糖）[234]。

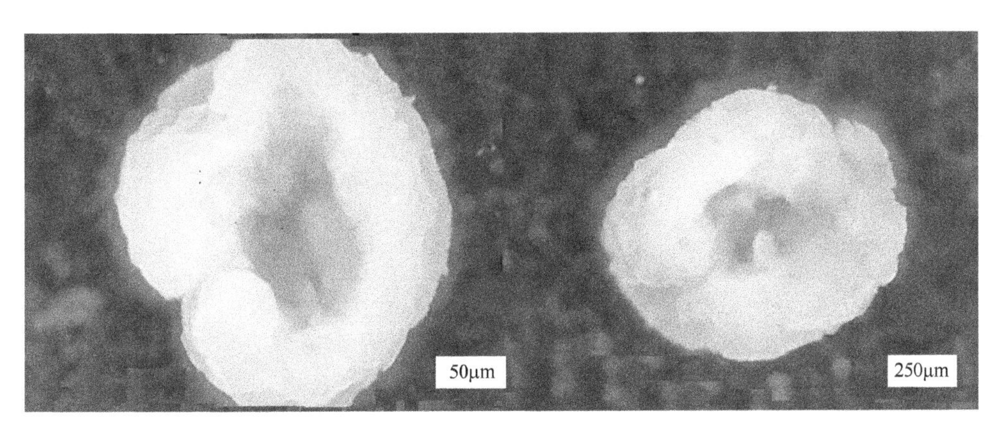

图 4.3　颗粒污泥内部构造图（pH＝6.0）

4.3 微生物群落分析

厌氧发酵过程是通过许多微生物共同完成的结果，不同的微生物群落结构会引起发酵末端产物的变化。因此，分析微生物群落结构，有助于探究厌氧发酵途径随 pH 的变化情况。表 4.5 列举了发酵反应中涉及的主要细菌及其参与发酵途径的反应式。

表 4.5　发酵反应中涉及到的主要细菌及其参与发酵途径的反应式

发酵反应	细菌	参考文献
$C_6H_{12}O_6 \longrightarrow$ 细胞内 $C_6H_{12}O_6$（多聚葡萄糖）	*Prevotella*、*Bacteroides*、*Selenomonas*	[31,33]
$C_6H_{12}O_6 + 2/3CO_2 \longrightarrow 2/3C_2H_4O_2 + 11/3C_4H_6O_4 + 2/3H_2O$	*Bacteroides*、*Prevotella*、*Spirochaeta*	[31,33]
$C_6H_{12}O_6 \longrightarrow 2C_3H_6O_3$	*Streptococcus*、*Selenomonas*、*Lachnospirae*、*Actinomyces*	[31,33]

续表

发酵反应	细菌	参考文献
$C_6H_{12}O_6 + 2H_2O \longrightarrow 2C_2H_4O_2 + 2CO_2 + 4H_2$	*Clostridium*	[235,236]
$C_4H_6O_4 \longrightarrow 1C_3H_6O_2 + 1CO_2$	*Selenomonas*、*Veillonella*、*Phascolarctobacterium*	[31,33,237]
$C_6H_{12}O_6 \longrightarrow 2/3C_2H_4O_2 + 11/3C_3H_6O_2 + 2/3H_2O + 2/3CO_2$	*Selenomonas*	[31,33]
$C_3H_6O_3 \longrightarrow 1/3C_2H_4O_2 + 2/3C_3H_6O_2 + 1/3H_2O + 1/3CO_2$	*Selenomonas*	[31,33]
$C_2H_4O_2 + C_3H_6O_3 \longrightarrow 1C_4H_8O_2 + 1CO_2 + 1H_2O$	*Megasphaera*	[238]
$C_3H_6O_3 + H_2O \longrightarrow 1C_2H_4O_2 + 1CO_2 + 2H_2$	*Clostridium*、*Megasphaera*、*Pectinatus*	[236]
$C_6H_{12}O_6 + 2/3H_2O \longrightarrow 2/3C_2H_4O_2 + 2/3C_4H_8O_2 + 2CO_2 + 2\ 2/3H_2$	*Clostridium*	[239]

图 4.4 为两种 pH 条件下反应器内微生物群落组成。当 pH 为 6.0 时，*Actinomyces*、*Bacteroides*、*Prevotella*、*Megasphaera* 及 *Selenomonas* 是反应器中的优势菌群。当 pH 升高至 6.5 时，系统中 *Actinomyces*、*Bacteroides* 和 *Selenomonas* 成为优势菌群。该结果与反应器在两种 pH 条件下以丙酸

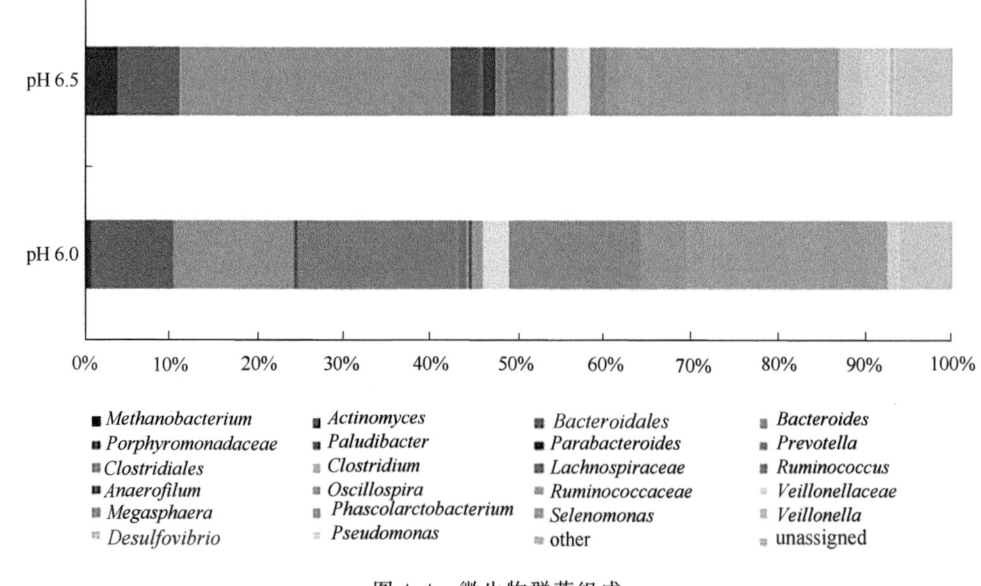

图 4.4　微生物群落组成

和戊酸为主导产物的结果一致。此外，当 pH 为 6.5 时，*Bacteroides* 在反应器中的数量明显增加，而 *Prevotella* 几乎消失。如表 4.5 所示，*Prevotella* 和 *Bacteroides* 是将葡萄糖转化成乙酸/琥珀酸的功能菌[31]，它们的存在表明该系统中有一部分丙酸、乙酸来自葡萄糖两步发酵，即葡萄糖先被 *Prevotella* 和 *Bacteroides* 转化成琥珀酸，之后琥珀酸被如 *Selenomonas* 转化成丙酸、乙酸[31]。

由图 4.5 可知，无论在哪种 pH 下，反应器中几乎都没有乙酸型甲烷菌（*Methanosarcina*）的存在（0.01%），这与 4.2.2 中甲烷产率低的结果一致，并且表明反应器中生成的甲烷主要来自氢气产甲烷的转化。

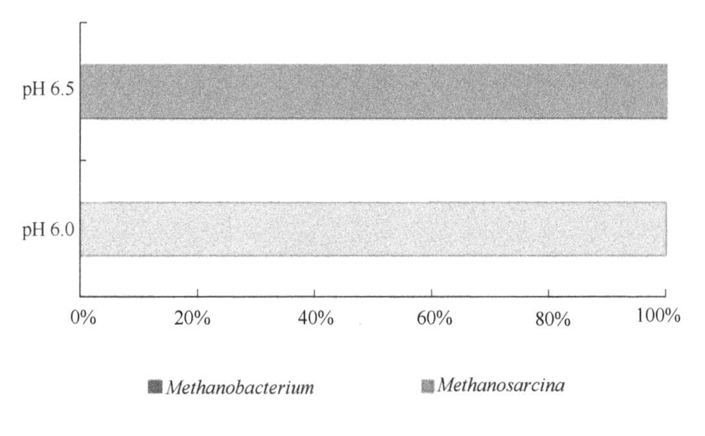

图 4.5 产甲烷古细菌种群组成

4.4 批式循环分析

在不同的 pH 条件下反应器达到稳定状态后，进行循环分析，以深入了解循环过程中底物的转化规律。由图 4.6 可知，在 pH 为 6.0 和 6.5 的循环过程中，底物和发酵产物显示出类似的变化趋势。以 pH 6.0 为例，在反应初期，系统内有一定量的乳酸生成并发生积累，在 25min 时达到最大值。反应 25min 后，系统中已经不存在葡萄糖，此时乳酸含量也开始降低，并在反应 75min 后完全消失。随着乳酸量的降低，丁酸和戊酸产量一直升高，直到所有的乳酸被消耗后不再增大。在整个循环过程中，约有 0.21～0.26gCOD/gCOD 的葡萄糖在细胞内被储存为胞内聚葡萄糖。

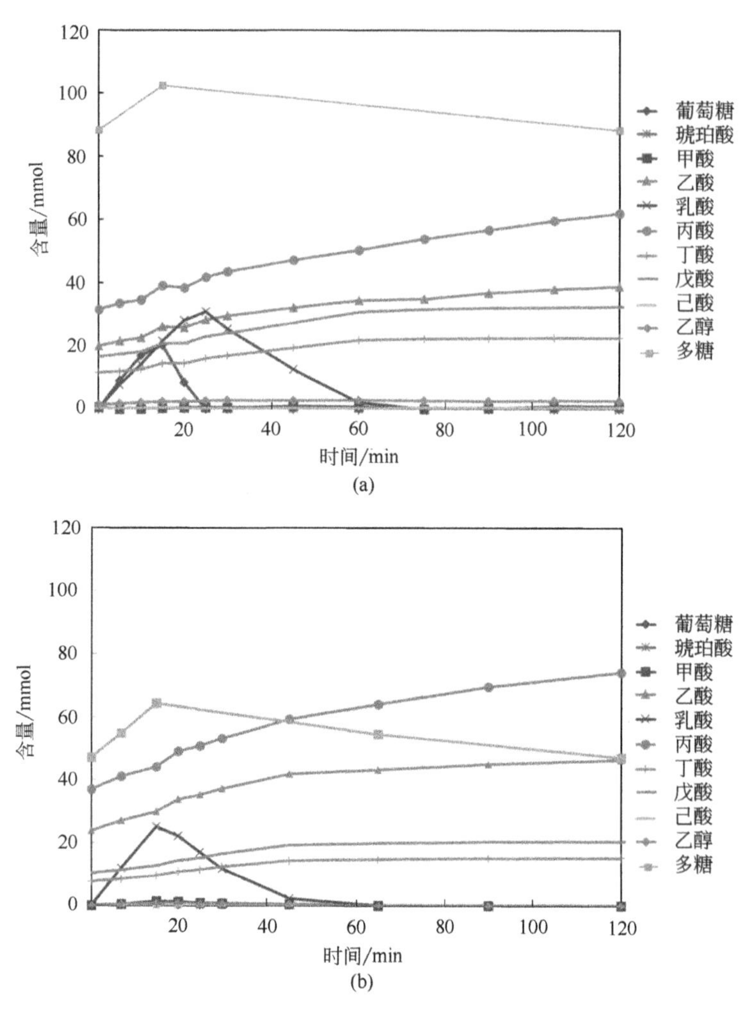

图 4.6　稳定状态下反应器单次循环的产物及分布

(a) pH=6.0 (70gVSS)；(b) pH=6.5 (65gVSS)

根据图 4.6，可以计算出循环阶段底物消耗速率和产物生成速率。整个循环过程可被分为三个阶段用于分析：(A) 葡萄糖、乳酸同时存在 (0～25min)；(B) 仅有乳酸存在 (25～75min)；(C) 葡萄糖、乳酸都不存在 (75～120min)。通过计算，可得到三个阶段底物消耗速率和产物生成速率，结果如表 4.6 所示。以 pH 为 6.0 时为例，通过分析各阶段底物消耗和产物生成变化，分析转化规律。

(1) A 阶段葡萄糖、乳酸同时存在

在该阶段，乳酸的产生和降解同时存在。乳酸可能由 *Selenomonas* 利

表 4.6 不同阶段底物消耗速率和产物生成速率（pH=6.0）

项目	阶段					
	A(0～25min)		B(25～75min)		C(75～120min)	
	速率/(mmol/min)	R^2	速率/(mmol/min)	R^2	速率/(mmol/min)	R^2
吸收率						
葡萄糖	2.9931	0.995				
乳酸			−0.817	0.9948	0	
胞内聚葡萄糖			−0.1314	1	−0.1444	1
生成率						
胞内聚葡萄糖	0.9467	1				
乙酸	0.3297	0.9270	0.1722	0.9958	0.086	0.9699
乳酸	1.4208	0.9920	0			
丙酸	0.3924	0.8866	0.2377	0.9942	0.1798	0.9967
丁酸	0.1504	0.9037	0.1632	0.9999	0.0171	0.941
己酸	0.2323	0.9180	0.2221	0.9994	0.0078	0.9483

用葡萄糖产生。因为当存在高浓度的葡萄糖时，*Selenomonas* 倾向于将葡萄糖转化成乳酸，替代乙酸-丙酸途径[240]。通过对比 A、B 阶段丁酸和戊酸生成速率，可以推断该阶段中生成的乳酸，主要用于乙酸和丙酸合成丁酸。这种链延长反应最有可能通过存在于微生物种群中的 *Megasphaera* 进行（如图 4.4 所示）[241]。

（2）B 阶段只有乳酸存在

在该阶段，丁酸和戊酸生成率与 A 阶段是相似的，这可能意味着无论葡萄糖存在与否，丁酸和戊酸均仅通过乳酸产生。微生物群落分析中检测到的 *Megasphaera* 具有将乳酸转化成丁酸和戊酸的功能，且当葡萄糖和乳酸同时存在的情况下，其更倾向于利用乳酸[241,242]。除了部分用于丁酸和戊酸的生成外，还有部分乳酸被转化成乙酸和丙酸。此外，在 B 阶段，胞内聚葡萄糖含量下降，根据 C 阶段发生反应比例，胞内聚葡萄糖转化成乙酸和丙酸的速率分别为 0.078mmol/min 和 0.1636mmol/min。

（3）C 阶段葡萄糖、乳酸都不存在

在该阶段，丁酸和戊酸基本都没有增加，但是随着胞内聚葡萄糖含量下降，乙酸和丙酸产量仍持续上升。胞内聚葡萄糖在该阶段的消耗速率为

0.1444mmol/min，该值与乙酸和丙酸生成速率及生物生长速率之和相似，表明乙酸和丙酸可能来自胞内聚葡萄糖的转化。通过分析，产生的乙酸、丙酸比例约为1∶2.1，其类似于通过琥珀酸两步反应途径来生成乙酸/丙酸的比值[38]。另外，通过类似 *Selenomonas* 等微生物直接产生乙酸/丙酸的比例一般小于2[243]。微生物群落分析表明，系统中含有大量的 *Bacteroides* 和 *Prevotella*（图4.4），它们是生成乙酸和琥珀酸的主要菌群[244,245]。此外，微生物群落中还含有能将琥珀酸转化为丙酸的 *Selenomonas*[38]。*Bacteroides*、*Prevotella* 和 *Selenomonas* 都是可存储葡萄糖的细菌[245,246]。

4.5 发酵路径分析

根据循环分析结果和微生物群落分析，胞内多聚葡萄糖在发酵过程中主要被 *Bacteroide*、*Prevotella*、*Selenomonas* 转化为乙酸和丙酸。结合表4.3推导物质转化途径及实测值，可以计算出底物葡萄糖在发酵过程中的转化率，计算结果如表4.7、表4.8和图4.7、图4.8所示。

表4.7 葡萄糖转化过程及最终产物比例（pH=6.0）

底物	发酵中间产物	发酵终产物
葡萄糖 (100%)	多聚葡萄糖(21%)	乙酸-丙酸(21%)
	乳酸(36%)	乙酸-丙酸(12%) 丁酸-戊酸(24%)
	乙酸/琥珀酸(30%)	乙酸/丙酸(30%)
	乙酸/氢气(6%)	
	未解释(7%)	

表4.8 葡萄糖转化过程及最终产物比例（pH=6.5）

底物	发酵中间产物	发酵终产物
葡萄糖 (100%)	多聚葡萄糖(30%)	乙酸-丙酸(30%)
	乳酸(25%)	乙酸-丙酸(9%) 丁酸-戊酸(16%)
	乙酸/琥珀酸(25%)	乙酸/丙酸(25%)
	乙酸/氢气(4%)	
	未解释(16%)	

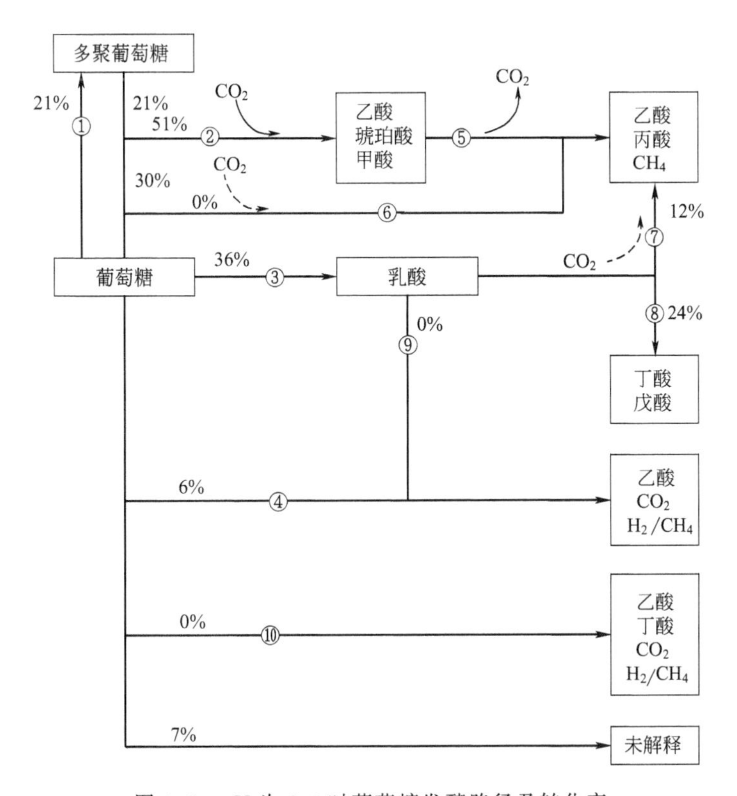

图 4.7　pH 为 6.0 时葡萄糖发酵路径及转化率

乳酸的累积在实验形成丙酸、戊酸为主要产物的过程中具有重要影响，约有 36％的葡萄糖先转化成乳酸，再进行下一步发酵过程。例如，底物葡萄糖中有 24％最终转化成丁酸和戊酸，但转化过程是通过葡萄糖—乳酸—丁酸/戊酸的两步发酵完成的。由表 4.7 可知，系统产生的丙酸来自三个途径：琥珀酸转化、乳酸转化及胞内多聚葡萄糖直接转化。其中，琥珀酸转化是该系统在 pH 为 6.0 时获得丙酸的主要途径。因此，如何在发酵过程中管理控制琥珀酸和乳酸转化过程，对于实现以丙酸和戊酸为主要产物的发酵系统具有重要意义。此外，有 7％的葡萄糖转化难以解释，可能部分用于污泥的自身生长。

类似的，可以计算 pH 为 6.5 时葡萄糖转化过程及最终产物比例，结果见表 4.8 和图 4.8。

对比表 4.7 可知，pH 升高导致更多的葡萄糖转化为多聚葡萄糖，进而转化成乙酸和丙酸，是生成丙酸的最主要途径。相应的，葡萄糖通过乳

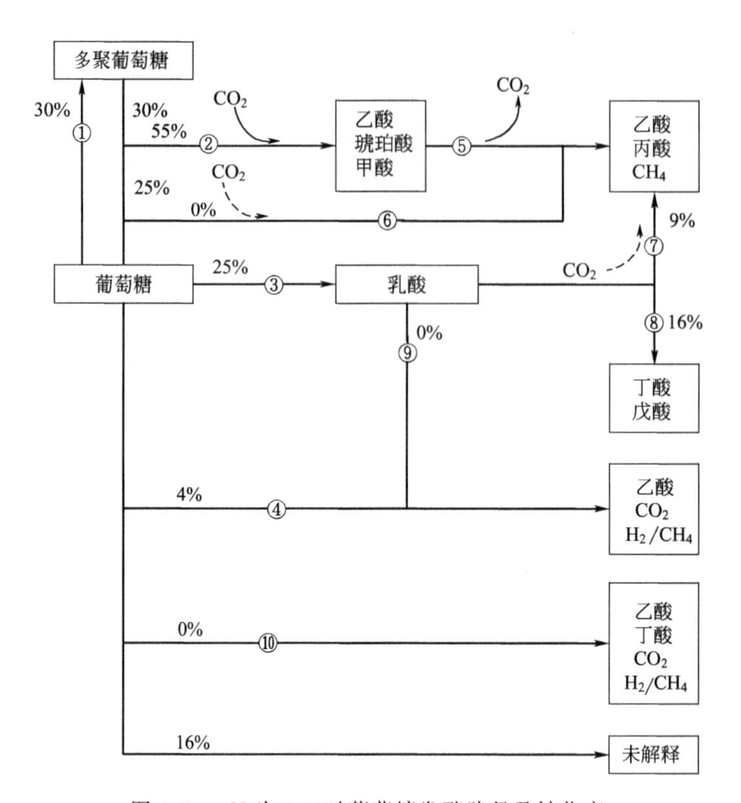

图 4.8 pH 为 6.5 时葡萄糖发酵路径及转化率

酸、琥珀酸两步发酵的比例减少。不可解释的去向增加到 16%，该变化与之前污泥生长率随 pH 升高而增大的结果一致。

实验以葡萄糖为基质，探究在 ASBR 反应器中利用颗粒污泥技术建立以丙酸和戊酸为主要产物的发酵系统，并考察 pH 对发酵产率、产物组成、微生物群落结构等的影响。通过进行批式循环测试分析，研究了发酵产物在批式循环系统的变化规律，并对其可能的发酵转化路径进行了分析，得出的主要结论如下：

① ASBR 反应器系统中 pH 为 6.0 和 6.5 时，均可以建立以丙酸和戊酸为主要产物的发酵系统，两种 pH 条件下丙酸和戊酸产量占生成 VFA 总量的 68%～69%。随着 pH 升高，反应系统的产酸率由 (0.73±0.02) $gCOD_{VFA}/gCOD_{葡萄糖}$ 下降至 (0.67±0.02) $gCOD_{VFA}/gCOD_{葡萄糖}$，主要是由丁酸和戊酸产率下降以及更高污泥生长率所致。

② 乳酸转化是整个发酵过程的限速阶段。pH 从 6.0 升高至 6.5 后，

葡萄糖转化速率增加，但对乳酸转化率没有任何影响，将 pH 提高到 6.0 以上对所需发酵时间的影响相对较小。

③ 实验建立的以丙酸和戊酸为主要产物的发酵系统中，几乎不发生气相 COD 损失。在不同 pH 条件下，甲烷产率始终很低，只有 0.015～0.020$gCOD_{CH_4}/gCOD_{葡萄糖}$，并且主要来自氢气的转化。

④ 微生物群落分析表明，当 pH 为 6.0 时，*Actinomyces*、*Bacteroides*、*Prevotella*、*Megasphaera* 及 *Selenomonas* 是反应器中优势菌群。当 pH 升高至 6.5 时，*Bacteroides* 在反应器中的数量明显增加，而 *Megasphaera* 丰度减少一半，*Prevotella* 几乎消失。*Actinomyces*、*Bacteroides* 和 *Selenomonas* 成为优势菌群。

⑤ 发酵过程分析表明，实验中丁酸和戊酸主要来自乳酸同乙酸和丙酸的链延长反应，而丙酸主要来自三个途径：胞内多聚葡萄糖直接转化、乳酸途径转化及琥珀酸途径转化。当 pH 为 6.0 时，琥珀酸转化是生成丙酸的最主要途径。当 pH 从 6.0 升高至 6.5 时，储存于细胞内的多聚葡萄糖直接转化，是生成丙酸的最主要途径。

第5章 瘤胃液预处理促进稻草厌氧发酵产酸产甲烷

稻米是我国中南部主要食用作物，在稻米生产过程中主要的副产物为稻草。中国作为世界上最大的农业国之一，每年产生的稻草多达2.03亿吨[247]。然而大部分的稻草被随意丢弃、焚烧，造成环境污染，这与可持续发展背道而驰。稻草主要由纤维素、半纤维素和木质素组成，能够通过厌氧发酵转化为生物燃料，在一定程度上缓解环境负担[248]。然而木质纤维素中纤维素、半纤维素和木质素三者紧密地连接在一起，形成复杂的三维结构，阻碍微生物的进一步接触和利用[249]。因此，需要合适的预处理方法破坏木质纤维素类生物质的这种复杂结构。目前应用于预处理木质纤维素类生物质促进甲烷产量的方法主要有化学[33]、机械[250]、热（或湿氧化)[251]、生物[252]或他们的联合[253]。机械预处理耗能高、化学预处理腐蚀性强，均限制了它们的大规模应用。生物预处理较其他预处理具有能量需求低和反应条件温和等特点，是一种环境友好型预处理方法。不同种类的微生物菌剂已应用于预处理木质纤维素产甲烷的实验中，如白腐真菌[130]、中温木质纤维素微生物菌群（BYND-5)[252]和高温微生物菌剂(MC1)[254]等。这些微生物菌群能够有效提高木质纤维素类生物质降解度和甲烷产量。考虑到需要长期供应这些菌剂和昂贵筛选费用，直接利用这些菌剂在经济上是不可行的。因此，探寻一种高效、低价和环境友好型的菌剂显得尤为重要。

瘤胃液存在于反刍动物的瘤胃中，包含细菌、原生动物、真菌及古细菌等，这些复杂的微生物菌群通过相互间作用产生较其他厌氧微生物更强的木质纤维素降解能力[255]。据文献报道，瘤胃微生物的纤维素溶解速率高于垃圾填埋场和厌氧消化池中的微生物[256,257]。Hu等[169]利用瘤胃微生物厌氧发酵玉米秸秆，发现接种瘤胃微生物降解木质纤维素的速率及产生的挥发性脂肪酸（VFA）明显高于来自传统厌氧污泥的酸化细菌。除此之外，瘤胃内容物是屠宰场排放的主要废弃物，如果能被合理利用，可以有效缓解污水处理厂的负担。瘤胃液作为一种廉价微生物菌剂，是预处理木质纤维素类生物质的理想方法。但利用瘤胃液预处理稻草促进厌氧消化产甲烷还鲜有报道。

本章将主要介绍利用瘤胃液预处理稻草生物质促进厌氧消化产甲烷的可行性，确定最佳预处理时间，并利用一阶动力学模型（first-order kinetic model）和修正后龚珀兹模型（Modified Gompertz model）模拟厌氧消化产甲烷过程，分析模型中各因素的影响。

5.1 实验材料与方法

稻草（图 5.1）取自湖南省长沙市周边的农田（2014 年 7 月）。首先将稻草在室温条件下自然风干，然后用剪刀剪至 2～3cm 片段后放于封口密闭袋中，于 4℃冰箱中保存备用。实验前，将储存的稻草样品于 45℃电热恒温鼓风干燥箱内烘干 24h 至恒重。经粉碎机粉碎后过 30 目筛，作为瘤胃液预处理原料。

图 5.1　生长在稻田中的水稻及粉碎后的稻草粉末

稻草的基本性质如表 5.1 所示。

表 5.1　实验所使用稻草的基本性质

样品	参数	测定值
稻草	总固体(TS)/%	90.0±0.3
	挥发性固体(VS)/%	77.8±1.6
	总有机碳(TOC)(TS)/%	43.6±2.1

续表

样品	参数	测定值
稻草	总凯氏氮(TKN)(TS)/%	0.7±0.1
	碳氮比(TOC/TKN)	64.1±3.7
	纤维素(TS)/%	37.2±0.9
	半纤维素(TS)/%	26.4±1.7
	木质素(TS)/%	6.9±1.0

瘤胃液（图 5.2）取自湖南省长沙市红星屠宰场，随机选用 4 个新鲜的牛瘤胃，将胃内容物取出装于密闭的保温杯中立即带回实验室。在 N_2 保护下经 4 层纱布过滤，弃去残渣，收集瘤胃液备用。为确保瘤胃微生物活性高，在从新鲜牛瘤胃中取回 5h 之内进行预处理实验。

图 5.2　新鲜的瘤胃液

瘤胃液的基本性质如表 5.2 所示。

表 5.2　实验所使用瘤胃液的基本性质

样品	参数	测定值
瘤胃液	pH	7.1±0.0
	TS/(g/L)	10.1±0.8
	VS/(g/L)	6.2±1.3
	总氮(TN)/(mg/L)	412.9±22.3
	氨氮(NH_4^+-N)/(mg/L)	288.1±18.9
	乙酸/(mg/L)	1131.4±37.1
	丙酸/(mg/L)	414.3±11.3
	丁酸/(mg/L)	425.6±23.4
	戊酸/(mg/L)	55.6±13.6

接种污泥取自湖南省长沙市某养猪场的沼气池，该沼气池采用连续运行方式，有机负荷率约为4.5kgVS/(m^3·d)、水力停留时间约为25d、运行温度约为32℃。沼气池的主要原料为猪粪和农作物秸秆。用密闭的容器带回实验室，并将大颗粒残渣过滤后，将其浓缩储存于4℃冰箱中备用。接种污泥的基本性质为pH=8.1、TS=56.2g/L和VS=34.8g/L。实验前，将接种污泥在35℃恒温培养箱中培养一段时间直至没有气体产生为止，然后用于厌氧消化实验。

本实验所使用的主要化学试剂包括十二烷基硫酸钠（$C_{12}H_{25}NaSO_4$，分析纯）、乙二胺四乙酸二钠（$C_{10}H_{14}N_2O_8Na_2 \cdot 2H_2O$，分析纯）、磷酸氢二钠（$Na_2HPO_4 \cdot 12H_2O$，分析纯）、十六烷基三甲基溴化铵（$C_{19}H_{42}NBr$，分析纯）、酒石酸钾钠（$KNaC_4H_4O_6 \cdot 4H_2O$，分析纯）、重铬酸钾（$K_2Cr_2O_7$，分析纯）、乙酸（$C_2H_4O_2$，分析纯）、氢氧化钠（NaOH，分析纯）、丙酸（$C_3H_6O_2$，分析纯）、正丁酸（$n$-$C_4H_8O_2$，分析纯）、异丁酸（$iso$-$C_4H_8O_2$，分析纯）、正戊酸（$n$-$C_5H_{10}O_2$，分析纯）、异戊酸（$iso$-$C_5H_{10}O_2$，分析纯）、丙酮（$C_3H_6O$，分析纯）、乙醇（$C_2H_5O$，分析纯）、磷酸（$H_3PO_4$）、硝酸（$HNO_3$）和硫酸（$H_2SO_4$）。

实验所用的主要仪器设备信息如表5.3所示。

表5.3 实验所用主要仪器设备信息

仪器设备名称	型号	生产厂商
海信容声冷柜	BCD-207K	海信容声冷柜有限公司
电热恒温鼓风干燥箱	DHG-9076A	上海精密实验设备有限公司
可见分光光度计	722	上海舜宇恒平科学仪器有限公司
医用冷冻离心机	TGL-16A	长沙平凡仪器仪表有限公司
pH计	PHS-3C型	上海仪电科学仪器股份有限公司
不锈钢中药粉碎机	HC-700	永康市敏业工贸有限公司
恒温振荡培养箱	ZHWY-2102C	上海智城分析仪器制造有限公司
气相色谱仪	Aglient 6890N	美国安捷伦公司
气相色谱仪	SP 7820	北京京普科技有限公司
纤维素分析仪	Fibretherm	德国格哈特公司

（1）实验方法

① 瘤胃液预处理稻草。瘤胃液预处理稻草实验在250mL锥形瓶中进

行。首先，将3g稻草加入锥形瓶中，加入60mL瘤胃液与60mL去离子水，混匀。用NaOH和HCl调节初始pH为7.0。然后向锥形瓶内充氮气5min，以去除瓶内的氧气并用带孔橡皮塞塞紧。将所有的锥形瓶放入恒温振荡培养箱中培养120h，转速设置为120r/min，温度设置为39℃。预处理过程中产生的气体采用排水法收集，生物气组分采用气相色谱仪测定。反应分别进行12h、24h、48h、72h、96h、120h，离心过滤后测定上清液中各指标含量。剩余的固体残余物经烘干后测定其化学组分。未取样反应器进行厌氧消化产甲烷实验，以上实验重复三次，最终结果取平均值。

②厌氧消化产甲烷。按①中方法，将瘤胃液预处理后的水解液及稻草残渣全部加入有效容积为500mL的厌氧消化反应瓶中。接种污泥与基质的混合比例为1∶1（VS/VS），并用$NaHCO_3$调节初始pH至7.2。反应瓶中充氮气5min，并用带孔的橡皮塞塞紧，置于35℃恒温箱中培养30d。将等量未经预处理的稻草直接进行厌氧消化作为对照实验。厌氧消化原料的适宜C/N为20～30[258]，但稻草的C/N比较高，为64.1，远高于最佳范围。因此，为了防止高C/N导致厌氧消化效率降低，对照实验需用尿素［$CO(NH_2)_2$］调节C/N至最佳范围。由于瘤胃液中含有总氮和氨氮，所以瘤胃液预处理实验无须调节C/N。将只含等量瘤胃液和接种污泥的厌氧消化瓶作为空白实验。以上实验重复两次，最终结果取平均值。生物气和甲烷的产量计算如下：

$$\text{气体产量(mL/gVS)}=\frac{\text{总气体体积}_{\text{总}}-\text{总气体体积}_{\text{空白}}}{\text{VS}_{\text{稻草}}}$$

$$\text{总气体体积(mL)}=\text{气体体积}_{\text{预处理过程}}+\text{气体体积}_{\text{厌氧消化产甲烷过程}}$$

③ 动力学分析。一阶动力学和修正Gompertz模型主要用于厌氧消化产甲烷过程的动力学拟合，评价厌氧消化效率。通过一阶动力学模型可以获得单位挥发性固体（VS）原料的最高甲烷产量和水解速率常数。通过修正后的Gompertz模型可以得到单位VS原料的最高甲烷产量、日最高甲烷产量及反应的滞留时间。两者的具体表达式分别为[259]：

$$B=B_0[1-\exp(-kt)] \qquad \text{一阶动力学模型}$$

$$B=B_0\exp\left\{-\exp\left[\frac{\mu_m e}{B_0}(\lambda-t)+1\right]\right\} \qquad \text{修正Gompertz模型}$$

式中　B——累积甲烷产量，mL/gVS；

B_0——实验最高甲烷产量，mL/gVS；

k——一阶水解速率常数，1/d；

μ_m——日最高甲烷产量，mL/(gVS·d)；

λ——产甲烷停滞期，d；

t——厌氧消化时间，d；

e——2.718。

（2）分析方法

① 挥发性脂肪酸（volatile fatty acid，VFA）的测定。VFA采用Agilent 6890N GC型气相色谱仪测定（图5.3）。该仪器配有氢火焰检测器FID，色谱柱为30m×0.25mm×0.25μm的熔融硅胶毛细管色谱柱（DB-FFAP）。气相色谱的分析条件为：进样口温度设定为250℃，检测器温度设定为300℃。柱温采用程序升温的方法，起始温度为70℃，持续3min，再以20℃/min的升温速度运行5.5min，最后在180℃下停留3min。整个过程耗时11.5min。载气氮气的流速为2.6mL/min。进样方式采用分流进样，进样量为1μL，分流比为10∶1。FID检测器中气体流速分别设定为25mL/min、400mL/min、30mL/min。

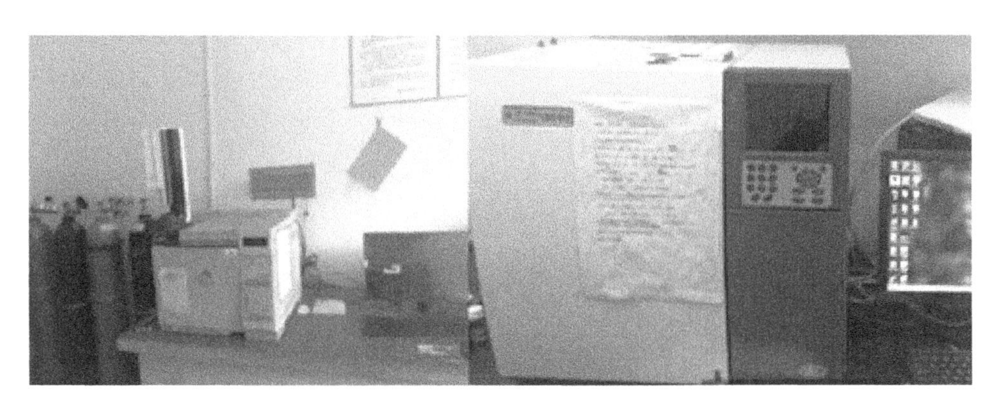

图5.3　气相色谱仪（Agilent 6890N和SP 7820）

样品的前处理方法：首先将液体样品在4000转下离心15min，取上清液，然后用0.45μm的膜过滤至1.5mL气相色谱专用小瓶中，再用3%的磷酸溶液进行酸化处理，一般将其pH调节为4.0左右即可。挥发性脂肪酸产量的计算公式如下：

$$酸产量(mg/gVS)=\frac{酸浓度_{时间(t)}\times溶液体积_{时间(t)}-酸浓度_{初始}\times溶液体积_{初始}}{VS_{稻草}}$$

② 气体组分的测定。生物气中 CH_4、CO_2 和 H_2 的含量采用 SP 7820 型气相色谱仪测定（图 5.3）。气相色谱的分析条件为 2m 不锈钢碳分子筛填充柱，型号为 TDX-01；检测器为热传导检测器（TCD）。进样口、柱温和检测器的温度分别设置为 150℃、140℃、150℃。用氩气作为载气，流速为 30mL/min；桥流设定为 50mA；气体进样量为 1mL，含量采用外标法测定。

③ 样品中的化学组分测定。样品中的纤维素、半纤维素、木质素、中性洗涤纤维和酸性洗涤纤维含量采用 van Soest 所提出的方法[260]利用 Fibretherm 型纤维素分析仪测定（图 5.4）。其简要步骤为：首先，利用中性洗涤剂将一定量的实验样品微煮沸 1h，由于样品中含有少量的脂肪、色素和可溶性糖类等，可将得到的残余物用无水乙醇和丙酮反复冲洗，然后烘干至恒重，得到的残渣即为中性洗涤纤维（neutral detergent fiber，NDF）。其次，将 NDF 用酸性洗涤剂微煮沸 1h，去除其半纤维素，剩下的残余物即为纤维素与木质素的混合物，用无水乙醇和丙酮反复冲洗该混合物，将其烘干至恒重，得到的残渣即为酸性洗涤纤维（acid detergent fiber，ADF）。然后，将 ADF 与 72%的硫酸混合，并在 25℃下反应 3h，反应后移除 3/4 的水解液，再补加 1.5 倍的蒸馏水，室温过夜，去除纤维素，用无水乙醇和丙酮反复冲洗该混合物，将其烘干至恒重，得到的固体为酸性木质素（acid detergent lignin，ADL）。最后，将得到的 ADL 在 550℃的马弗炉中反应 2h，去除木质素，得到灰分。半纤维素、纤维素和

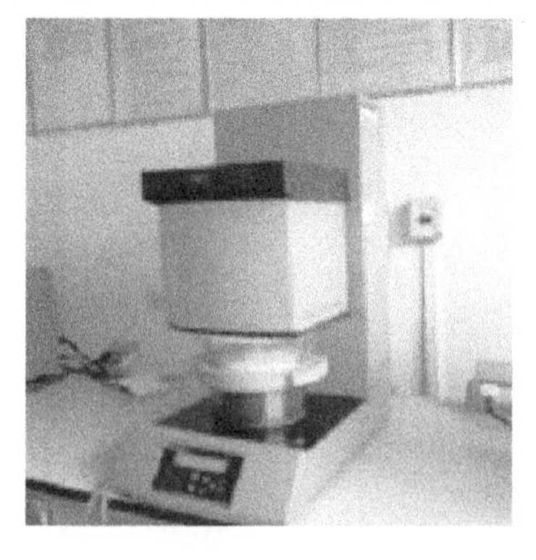

图 5.4　纤维素分析仪（Fibretherm）

木质素的计算公式为：

$$半纤维素含量(\%)=NDF-ADF$$

$$纤维素含量(\%)=ADF-ADL$$

$$木质素含量(\%)=ADL-灰分$$

半纤维素、纤维素和木质素的降解率计算公式为：

$$e=\frac{c_0m_0-c_1m_1}{c_0m_0}$$

式中　e——预处理后样品中半纤维素、纤维素、木质素的降解率，%；

c_0——预处理前样品中半纤维素、纤维素、木质素的含量，%；

m_0——预处理前样品的干重，g；

c_1——预处理后样品中半纤维素、纤维素、木质素的含量，%；

m_1——预处理后样品的干重，g。

④ 其他指标的测定。总固体（TS）、挥发性固体（VS）、氨氮（NH_4^+-N）、溶解性化学需氧量（SCOD）、TN采用国际水协制定的标准方法测定；TOC采用重铬酸钾容量法测定；TKN采用凯氏定氮法测定；可溶性糖采用蒽酮法测定。

5.1.1 瘤胃液微生物群落结构分析

将样品分别装于50mL的灭菌离心管中，保存于－80℃超低温冰箱中，用于基因组DNA的提取实验。采用Illumina Miseq平台进行高通量测序，具体流程如图5.5所示。

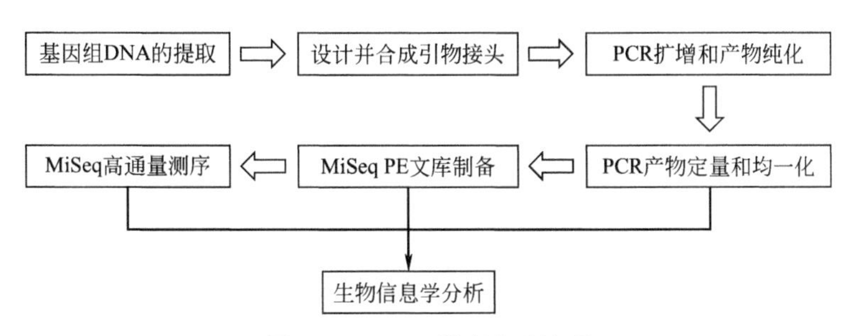

图5.5　MiSeq测序实验流程

(1) 基因组DNA的提取

瘤胃液样品中总DNA的提取和纯化，采用Fast DNA® SPIN Kit for Soil（MP Biomedicals，美国）基因组提取试剂盒，操作步骤按照说明书进行。

① 取 0.5g 瘤胃液样品置于样品处理管 E（lysing matrix E tube）中，加入 978μL 磷酸钠缓冲液和 122μL MT 缓冲液（为了得到良好的样品处理效果，在加入样品和两种缓冲液后，体积不应超过处理管 E 总体积的 7/8）。

② 将样品置于 FastPrep® 仪器中混匀 40s，混合速度设为 6.0m/s，在 14000*g* 下离心 5～10min。

③ 将上清液转移到 2.0mL 离心管中，加入 250μL 蛋白质沉淀（PPS）溶液，手动摇晃 10 次，使其充分混合。

④ 在 14000*g* 下离心 5min，将上清液转移到一个 15mL 的离心管中（较大离心管可获得更好的混合和 DNA 绑定效果），然后加入 1.0mL 重悬硅珠溶液（binding matrix suspension）（binding matrix 在使用前重悬均匀）。

⑤ 置于一个振荡器中或手动翻转 2min，使 DNA 与硅珠充分结合。将离心管置于管架上静置 3min，使硅珠沉淀。

⑥ 小心移除 500μL 上清液，避免吸到沉淀硅珠。弃掉上清液，将硅珠在剩余的上清液中重悬。转移约 600μL 的重悬液于 SPIN™ Filter 中，在 14000*g* 下离心 1min。弃去废液，将 15mL 离心管中剩余重悬液转移到 SPIN™ Filter 再次离心过滤，弃去废液。

⑦ 将 500μL 事先准备好的 SEWS-M 溶液加入 SPIN™ Filter，在 14000*g* 下离心 1min，并弃去废液。将剩余的悬浮液在 14000*g* 下离心 2min，去除残留的 SEWS-M 溶液。弃去接液管，同时更换新的离心管。

⑧ 将 SPIN™ Filter 在室温下风干 5min 后，轻轻用 50～100μL 的 DES（DNA 洗脱液超纯水）重悬 SPIN™ Filter 中的硅珠，在 14000*g* 下离心 1min 使溶解的 DNA 转移到新的离心管中，弃去 SPIN™ Filter，即为提取到的 DNA。

⑨ 完成基因组 DNA 抽提后，取 2μL 抽提的基因组 DNA，利用 1% 琼脂糖凝胶电泳在 5V/cm 电压下检测 30min。提取合格的 DNA 可直接用于 PCR 等其他后续操作，使用前在 4℃下保存或置于－20℃下长期保存。

（2）细菌 16S rRNA 基因序列 PCR 扩增

采用细菌 16S rRNA 基因 V3～V4 区通用引物扩增基因组 DNA，引物的序列分别为：

Barcode-338F：5′-barcode-ACTCCTACGGGAGGCAGCAG-3′

806R：5′-GGACTACHVGGGTWTCTAAT-3′

为了保证后续数据分析的准确性，尽可能使用低循环数扩增，同时保证每个样品扩增的循环数统一。

PCR 反应体系采用 TaKaRa rTaq DNA 聚合酶，20μL：

10×PCR 缓冲液	2μL
2.5mmol/L dNTPs	2μL
上游引物（5μmol/L）	0.8μL
下游引物（5μmol/L）	0.8μL
rTaq 聚合酶	0.2μL
BSA	0.2μL
模板 DNA	10ng
补 ddH_2O 至	20μL

PCR 反应参数为：

① 95℃预变性 3min；

② 95℃变性 30s，55℃退火 30s，72℃延伸 45s，共 28 个循环；

③ 72℃延伸 10min，最后 10℃保温，备用。

所有样品在正式实验条件下进行，每个样品设置 3 个重复，将同一个样品的 PCR 产物混合后用 2%琼脂糖凝胶电泳检测，使用 AxyPrepDNA 凝胶回收试剂盒（Axygen，美国）切胶回收 PCR 产物，Tri-HCl 洗脱后，再用 2%琼脂糖凝胶电泳检测。

（3）荧光定量

纯化后的 PCR 产物用 QuantiFluor™-ST 蓝色荧光定量系统（Promega，美国）进行检测定量，随后按照每个样品的测序量要求，进行相应比例的混合。将混合后的样品送上海美吉公司进行 MiSeq 测序。

（4）Illumina MiSeq 平台文库构建

主要包含如下内容：

① 连接“Y”字形接头；

② 使用磁珠筛选去除接头自连片段；

③ 利用 PCR 扩增进行文库模板的富集；

④ 氢氧化钠变性，产生单链 DNA 片段。

（5）Illumina MiSeq 平台测序

主要包含如下步骤：

① DNA 片段的一端与引物碱基互补，固定在芯片上；

② 另一端随机与附近的另外一个引物互补，也被固定住，形成“桥（bridge)”；

③ PCR 扩增，产生 DNA 簇；

④ DNA 扩增子线性化成为单链；

⑤ 加入改造过的 DNA 聚合酶和带有 4 种荧光标记的 dNTPs，每次循环只合成一个碱基；

⑥ 用激光扫描反应板表面，读取每条模板序列第一轮反应所聚合上去的核苷酸种类；

⑦ 将“荧光基团”和“终止基团”化学切割，恢复 3′端黏性，继续聚合第二个核苷酸；

⑧ 统计每轮收集到的荧光信号结果，获知模板 DNA 片段的序列。

（6）生物信息学分析

① 原始数据样品的统计与优化。MiSeq 测序得到的 PE reads 是双端序列数据，先根据 PE reads 之间的互补（overlap）关系，将成对的 reads 拼接成一条序列，同时对 reads 的质量和拼接效果进行质控过滤，根据序列首尾两端的 barcode 和引物序列区分样品得到有效序列，并校正序列方向，即为优化数据。对序列质量进行质控过滤，使用的软件为 FLASH 和 Trimmomatic，数据去杂方法和参数的设置如下：

过滤 reads 尾部质量值为 20 以下的碱基，设置 50bp 的窗口，如果窗口内的平均质量值低于 20，从窗口开始截去后端碱基，过滤质控后，去除 50bp 以下的 reads，除去含 N 碱基的 reads。

根据 PE reads 之间的互补关系，将成对的 reads 拼接成一条序列，最小互补长度为 10bp。

拼接序列的互补区允许的最大错配比率为 0.2，筛选不符合序列。

根据序列首尾两端的 barcode 和引物序列区分样品，并调整序列方向，barcode 允许的错配数为 0，最大引物错配数为 2。

② 生物多样性分析。基于 usearch 软件平台对优化序列提取非重复序列，以降低分析过程中冗余计算量，去除无重复的单序列，按照 97%相似性对非重复序列（不含单序列）进行 OTU 聚类，在聚类过程中去除嵌合体，得到 OTU 代表序列。再将所有优化序列 map 至 OTU 代表序列，选出与 OTU 代表序列相似性在 97%以上序列，生成 OTU 表格。基于 OTU 聚类分析结果可以对测序深度进行检测以及对多样性指数进行分析。

稀释性曲线：采取对序列进行随机抽样的方法，以抽到的序列数与它们所代表的 OTU 数目构建稀释性曲线（rarefaction curve），以了解样品测序深度情况。

α-多样性分析：是指一个特定区域或者生态系统内的多样性，常用的度量标准为菌群丰度（community richness）指数（Chao1 和 Ace）、菌群多样性（community diversity）指数（Shannon 和 Simpson），以及测序深度指数（Coverage）。

β-多样性分析：表示的是微生物群落构成的比较，评估微生物群落间的差异。基于 qiime 软件包，通过计算所有样品间的生态距离，进行 PCA 分析及绘制 PCoA（principal coordinate analysis）图谱。

③ 系统分类学差异分析。为了得到每个 OTU 对应的物种分类信息，采用 RDP classifier 贝叶斯算法对 97%相似水平的 OTU 代表序列进行分类学分析。将 OTU 与 silva 数据库进行对比，赋予每条序列单元分类：域（domain）、界（kingdom）、门（phylum）、纲（class）、目（order）、科（family）、属（genus）、种（species），并绘制门和科分布比例图。

基于 R 语言 vegan 包，对生成的 OTU 进行聚类分析，寻找样品间差异 OTU，基于属水平绘制 heatmap 图，以颜色梯度表征二维矩阵或表格中的数据大小，并呈现群落在属水平上的分布信息。

5.1.2 瘤胃液预处理后稻草残渣的表面形态和结构分析

选取两种底物浓度（2.5%和 10.0%）的稻草，分别代表低底物浓度和高底物浓度样品，经 72h 瘤胃液预处理后，测量未处理稻草和预处理稻草残渣的表面形态和结构。

（1）扫描电镜（SEM）观察

将稻草和稻草残渣样品于 75℃下烘干至恒重，烘干后的稻草和稻草残渣样品用扫描电镜（QUANTA 200，美国）进行观察。所有样品在观察前均进行喷金 40s，扫描电镜加速电压为 20kV。

（2）红外光谱（FT-IR）分析

为了确定稻草预处理前后结构的变化，进行预处理前后稻草的红外光谱频谱分析，考察红外光谱图上不同吸收峰对应的功能基团的振动情况。实验采用 KBr 压片法对样品进行固定，首先将已磨细的 KBr 和样品干燥至恒重，然后按体积比 10∶1 混匀后进行压片，在 500～4000cm^{-1}的范围内用傅里叶红外光谱仪（IRAffinity-1，日本）进行扫描，并对特征功能基团进行分析，确定样品结构的变化。

（3）X 射线衍射（XRD）测定

将烘干至恒重后的样品分别用 X 射线衍射仪（D/Max 2500，日本）进行测定，扫描范围为 5°～40°（2θ），步长为 0.02°。结晶度（CrI）计算公式如式(5.1) 所示：

$$\mathrm{Cr}I=\frac{I_{002}-I_{\mathrm{am}}}{I_{002}}\times 100 \tag{5.1}$$

式中 I_{002}——(002) 晶格衍射角的极大强度（$2\theta=22.6°$），即结晶区的衍射强度；

I_{am}——非结晶区衍射的散射强度（$2\theta=18.0°$）。

5.2 瘤胃液预处理稻草效果

5.2.1 瘤胃液预处理稻草产酸效果

（1）VFA 和 pH

不同预处理时间下瘤胃液水解液中的 VFA 和 pH 的变化如图 5.6 所示。由图 5.6(a) 可知，在预处理过程中产生的 VFA 主要为乙酸和丙酸。VFA 的浓度随着预处理时间的延长逐渐增加。经过 120h 预处理，乙酸浓度由 565.7mg/L 增加到 4583.6mg/L，丙酸浓度由 207.2mg/L 增加到

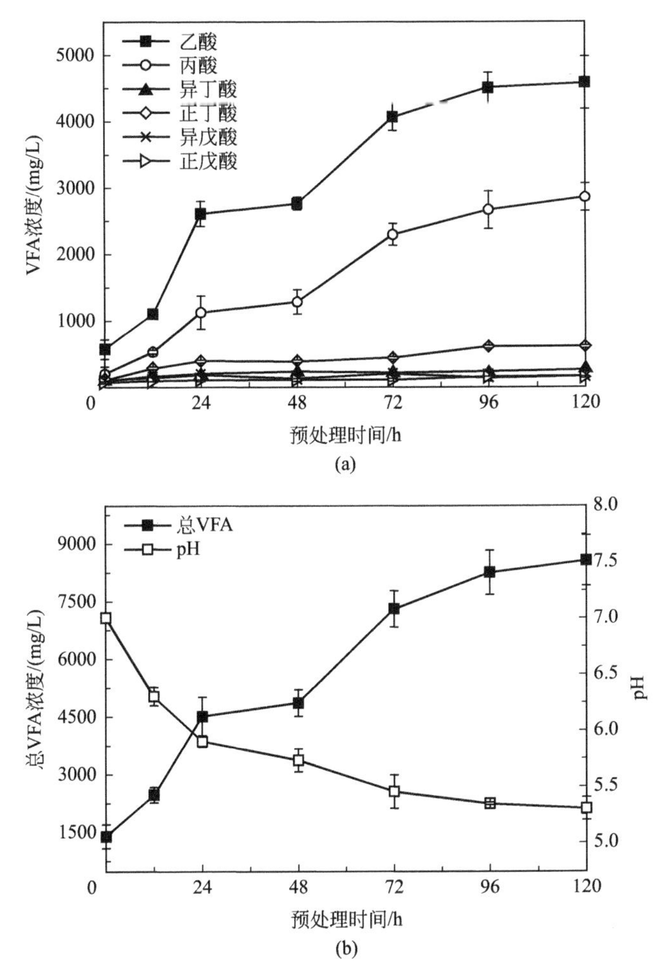

图 5.6　瘤胃液预处理过程中 VFA 和 pH 的变化

2856.9mg/L。而正丁酸浓度只有轻微增加（103.2～398.14mg/L），异丁酸和戊酸浓度没有明显改变。如图 5.6(b) 所示，水解液中总挥发性脂肪酸（总 VFA）浓度和 pH 随着预处理时间的延长呈现相反的变化趋势，说明水解液中 pH 的降低是由于总 VFA 积累所引起的，pH 能够间接反映预处理过程中的总 VFA 浓度。同时从图 5.6(b) 可见，瘤胃液预处理过程可以分为四个阶段。第一次指数增长阶段（0～24h）：易消化的有机物颗粒被消耗；反应限速阶段（24～48h）：有机物转化速率下降；第二次指数增长阶段（48～72h）：部分较难降解的有机物颗粒被消耗；反应饱和阶段（72～120h）：可降解的有机物被消耗，反应达到平衡。实验的总 VFA 产量为 0.36g/gVS，与 Hu 等[171]利用瘤胃微生物发酵水生植物香蒲的结果一致（0.34～0.41g/gVS），明显高于用传统厌氧消化污泥发酵稻草的产酸量（0.13～0.29g/gVS）[261]。这些结果充分说明瘤胃液预处理能够高效转化稻草为VFA。

有必要说明，过高的总VFA浓度和丙酸积累不利于后续的产甲烷发酵。研究表明，在甲烷发酵过程中，当总VFA浓度大于2000mg/L时，纤维素的降解会受到抑制[262]。丙酸同化菌在将丙酸转化为乙酸时所获得的自由能较低，生长速度缓慢，可造成丙酸累积，同样会影响产甲烷菌的活性[263]。Wang等[264]研究不同初始VFA浓度对甲烷菌生长和产甲烷的影响，结果发现产甲烷菌的活性在初始丙酸浓度低于300mg/L时未受影响，但当丙酸浓度高于900mg/L时，产甲烷菌的活性受到显著抑制。这些结果说明总VFA和丙酸浓度是厌氧消化的重要指示指标，在利用瘤胃液预处理稻草促进产甲烷过程中应该充分考虑。

（2）SCOD和总糖

瘤胃液水解液中的SCOD和总糖浓度随预处理时间的变化如图5.7所示。随着预处理时间的延长，水解液中的SCOD浓度逐渐增加，并在72h达到最大值12900mg/L；随着预处理时间的继续延长，SCOD浓度无显著变化。SCOD的增加主要是由于瘤胃液对稻草中颗粒大分子有机物的溶解所致。72h后SCOD浓度无明显变化说明此时反应达到平衡状态。SCOD总体变化趋势和总VFA相似，表明VFA是SCOD的主要贡献者。如图5.7所示，在预处理0h时可溶性糖浓度最高，为1250mg/L，初始

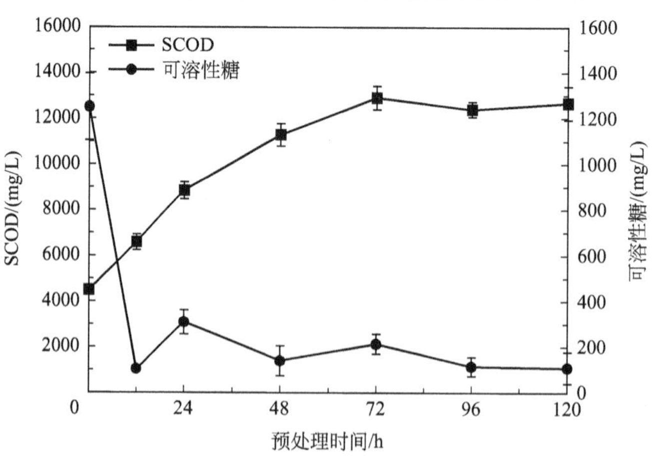

图5.7 瘤胃液预处理过程中SCOD和可溶性糖的变化

可溶性糖主要来源于稻草粉末中非结构性碳水化合物（主要包括可溶性糖、淀粉等）[265]。随着预处理时间的延长，水解液中可溶性糖快速下降，在12h时降至最小值108mg/L；随着预处理时间继续延长，可溶性糖浓度在较低值范围（115～310mg/L）内波动，分别于24h和72h出现两个较小峰值。这说明瘤胃微生物具有高效酸化能力，能有效将溶液中可溶性糖转化为VFA，使水解液中可溶性糖维持在较低浓度。同时表明，前1h瘤胃微生物可能主要转化可溶性糖和少量水解生成的糖生成VFA，而12h之后，主要将水解稻草生成的糖转化为VFA。

（3）稻草主要成分降解率

不同瘤胃液预处理时间下稻草中纤维素、半纤维素和木质素的降解率如图5.8所示。纤维素和半纤维素的降解率随着预处理时间的延长而增加，72h后变化不再明显，说明瘤胃微生物的生物降解主要发生在前72h。此结果与水解液中VFA和SCOD变化趋势一致。经过120h瘤胃液预处理后，约有47.8%的纤维素和58.9%的半纤维素被降解。另外，瘤胃液预处理后，约有20.6%的木质素被降解。由于木质素的复杂结构和大分子特性，其较纤维素和半纤维素更难被微生物接触并降解。木质素通常能够被好氧真菌降解（如白腐真菌、褐腐真菌、软腐真菌）和一些特定细菌（目前主要集中在放线菌门 *Actinobacteria*、变形菌门 *proteobacteria*、厚壁菌门 *Firmicutes*），这些微生物主要通过产生漆酶、酚氧化酶、过氧化物酶降解木质素[266]。本实验的结果表明经瘤胃液预处理后，稻草中的

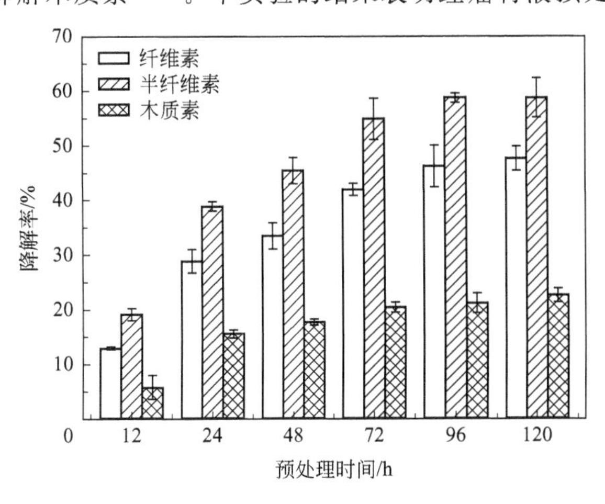

图5.8 瘤胃液预处理过程中稻草纤维素、半纤维素和木质素的降解率

木质素降解明显，说明木质素能够被瘤胃微生物降解。Hu 等[165]利用瘤胃微生物降解小麦秸秆发现相似结果，约有 25.5%的木质素被降解。而当使用瘤胃微生物降解玉米秸秆时，木质素的降解率高达 30%[169]。稻草中纤维素被半纤维素和木质素包裹，瘤胃液预处理后，木质纤维素表面部分蜡状物和木质素被溶解，形成小孔，水解酶可穿过稻草表面小孔水解稻草内部的纤维素和半纤维素。纤维素和半纤维素是木质纤维素类生物质的主要成分，同时也是厌氧消化的重要碳源。纤维素和半纤维素的有效性和可消化性可明显影响后续厌氧消化产甲烷过程。

（4）生物气及成分

瘤胃液预处理过程中产生的生物气及气体各组分含量如图 5.9 所示。

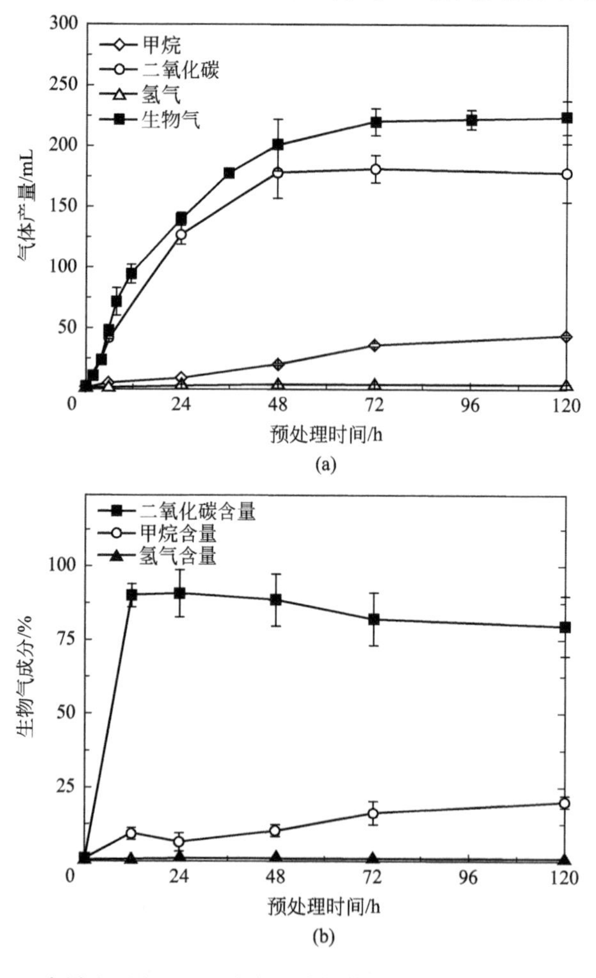

图 5.9　瘤胃液预处理过程中各组分气体累积产量（a）及含量（b）

预处理前 48h 累积产气量随着预处理时间的延长显著增加，48h 后几乎没有明显变化。瘤胃液预处理过程中产生的生物气主要为 CO_2（79.5%～90.6%），CH_4 含量仅为 6.2%～19.6%，几乎没有 H_2 可检测出（0.3%～1.1%）。低甲烷含量可能是由于瘤胃微生物超强的水解酸化稻草能力，导致水解液中短时间内累积了大量的 VFA，大量 VFA 的积累导致产甲烷菌的活性受到抑制。这种现象与 Hu 等[169]利用瘤胃微生物发酵玉米秸秆类似。由上述分析可知，瘤胃液预处理产生的生物气大部分为 CO_2，在实际应用中，瘤胃微生物高水解酸化效率和低有机物残留（由于 CO_2 释放以及微生物菌体生长造成的碳损失）之间的矛盾需要引起重视。为了减少瘤胃液预处理过程中造成更多的有机物和碳损失，使更多的有机碳在后续厌氧发酵产甲烷过程中被利用，控制合适的瘤胃液预处理时间尤为重要。

5.2.2 甲烷发酵效果

（1）日生物气产量

稻草经瘤胃液预处理后，将全部水解液和固体残渣作为底物进行后续厌氧消化产甲烷实验，30d 厌氧消化过程中的日生物气产量如图 5.10(a) 所示。经瘤胃液预处理稻草和对照（未经预处理）的日生物气产量变化趋势相似，均表现为随着厌氧消化的进行，出现一些峰值。经瘤胃液预处理后的样品较对照在短时间内能够产生更多生物气，这主要是由于稻草经预处理后产生 VFA，更容易被产甲烷古细菌利用。经过 12h、24h、48h、72h、96h 和 120h 的瘤胃液预处理后，总生物气产量分别为 459.8mL/gVS、495.9mL/gVS、424.3mL/gVS、385.4mL/gVS、381.5mL/gVS 和 376.7mL/gVS，较对照（296.4mL/gVS）提高了 27.0%～67.3%。上述结果表明瘤胃液预处理能够显著提高稻草的生物气累积产量。

（2）累积甲烷产量

生物气中含有的能源由产生的生物气体积和甲烷含量计算。图 5.10(b) 为经 30d 厌氧消化的累积甲烷产量曲线。从图 5.10(b) 可以观察到稻草经瘤胃液预处理后的甲烷产量明显高于对照，经预处理后所产生的累积甲烷产量为 218.5～285.1mL/gVS，较对照（156.1mL/gVS）提高了 40.5%～82.6%。通过与其他文献对比（表 5.4），本实验利用瘤胃液预处

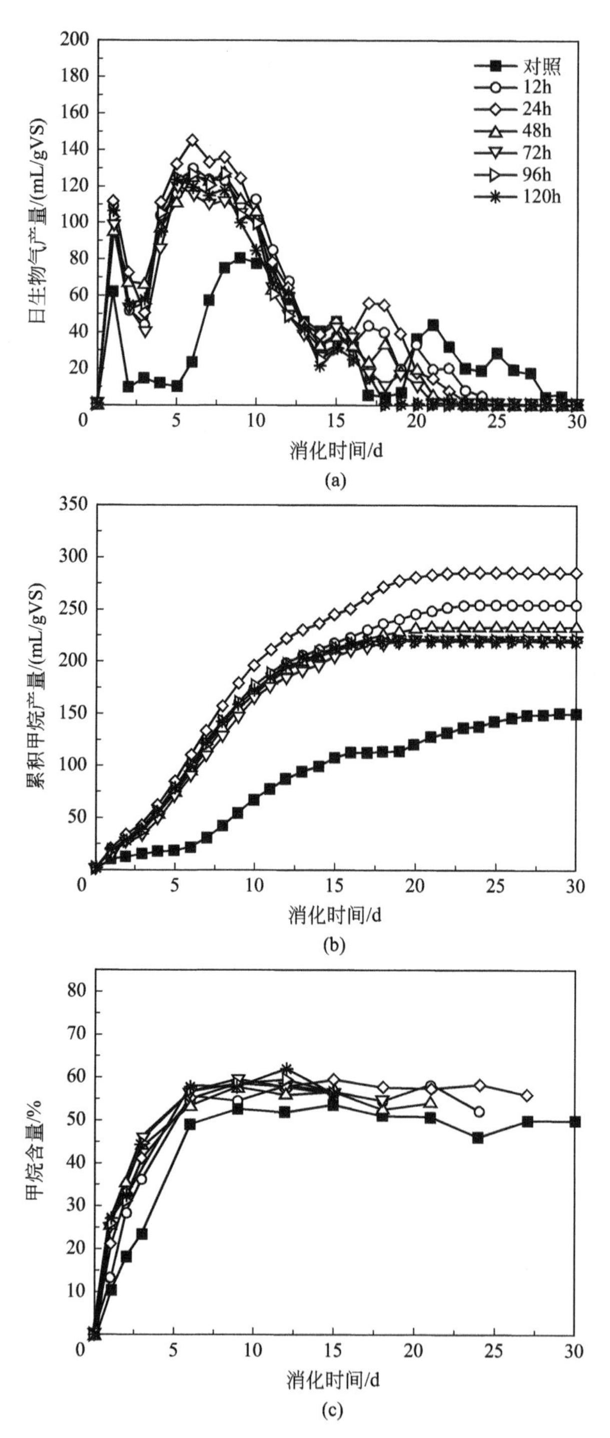

图 5.10 未处理与瘤胃液预处理稻草日生物气和甲烷产量对比

(a) 日生物气产量；(b) 累积甲烷产量；(c) 甲烷含量

表 5.4 不同预处理方法处理秸秆的甲烷产量增长率对比

预处理	原料	甲烷产量增长率/%	文献
化学（3% H_2O_2；20℃、6d）	水稻秸秆	88	[33]
水热（5% NaOH；200℃、10min）	水稻秸秆	121.9	[286]
生物（白腐真菌；38℃、21d）	水稻秸秆	46.2	[287]
生物（沼渣液；20℃、3d）	玉米秸秆	66.3	[154]
生物（瘤胃液；39℃、24h）	水稻秸秆	82.6	实验

理稻草的最高甲烷产量增长率（82.6%）与过氧化氢预处理稻草一致，低于水热-NaOH 预处理稻草，明显高于其他生物预处理木质纤维素类生物质。但化学预处理需要更高的能量和化学试剂投入，而瘤胃液预处理无须高能源投入及任何化学试剂添加。因此，利用瘤胃液预处理木质纤维素促进厌氧消化产甲烷是一种理想的选择。

图 5.10(a) 和 (b) 说明利用瘤胃液预处理稻草不仅可提高生物气产量，同时可促进甲烷的产量。研究发现，两者的产量均随着瘤胃液预处理时间的延长而增加，但是当预处理时间大于 24h 时，随着时间的延长反而下降。短时间的瘤胃液预处理（12h）可能并不能有效降解稻草，仅将稻草转化为更容易被产甲烷菌利用的小分子有机物，因此两者的产量都较低，这种趋势与 Hu 等的研究结果类似[154]。当预处理时间大于 24h 时，生物气和甲烷产量的降低可能有两方面的原因：一方面，在瘤胃液预处理过程中一部分碳以 CO_2 的形式损失，导致更少的碳参与随后的厌氧消化反应；另一方面，反应器中存在相对较高初始丙酸浓度（约为 534.3～686.8mg/L)，高浓度的丙酸可对厌氧消化过程产生不利影响。产甲烷菌的活性在初始丙酸浓度低于 300mg/L 时不受影响，但当丙酸浓度高于 900mg/L 时，会发生显著的抑制效应[113]。因此，较长时间的瘤胃液预处理可能存在一定程度的丙酸抑制，从而导致甲烷产量下降。通过图 5.10(a) 和 (b)，确定 24h 是瘤胃液预处理稻草促进产甲烷的最佳时间。

消化时间（technical digestion time，T_{80}）被定义为厌氧消化过程中

的甲烷产量达到总甲烷产量80%时所需的天数[267]。本实验中，稻草经预处理后的 T_{80} 较对照缩短了30.0%～42.5%，说明瘤胃液预处理可以缩短稻草的厌氧消化时间，这主要归功于瘤胃液预处理稻草后，容易被厌氧微生物利用的组分大幅度增加。瘤胃液预处理不仅可以提高稻草厌氧消化的甲烷产量，更重要的是可以缩短反应时间，在一定程度上增加沼气池的处理能力[268]。

(3) 甲烷含量

如图5.10(c) 所示，样品经厌氧消化所产生的生物气中甲烷平均含量为50.3%～58.5%（不包含前五天），符合传统厌氧消化有机废弃物生物气中的甲烷含量[130]。瘤胃液预处理24h生物气中甲烷含量为56.1%，略低于预处理48～120h（56.6%～58.5%），明显高于对照（50.3%）。虽然经瘤胃液预处理24h生物气中的甲烷含量略低于预处理48～120h，但由于其具有更高的生物气产量，甲烷产量明显高于预处理48～120h。

(4) 稻草总生物转化效率

生物气是微生物通过转变底物原料产生的，可以由原料的TS和VS变化来衡量[269]。本实验中生物气和甲烷产量的增加归功于瘤胃液预处理提高了稻草TS和VS的转化效率。稻草总生物转化效率（即降解率）的具体计算方法：(预处理前TS或VS－厌氧消化后TS或VS）×100%/(预处理前TS或VS)。经过厌氧消化，TS和VS的降解率如图5.11所示。稻草经瘤胃液预处理后较对照具有更高的TS和VS降解率。瘤胃液

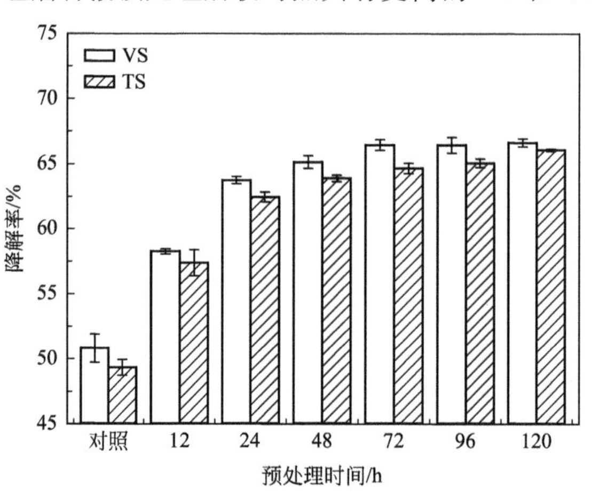

图5.11 厌氧消化后TS和VS的降解率

预处理后 TS 和 VS 的降解率分别为 57.4%～65.7% 和 58.3%～66.9%，较对照有明显提高（49.3% 和 50.8%）。稻草经瘤胃液预处理后，有更多的化学组分（纤维素和半纤维素）被转化为容易被厌氧微生物所利用的成分。从图 5.11 发现，当瘤胃液预处理时间大于 48h 时，稻草的降解率高于 24h 时，相应的生物气和甲烷的产量并没有增加。这可能是由于随着预处理时间的延长，有更多 TS 和 VS 中的碳被转变为二氧化碳损失掉或供给瘤胃微生物生长[152]。另外如前所述，高浓度丙酸可抑制生物气和甲烷的生成[270]。

5.2.3 动力学分析

修正 Gompertz 和一阶动力学模型可用来评价瘤胃液预处理稻草的厌氧消化产甲烷速率及水解速率。动力学拟合曲线如图 5.12 所示，表 5.5 归纳了两种动力学方程的参数。由表 5.5 可知，修正 Gompertz 动力学模型的拟合度 R^2 在 0.992～0.999 之间，一阶动力学模型的拟合度 R^2 在 0.938～0.968 之间，相对于一阶动力学，修正 Gompertz 模型能更好地拟合本实验厌氧消化过程中的甲烷产量变化。通过对比甲烷产量的实验值以及由两模型计算得到的最高甲烷产量（B_0），修正 Gompertz 动力学模型的 B_0 值更接近实验值。通过观察一阶动力学模型参数一阶水解速率常数 k 值，发现经瘤胃液预处理后的 k 值 0.080～0.099d^{-1} 明显高于对照的 k 值 0.024d^{-1}。k 值代表厌氧消化水解速率，k 值越高说明厌氧消化反应的速率越高[271]。因此，瘤胃液预处理稻草，极大促进了稻草的厌氧消化速率。根据修正 Gompertz 模型模拟的结果，发现稻草经瘤胃液预处理后的产甲烷停滞期（λ）1.62～2.06d 明显低于对照的 3.21d，瘤胃液预处理 24h 的 λ 值（1.62d）低于其他预处理时间的 λ 值（1.81～2.06d）；而最高日甲烷产量 μ_m 值 26.24～29.31mL/(gVS・d) 明显高于对照的 10.66mL/(gVS・d)，且瘤胃液预处理 24h 的 μ_m 值最大，为 29.31mL/(gVS・d)。低 λ 值代表厌氧消化反应的快速启动，高 μ_m 值则意味着厌氧消化效率高。因此，稻草经瘤胃液预处理后，不仅有利于后续厌氧消化反应的启动，同时还可以提高厌氧消化效率，且预处理 24h 为最优。稻草经瘤胃液预处理后，易降解的组分增加了，更加容易被厌氧微生物利用产甲

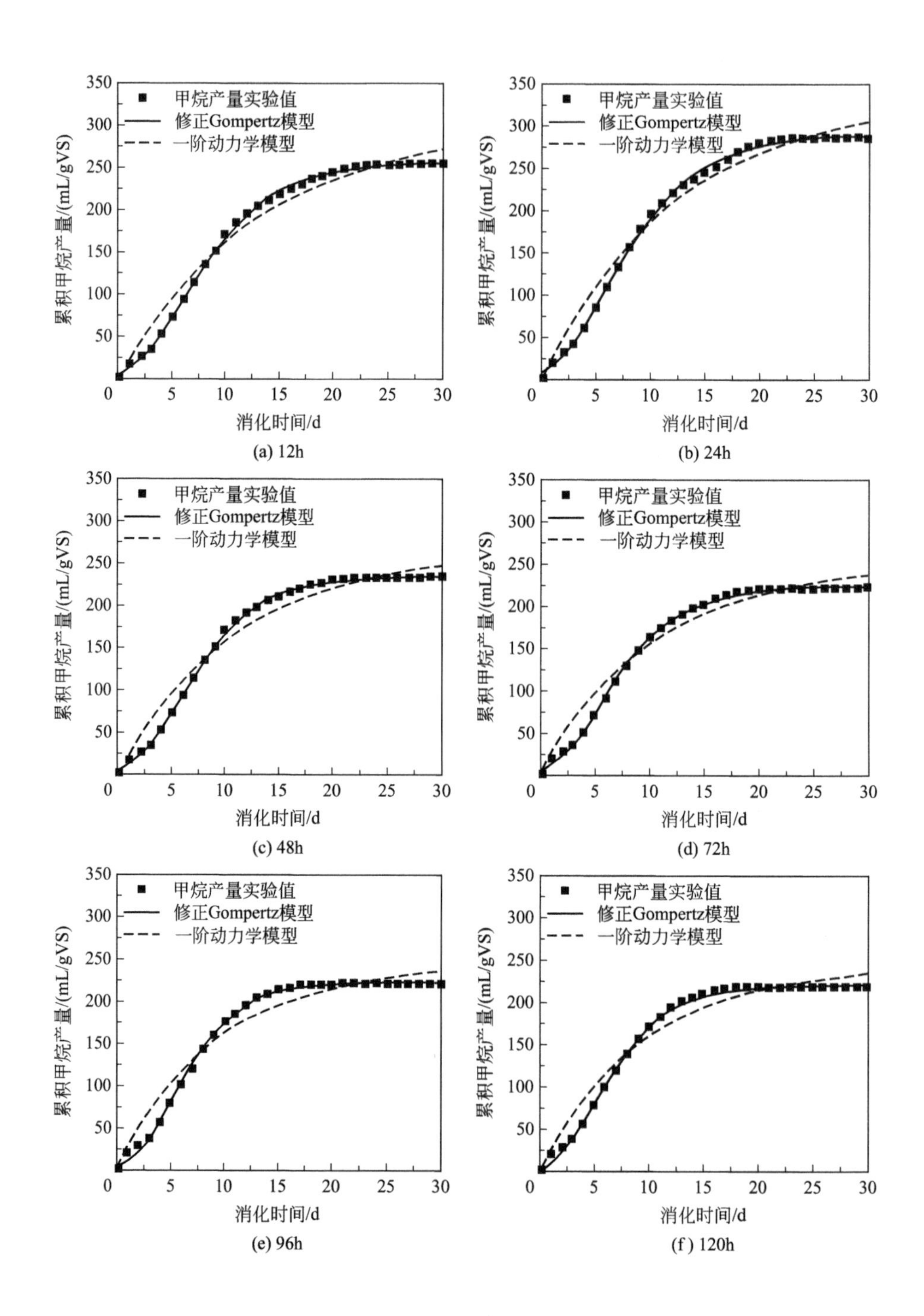
甲烷产量实验值
修正Gompertz模型
一阶动力学模型
累积甲烷产量/(mL/gVS)
消化时间/d
0
5
10
15
20
25
30
50
100
150
200
250
300
350
(a) 12h
(b) 24h
(c) 48h
(d) 72h
(e) 96h
(f) 120h

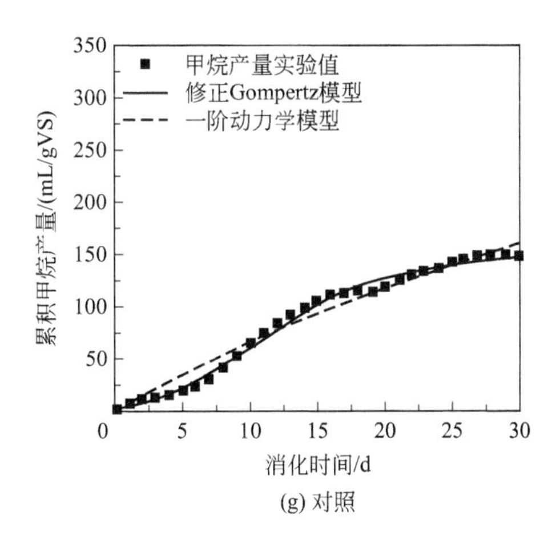

(g) 对照

图 5.12 一阶动力学和修正 Gompertz 模型对未处理和瘤胃液预处理稻草产甲烷数据的拟合曲线

表 5.5 厌氧消化甲烷产量实验值及稻草产甲烷动力学参数

预处理时间	甲烷产量实验值	修正 Gompertz 模型				一阶动力学模型		
	mL/gVS	B_0 /(mL/gVS)	μ_m /[mL/(gVS·d)]	λ /d	R^2	B_0 /(mL/gVS)	k /(1/d)	R^2
对照	156.1	152.6	10.66	3.21	0.992	211.5	0.024	0.938
12h	253.8	256.4	26.25	1.95	0.997	298.1	0.080	0.966
24h	285.1	289.2	29.31	1.62	0.997	333.4	0.094	0.968
48h	232.1	234.6	26.50	1.81	0.999	262.9	0.093	0.963
72h	220.6	223.5	26.24	1.96	0.999	252.0	0.097	0.957
96h	219.7	222.5	29.25	2.06	0.999	244.9	0.099	0.941
120h	217.5	221.6	29.21	1.95	0.998	243.6	0.099	0.950

烷。但由表 5.5 可知，当瘤胃液预处理时间大于 48h 时，λ 值较预处理 24h 高，意味着瘤胃液预处理时间的延长不利于反应的快速启动，可能与厌氧消化器中较高的初始丙酸浓度有关[272]。通过这两种模型拟合厌氧消化产甲烷过程，说明瘤胃液预处理 24h 不仅能够显著提高稻草的甲烷产量，还能促进产甲烷速率和水解速率，缩短厌氧消化的启动时间。

5.3 底物浓度对瘤胃液预处理过程中挥发性脂肪酸的影响

不同底物浓度预处理条件下，发酵液的 pH 和挥发性脂肪酸浓度的变化如图 5.13(a) 和 (b) 所示。由图 5.13(a) 可见，4 种底物浓度的稻草经瘤胃液预处理后，发酵液的 pH 都表现为随着时间的延长而降低，在前 24h 快速下降，在 72～120h 间基本稳定。瘤胃液预处理完成后，底物浓度为 1.0%、2.5%、5.0%和 10.0%发酵液的 pH 分别从 7.0 降至 6.58、5.96、5.51 和 5.32。说明在瘤胃液预处理过程中生成了 VFA，高底物浓

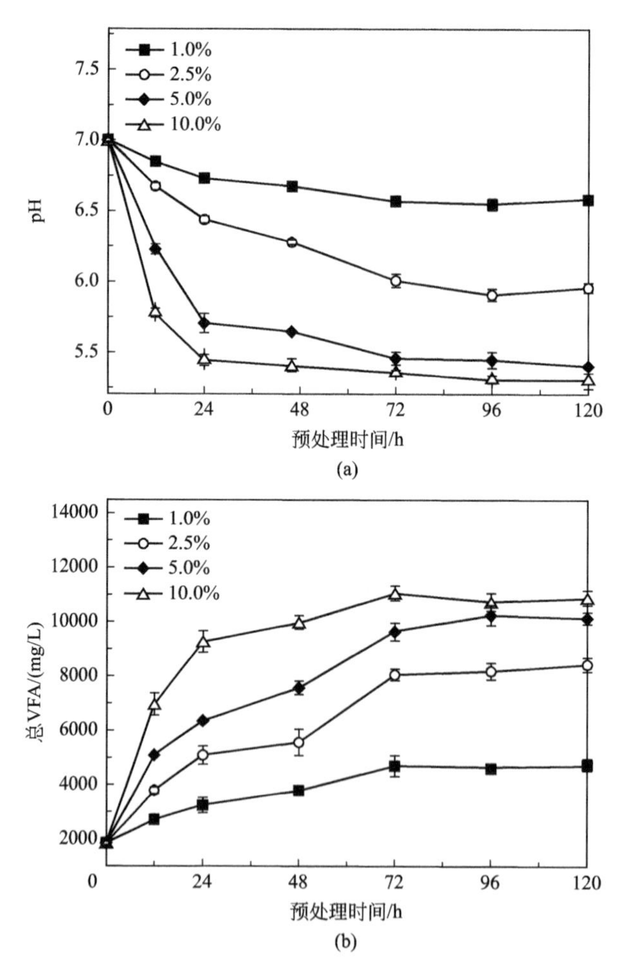

图 5.13 预处理过程中底物浓度对 pH (a) 和总 VFA (b) 的影响

度产生了更多的 VFA，导致 pH 更低[273]。由图 5.13(b) 可见，总 VFA 浓度的变化趋势和 pH 正好相反，呈先增大并在 72h 时趋于稳定的变化趋势。VFA 和 pH 的变化在 72h 后均趋于稳定，表明瘤胃微生物降解稻草基本在 72h 内完成[274]。

经过瘤胃液预处理 72h 后，4 种底物浓度稻草（1.0%、2.5%、5.0%、10.0%）的发酵液中总 VFA 的产量分别为 353.7mg/gVS、332.9mg/gVS、213.5mg/gVS 和 116.4mg/gVS。当底物浓度大于 5.0%时，总 VFA 的产量明显降低，说明当底物浓度大于 5%时，不利于瘤胃微生物对稻草的降解[275]。据 Russell 等[276]报道，一些纤维素水解瘤胃细菌的 pH 敏感性强，其活性在 pH 小于 6 的环境中受到抑制。另外，一些纤维素降解的瘤胃原生动物和真菌同样对 pH 较为敏感[277]。本实验中，5%和 10%底物浓度的发酵液 pH 分别在预处理 24h 和 12h 内快速降低至 6 以下，导致后续纤维素降解微生物受到抑制，进而影响产酸量。

如图 5.14 所示，乙酸、丙酸、丁酸和戊酸浓度随预处理时间延长总体上呈增加趋势。在 4 种底物浓度条件下，乙酸和丙酸为 VFA 的主要组成成分，两者约占总 VFA 的 85%以上。其他酸所占比例均小于 10%（如图 5.15 所示），与其他文献中利用瘤胃液发酵木质纤维素原料代谢产物的分布比例基本类似[278,279]。乙酸和丙酸浓度均随底物浓度的增加而增加，但底物浓度的增加导致两者的分布比例有所不同（图 5.14 和图 5.15），随着底物浓度的提高，乙酸所占的比例逐渐减小，而丙酸所占比例则增大。究其原因，可能是高底物浓度导致的低 pH 环境改变了瘤胃微生物群落结构和代谢途径[165]。这与反刍动物活体实验研究结果类似，瘤胃内低 pH 环境可降低代谢产物乙酸比例，提高丙酸比例[280]。低 pH 导致瘤胃微生物降解木质纤维素原料的能力减弱，瘤胃液中大部分纤维素和半纤维素降解菌是乙酸的主要生产者，而产丙酸菌一般较耐 pH 变化，在极度酸化的环境中可大量生存[276]。另外，Sari 等[271]将瘤胃酸化后导致的乙酸和丙酸占比下降的原因主要归功于瘤胃内产甲烷菌的活性在低 pH 条件下受到抑制，这种抑制效应导致瘤胃发酵后产生了较少甲烷而积累了大量丙酸。

通过产甲烷古细菌的大量研究，目前人们已经认识到，丙酸产氢产乙酸过程只有在氢分压较低时才能进行，并且丙酸的转化速率很慢，很容易

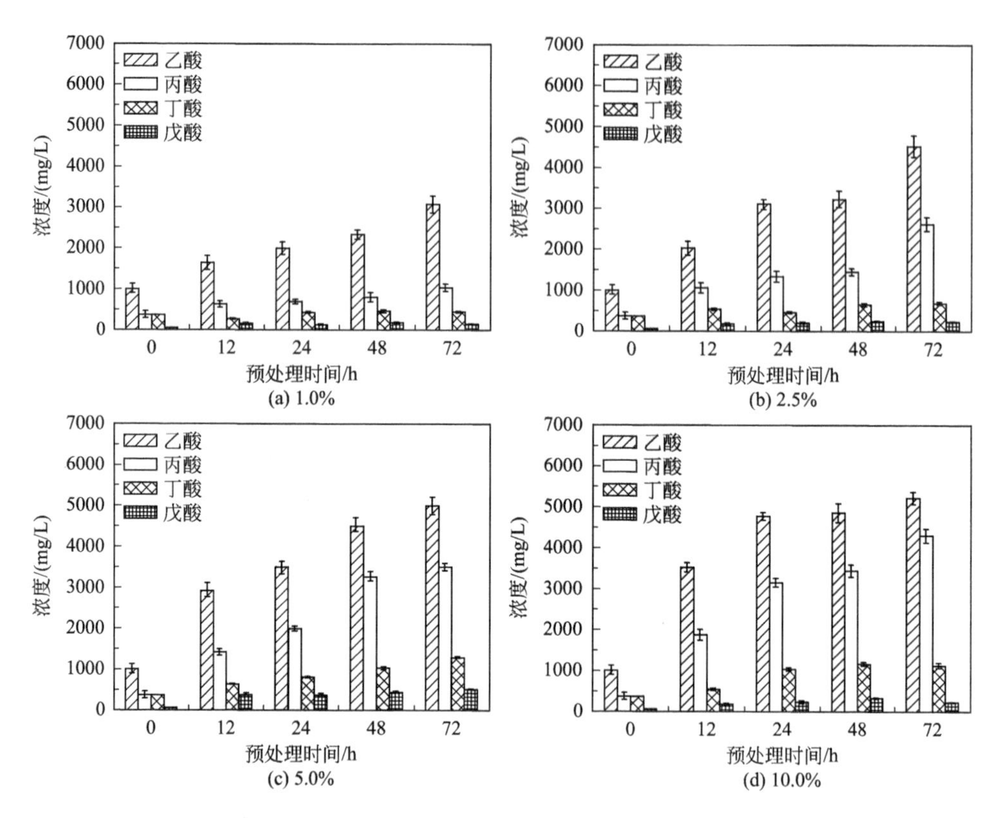

图 5.14　瘤胃液预处理过程中底物浓度对单个挥发性脂肪酸浓度的影响

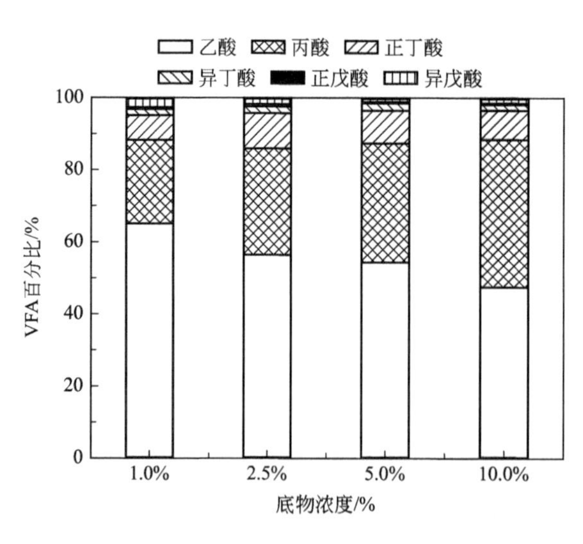

图 5.15　瘤胃液预处理 72h 时底物浓度对 VFA 组分的影响

导致产甲烷过程因丙酸积累而运行失败。因此，在瘤胃液预处理过程中，丙酸浓度可作为衡量后续厌氧消化产甲烷效率的一个重要的指示指标。由图 5.14 可见，瘤胃液预处理时产生的丙酸浓度受底物浓度影响较大，在底物浓度较低（1.0%和 2.5%）的条件下，瘤胃液预处理发酵液中丙酸浓度均维持在较低水平（除 2.5%底物浓度，72h 预处理），而当底物浓度增加至 5.0%和 10.0%时，短时间内发酵液中就积累了大量的丙酸，如 5.0%底物浓度导致发酵液中的丙酸浓度在 48h 达到 3120mg/L，而在 10.0%底物浓度条件下，在 24h 时丙酸浓度就高达 3360mg/L，说明瘤胃液预处理应用于高底物浓度的木质纤维素类生物质具有一定的局限性。

5.3.1 底物浓度对瘤胃液预处理过程中生物质降解的影响

瘤胃液预处理过程中，底物浓度对底物干重、纤维素、半纤维素降解率的影响如图 5.16 和图 5.17 所示。在底物浓度为 1.0%、2.5%、5.0%和 10.0%时，预处理 24h 稻草干重的降解率分别为 36.4%、30.1%、21.8%和 16.1%；预处理结束后降解率分别达到 43.7%、40.4%、29.3%和 23.6%，说明稻草干重在前 24h 内被快速降解，与 pH 的变化一致，即在前 24h 下降速度最快。瘤胃液预处理 24h 后，稻草的降解速率明显减慢。稻草干重的降解率随底物浓度的增加而降低，底物浓度为 5.0%和 10.0%时稻草干重降解率明显低于底物浓度 2.5%和 5.0%。

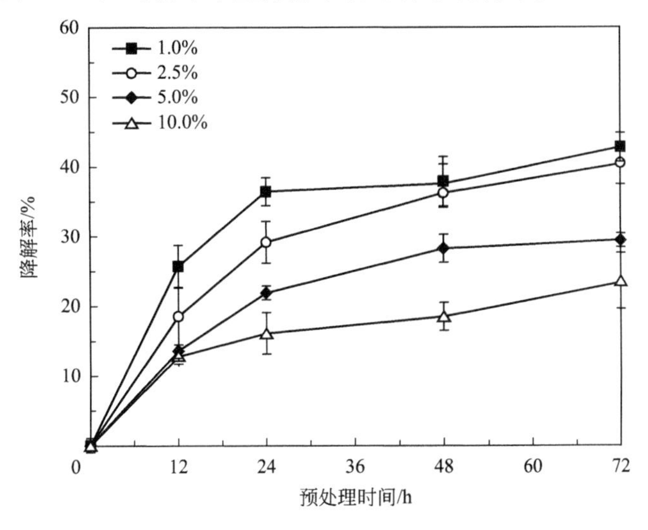

图 5.16　瘤胃液预处理过程中底物浓度对稻草干重降解率的影响

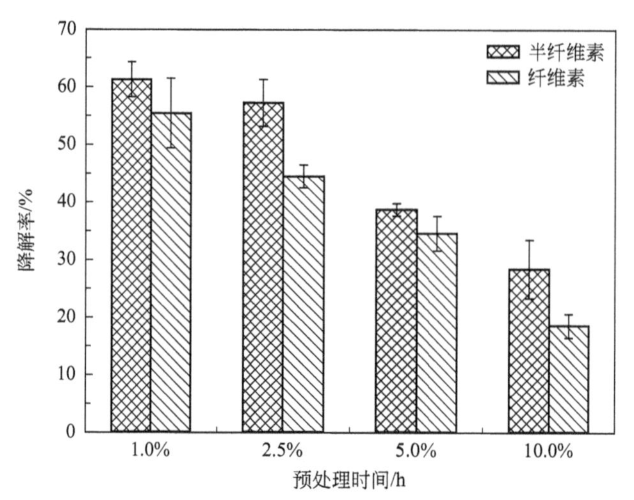

图 5.17　瘤胃液预处理 72h 时底物浓度对纤维素和半纤维素降解率的影响

稻草降解率的提高主要归功于瘤胃微生物对纤维素和半纤维素的降解，纤维素和半纤维素是稻草的主要组成成分，同时也是厌氧消化过程中被微生物利用的主要碳源。两者的有效性和可消化性明显影响后续的厌氧消化产甲烷过程。在瘤胃液预处理 72h 时，4 种底物浓度条件下，瘤胃微生物对半纤维素的降解率（28.4%～61.3%）高于对纤维素的降解率（18.5%～55.4%）（见图 5.17）。说明瘤胃微生物降解半纤维素的能力强于降解纤维素的能力。随着底物浓度的增加，纤维素和半纤维素的降解率都呈下降趋势，且在底物浓度大于 5.0%时更为明显（见图 5.17）。这与 VFA 产量随底物浓度变化的趋势相似，高底物浓度导致低 pH 环境，抑制某些纤维素降解菌的活性，如瘤胃液中典型的纤维素降解菌，产琥珀酸丝状杆菌（*Fibrobacter succinogenes*），是一种对 pH 敏感的细菌。另外，可能是接种比与水解率相关，接种比越高水解率越大[272]。由于本实验采用了相同的接种物量，底物浓度的增加等价于接种比降低，较少瘤胃微生物同样可以导致稻草水解率降低。以上研究表明，低底物浓度（1.0%和 2.5%）更有利于瘤胃微生物高效利用稻草中的纤维素和半纤维素成分。

5.3.2　底物浓度对瘤胃液预处理过程中生物气的影响

由图 5.18 可见，瘤胃液预处理过程中产生的生物气主要成分为 CO_2（>70%）和 CH_4（<20%）。值得注意的是，产生的 CO_2 越多，碳损失

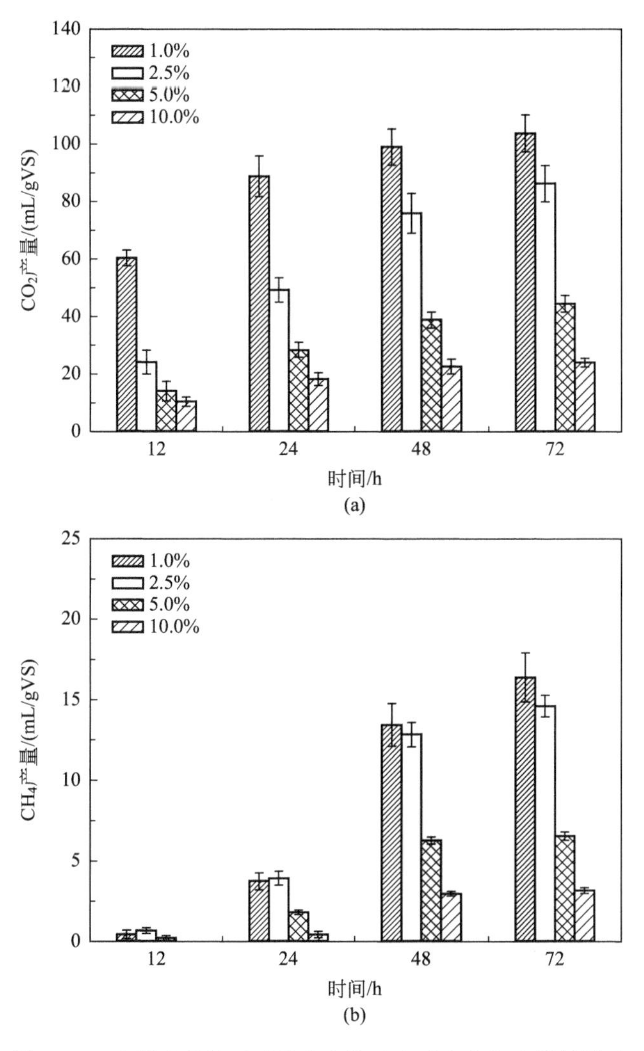

图 5.18 瘤胃液预处理过程中底物浓度对生物气产量的影响

越高，用于后续厌氧产甲烷过程的碳源越少。如图 5.18(a) 所示，CO_2 产量随瘤胃液预处理时间的延长而增加，90％的 CO_2 于预处理前 48h 产生。CO_2 产量随底物浓度的变化顺序为：1.0％ (60.4～103.8mL/gVS) ＞2.5％ (24.1～86.3mL/gVS) ＞5.0％ (14.0～44.5mL/gVS) ＞10.0％ (10.4～23.9mL/gVS)，说明底物浓度越小，CO_2 产量越高，这种变化趋势基本上和挥发性脂肪酸产量的变化相似，因为水解酸化菌利用多糖生成挥发性脂肪酸的同时，伴有 CO_2 的产生。在低底物浓度条件下，高碳损失成为限制后续厌氧消化效率的主要因素。

瘤胃液预处理过程中 CH_4 产量相对较低，基本上只能在 24h 后才能检测到。由图 5.18(b) 可知，底物浓度为 1.0%、2.5%、5.0%、10.0%时，瘤胃液预处理过程中 CH_4 的产量分别为 3.61～16.4mL/gVS、3.82～14.6mL/gVS、1.8～6.5mL/gVS 和 0.2～3.1mL/gVS。当底物浓度大于 5.0%时，甲烷产量明显降低，高底物浓度可能导致大量 VFA 积累，抑制产甲烷菌的活性。

5.4 预处理底物浓度对后续厌氧消化产甲烷的影响

将预处理不超过 72h 的样品进行厌氧消化产甲烷研究，以分析瘤胃液预处理底物浓度对后续厌氧消化产甲烷的影响。图 5.19 为在不同预处理时间下预处理底物浓度对厌氧消化产甲烷的影响。预处理底物浓度为 1.0%、2.5%、5.0%、10.0%的最佳稻草预处理时间分别为 12h、24h、24h 和 12h，在最佳瘤胃液预处理时间下，甲烷产量分别为 247.8mL/gVS、265.3mL/gVS、214.7mL/gVS 和 192.3mL/gVS，较各自的对照分别提高了 62.7%、88.9%、37.2%、14.3%，说明瘤胃液预处理能够有效提高稻草的甲烷产量。最佳瘤胃液预处理底物浓度为 2.5%，在此底物浓度下甲烷产量分别比 1.0%、5.0%和 10.0%底物浓度提高了 7.1%、23.6%和 37.9%。当底物浓度为 1.0%时，瘤胃液预处理过程中 CO_2 产量较高，可造成较高比例的碳损失，从而导致后续甲烷产量降低。当底物

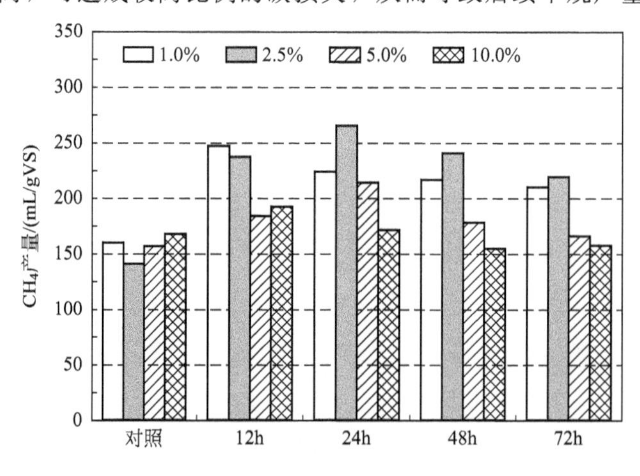

图 5.19 瘤胃液预处理底物浓度对后续厌氧消化甲烷产量的影响

浓度升高至5.0%时，发酵液中积累了较多对产甲烷菌有抑制作用的丙酸，且随着底物浓度增加，丙酸的累积浓度也进一步提高。因此，将高底物浓度预处理的发酵液进行厌氧消化产甲烷容易导致产甲烷菌的活性下降，从而打破厌氧消化过程中产酸菌和产甲烷菌之间的平衡，造成厌氧消化效率下降。

4种底物浓度下，最佳瘤胃液预处理时间并不一致。2.5%和5.0%底物浓度的最佳预处理时间为24h，两者表现出相同的变化趋势，在前24h甲烷产量随着预处理时间的延长而增加，当预处理时间大于24h时，甲烷产量随着预处理时间的延长而下降。短时间的瘤胃液预处理（12h）可能不能有效降解稻草，而是将其转化为更易被产甲烷菌利用的小分子有机物；随瘤胃液预处理时间的延长，碳损失和丙酸累积明显提高，这两种情况都不利于后续的厌氧消化产甲烷。对于1.0%和10.0%底物浓度，最佳瘤胃液预处理时间都为12h，此后随着预处理时间的延长甲烷产量均降低，但是导致此结果的原因可能不一样。对于1.0%的底物浓度，甲烷产量随预处理时间降低的原因可能更多归结为碳损失随预处理时间的延长而增加。而对于10.0%的底物浓度，其原因可能是由于VFA的积累，尤其是丙酸的积累；当预处理时间大于24h时，甲烷产量甚至低于对照，进一步说明反应器中的丙酸积累明显抑制了产甲烷菌的活性。

另外，产甲烷速率同样受瘤胃液预处理底物浓度的影响。在最佳预处理时间条件下，4种底物浓度样品的产甲烷速率如图5.20所示，对于1.0%、2.5%、5.0%和10.0%底物浓度，未处理稻草厌氧消化前8d的累积甲烷产量（cumulative methane yield，CMY）分别占总甲烷产量（total methane yield，TMY）的28.4%、22.7%、26.1%和20.3%，而经瘤胃液预处理稻草CMY在TMY中所占比例分别达到48.5%、42.3%、33.0%和14.6%。除10.0%的底物浓度外，其他3种底物浓度CMY/TMY均大于对照，说明这3种底物浓度瘤胃液预处理不仅能够提高甲烷的产量，还能提高产甲烷速率，有利于反应器的快速启动和提高反应器的处理能力。产甲烷速率的提高说明瘤胃液预处理能够产生更多易生物降解的可溶性有机物。而对于10.0%的底物浓度，尽管在12h时瘤胃液预处理的甲烷产量略高于对照，但产甲烷速率较低，反应器启动速率慢，说明在高底物浓度下，有大量抑制甲烷活性的物质产生。当预处理底物浓度为1.0%和

2.5%时，全部产甲烷过程在24d内完成，而对应的对照在24d时分别生成总甲烷产量的92.4%和89.7%；当底物浓度增加到5.0%时，产甲烷过程在32d内完成，所对应的对照在32d内生成总甲烷产量的93.1%；在10%底物浓度条件下，32d内的甲烷产量占总甲烷产量的96.4%，高于对照的90.4%，说明随着厌氧消化的进行，酸抑制效果逐渐减轻。

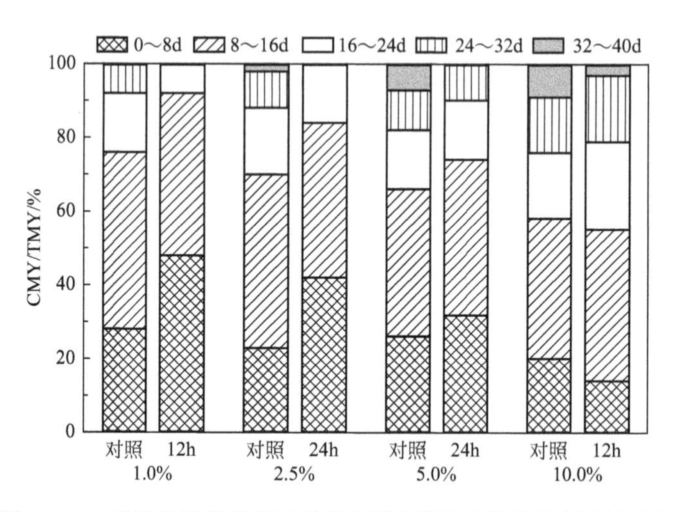

图5.20　4种底物浓度条件下最优瘤胃液预处理样品的产甲烷速率

综上所述，当瘤胃液预处理底物浓度为2.5%时，后续厌氧消化呈现最高的甲烷产量和产甲烷速率，因此确定2.5%为最佳瘤胃液预处理底物浓度。当底物浓度为1.0%~5.0%时，瘤胃液预处理不仅可以提高甲烷产量，而且还可以提高产甲烷速率。

5.5 瘤胃液预处理对微生物群落结构的影响

瘤胃被认为是一种能高效降解木质纤维素的复杂生态系统，寄居着细菌、原生动物、真菌及产甲烷古细菌。其中瘤胃细菌是多样性最丰富的微生物群体，其生物量占总生物量的一半之多（10^{10}~10^{11} cells/mL）[281]。瘤胃细菌由于数量上的优势及具有多种代谢途径，在纤维素降解过程中起主导作用[282]。虽然瘤胃真菌和原生动物可以通过物理作用或分泌酶破坏植物细胞壁，但由于数量较少，在破坏细胞壁和降解纤维素总效力上并不明显[277,283]。采用Illumina Miseq高通量测序方法分析瘤胃液预处理过程中预处理时间和底物浓度对细菌群落结构的影响，考察瘤胃液预处理前后稻草的化学组分及物理结构变化。

5.5.1 瘤胃液样品基因组 DNA 提取

分别取初始瘤胃液样品（T0），2.5%底物浓度下预处理时间分别为 24h、48h、72h 和 96h 的瘤胃液发酵样品（T24、T48、T72、T96），底物浓度分别为 1.0%、2.5%、5.0%和 10.0%、预处理 120h 后的瘤胃液发酵样品（C1.0、C2.5、C5.0、C10.0）进行微生物群落结构的鉴定。利用 1.0%琼脂糖凝胶电泳检测抽提的瘤胃液样品中基因组 DNA，如图 5.21 所示，电泳图谱中条带清晰，说明 DNA 提取效果较好。由表 5.6 可知，9 种瘤胃液样品基因组 DNA 浓度、OD 260/280、OD 260/230 均符合 MiSeq 高通量测序要求，可以进行后续的 PCR 扩增实验。

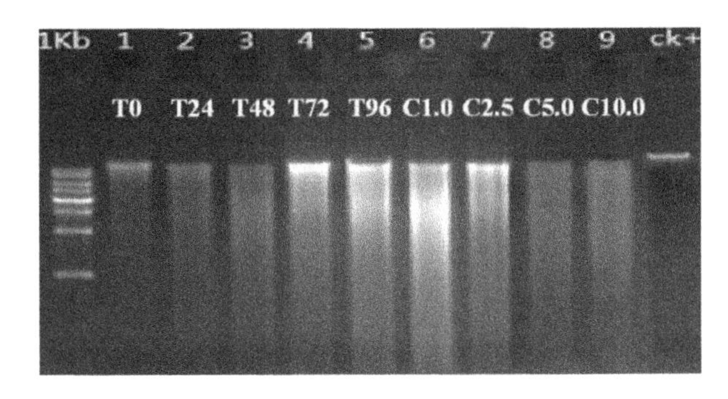

图 5.21　基因组 DNA 电泳图谱

表 5.6　基因组 DNA 检测结果

样品	浓度/(ng/μL)	OD 260/280	OD 260/230
T0	49.5	1.86	0.27
T24	59.1	1.83	0.14
T48	62.8	1.80	0.14
T72	142.0	1.84	0.23
T96	189.6	1.82	0.39
C1.0	171.5	1.83	0.27
C2.5	230.3	1.80	0.55
C5.0	79.8	1.69	0.54
C10.0	68.5	1.77	0.50

5.5.2 PCR扩增结果

根据指定的测序区域，合成带 barcode 的特异引物，并进行 PCR 扩增。为满足后续 MiSeq 高通量测序数据分析的准确性和可靠性，本实验在保证能够将所有瘤胃液样品扩增出浓度合适的 PCR 产物前提下，使用最低循环数对 PCR 进行扩增，且每个预处理样品扩增的循环数保持一致。将各样品细菌 16S rRNA 基因V3～V4 区的 PCR 扩增产物经过 2.0%琼脂糖凝胶电泳检测，电泳图谱如图 5.22 所示，9 种瘤胃液样品 PCR 产物的目的条带大小正确、浓度合适，可进行后续实验。

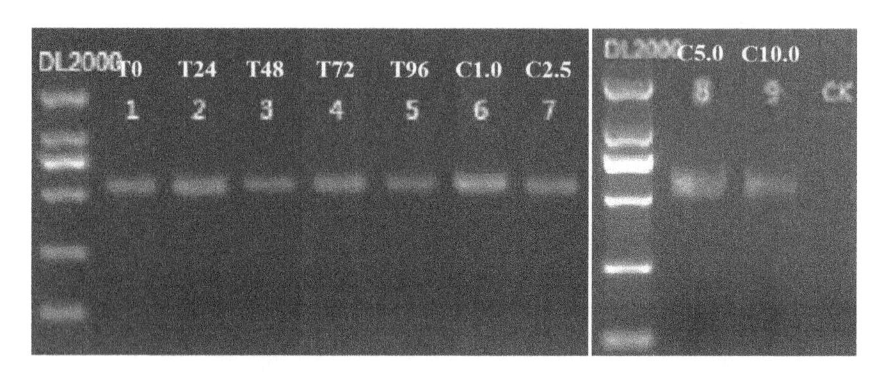

图 5.22 细菌 16S rRNA 基因 V3～V4 区 PCR 产物电泳图谱

5.5.3 优化序列统计

9 种瘤胃液样品经 MiSeq 测序共得到 324269 对序列，经优化（拼接、质控、过滤）后得到 289478 条序列，占未优化序列的 89.3%，序列平均长度为 441.48bp，本实验几乎将 V3～V4 区的 16S rRNA 测通（表 5.7）。由图 5.23 可知，99.97%的序列（368194 条）分布于 421～460bp 之间，分布在 281～420bp 之间的序列总共仅 110 条。9 种样品的序列数和平均长度如图 5.24 所示。

表 5.7 优化数据量统计及长度分布

样品数量	插入片段大小/bp	优化前序列数	优化后序列数	平均长度/bp
9	468	324269×2	289478	441.48

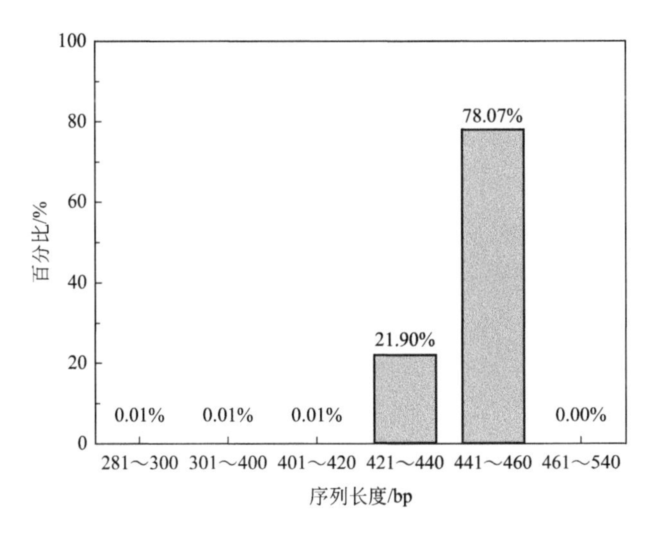

图 5.23 优化后序列长度分布图

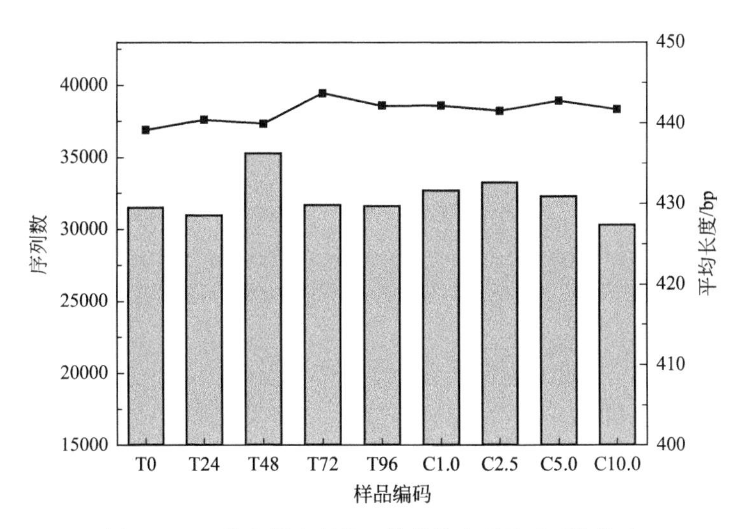

图 5.24 9 种瘤胃液预处理样品的序列数及平均长度

5.5.4 细菌群落丰度及多样性

利用 MiSeq 高通量测序技术研究不同实验条件下瘤胃液预处理样品中细菌群落结构的变化，如表 5.8 所示，9 种瘤胃液预处理样品中基因文库的覆盖率（coverage）都在 99%以上，说明样品中未被测出序列的概率很小，完全能够反映样品中细菌群落的种类和结构。以 97%的相似性对非重复序列（不含单序列）进行 OTU 聚类，同时在聚类过程中去除嵌合体，选出与 OTU 代表序列相似性在 97%以上的序列，生成 OTU，以方便进行生物学信息统计分析。各瘤胃液样品可分别划分为 566（T0）、609（T24）、662（T48）、558（T48）、564（T48）、585（C1.0）、579（C2.5）、438（C5.0）、386（C10.0）个 OTU。

表 5.8 瘤胃液预处理样品中细菌丰度和多样性指数

指数(97%相似度)	样品								
	T0	T24	T48	T72	T96	C1.0	C2.5	C5.0	C10.0
OTU	566	609	662	558	564	585	579	438	386
Ace	584	635	690	632	662	669	663	513	482
Chao 1	586	646	707	656	663	681	668	494	483
Shannon	4.69	4.45	4.26	3.52	3.85	3.98	4.02	3.42	3.28
Simpson	0.032	0.036	0.042	0.065	0.052	0.064	0.061	0.083	0.092
Coverage	0.998	0.997	0.998	0.996	0.994	0.996	0.996	0.997	0.996

注：1. T0～T96 指 2.5%底物浓度条件下预处理时间为 0～96h 的样品；C1.0～C10.0 指预处理时间为 120h 条件下，底物浓度为 1.0%～10.0%的样品。

2. Ace 和 Chao 1 为种群丰度指数，其数值越大代表种群丰度越高。

3. Shannon 为种群多样性指数，其数值越大代表种群多样性越高。

4. Simpson 为种群多样性指数，其数值越小代表种群多样性越高。

5. Coverage 为样品测序深度。

对序列进行随机抽样，以抽到的序列数与它们对应的 OTU 构建稀释性曲线（图 5.25）。9 种瘤胃液样品的稀释性曲线随测序条数的增加，呈前期快速增长，后期趋于平缓的趋势，说明测序数据量合理，能够反映样品测序深度，更多的测序只会增长少量 OTU，但需要较高成本。此外，由图 5.25 和表 5.8 可知，9 种瘤胃液预处理样品中至少有 386 个 OTU，表明各瘤胃液预处理样品中细菌群落结构较为复杂。瘤胃液预处理样品中细菌群落 OTU 随着预处理时间（T0～T96）的延长，呈先升高后降低趋势，在预处理 48h（T48）时 OTU 最高，更长时间的预处理（T72 和 T96）导致 OTU 降低。可能因为瘤胃微生物从动物本体转移到体外培养时，短期内会富集，但随着培养时间的延长，部分瘤胃细菌并不能够长期适应体外环境。细菌群落 OTU 随底物浓度（C1.0～C10.0）的增加而降低，2.5%底物浓度（C2.5）下的 OTU 略低于 1.0%底物浓度（C1.0），两者相差仅 6 个 OTU。高底物浓度（大于 5.0%）可能导致 pH 快速降低到 6 以下，而 pH 敏感性强的瘤胃细菌会在 pH 低于 6 时受到抑制[276]，在 1.0%和 2.5%底物浓度下，由于瘤胃液预处理过程中 pH 始终维持在 6 以上，故两者比较接近。

如表 5.8 所示，菌群丰度（community richness）指数 Ace 和 Chao 1 的变化规律类似 OTU。从菌群的多样性（community diversity）指数 Shannon 和 Simpson 来看，初始瘤胃液（T0）菌群的 Shannon 多样性指数最高，Simpson 多样性指数最低。Shannon 和 Simpson 多样性指数都可以估算瘤胃液预处理样品中微生物的多样性，Shannon 指数越大、Simpson 指数越小，表明样品中微生物菌群的多样性越高。因此，初始瘤胃液中细菌的多样性最高，随着预处理时间的延长及底物浓度的增大，细菌群落的多样性都会降低。进一步说明瘤胃液中部分细菌在体外不能长久生存。

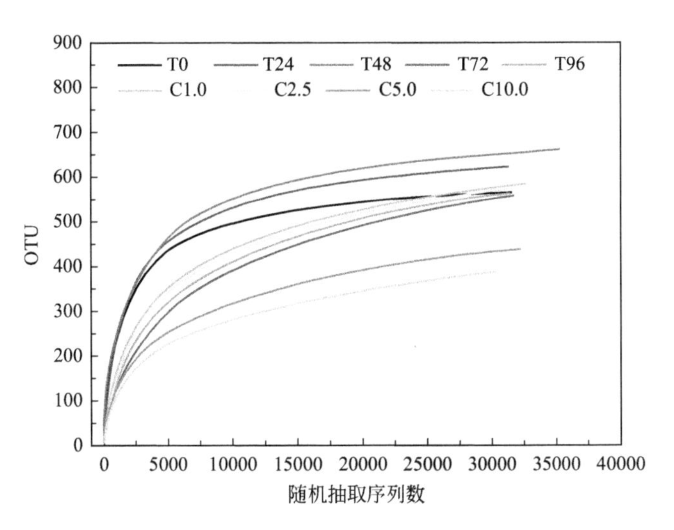

图 5.25 瘤胃液预处理样品中细菌稀释性曲线

5.5.5 细菌群落差异性分析

为了进一步描述和比较不同瘤胃液预处理样品间的相似性及差异性，实验采用 β-多样性分析中的主成分分析（PCoA），通过物种 OTU 和所选的距离矩阵作图，反映样品间的差异和距离。样品的组成越相似，则

PCoA 图中的距离越近。通常用非加权 PCoA 和加权 PCoA 分析两种方式来评价样品间细菌群落的异同。非加权 PCoA 分析主要是反映细菌群落多样性的关系。加权 PCoA 分析反映细菌群落的结构，包括群落的多样性和丰度。

如图 5.26 所示，在非加权 PCoA 分析中，非加权成分 1 和 2 的贡献率分别占总变量的 48.53%和 20.18% [图 5.26(a)]，而加权成分 1 和 2 分别占 59.48%和 19.27% [图 5.26(b)]。样品细菌群落在非加权 PCoA

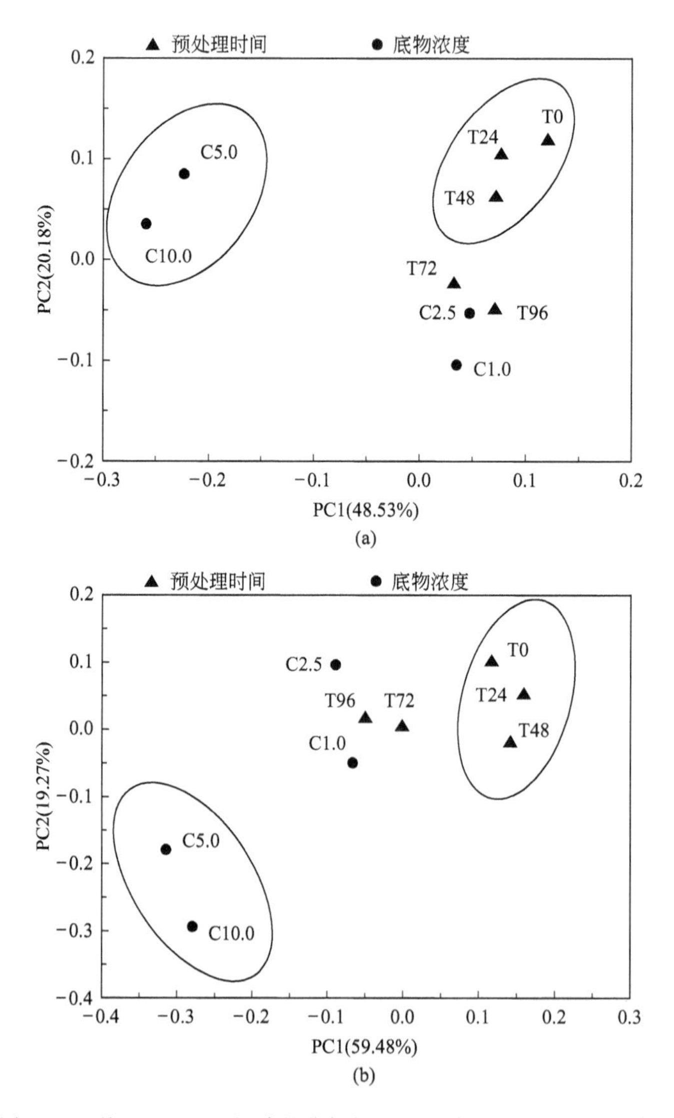

图 5.26 基于 UniFrac 矩阵的非加权 (a) 和加权 (b) 主成分分析

和加权 PCoA 分析中的分布虽不一致，但规律相同。T0、T24、T48 三个样品间的距离接近，说明瘤胃液预处理前 48h 的样品中细菌群落结构与初始瘤胃液较为接近。随着预处理时间的延长（T72 和 T96），样品中细菌群落结构与初始瘤胃液的差异增大。两种高底物浓度样品 C5.0 和 C10.0 聚集到一起，明显和其他几种预处理样品呈分离状态，表明 C5.0 和 C10.0 样品的细菌群落结构相似，且与其他几种样品的结构差异较大。根据主成分占比分析可知，C10.0 样品到 C1.0 样品的距离明显大于 T96 到 T0，说明在预处理过程中，底物浓度对样品中细菌群落结构的影响较预处理时间更大。上述分析进一步表明瘤胃液预处理时间及底物浓度可影响瘤胃液预处理样品中微生物的群落结构。

5.5.6 细菌群落组成分析

为了更直观表现瘤胃液预处理样品间差异的分类学信息，更深入研究瘤胃液预处理样品中细菌菌群系统的发育多样性，将测序序列分别在细菌门、科、属的水平上进行分析。

9 种瘤胃液预处理样品中细菌群落组成在门水平上的分布如图 5.27 所示。9 种样品共有 18 个门，选择 8 个相对丰度至少在 1 种样品中大于 1%的门进行统计，其余所有低于 1%相对丰度的门归为 other。在所有样品中占比最大的门是 Bacteroidetes（拟杆菌门），为 43.1%～72.4%；其次为 Firmicutes（厚壁菌门）（13.2%～32.9%）和 Proteobacteria（变形菌门）（4.1%～15.3%）；三者在 9 种样品中的占比都达到 85%以上。此外 Lentisphaerae（黏胶球形菌门）、Fibrobacteres（纤维杆菌门）、Spirochaete（螺旋体门）、Fusobacteria（梭杆菌门）和 Verrucomicrobia（疣微菌门）分别占 0.5%～5.3%、0～3.9%、0～4.0%、0～4.5%和 0～1.5%。Bacteroidetes、Firmicutes、Proteobacteria 被认为是瘤胃细菌中最丰富的三个门类，与牦牛瘤胃中细菌在门水平上的分布相似[284,285]，表明这三个门类内的细菌在瘤胃代谢过程中发挥重要作用[286]。从各门类分布随预处理时间的变化来看，瘤胃液预处理前 48h（T0～T48）并未明显改变瘤胃细菌在门水平上的分布情况。此后，随着时间的延长（T72～T96），Bacteroidetes 所占比例增大，相应 Firmicutes、Proteobacteria、Lentisphaerae 的占比减少，说明当预处理时间大于 72h 时，对瘤胃细菌在门水平上的分布影响比较明显。底物浓度增加（C1.0～C10.0）提高了Proteobacteria和Fusobacteria的比例，降低了Bacteroidetes、Fibrobacteres和Spirochaete的比例，但当底物浓度增加到5.0%以上时（C5.0～C10.0），Fibrobacteres和Spirochaete几乎消失，说明底物浓度对瘤胃细菌在门水平上的分布有较大影响，且当底物浓度大于5.0%时，影响更为明显。

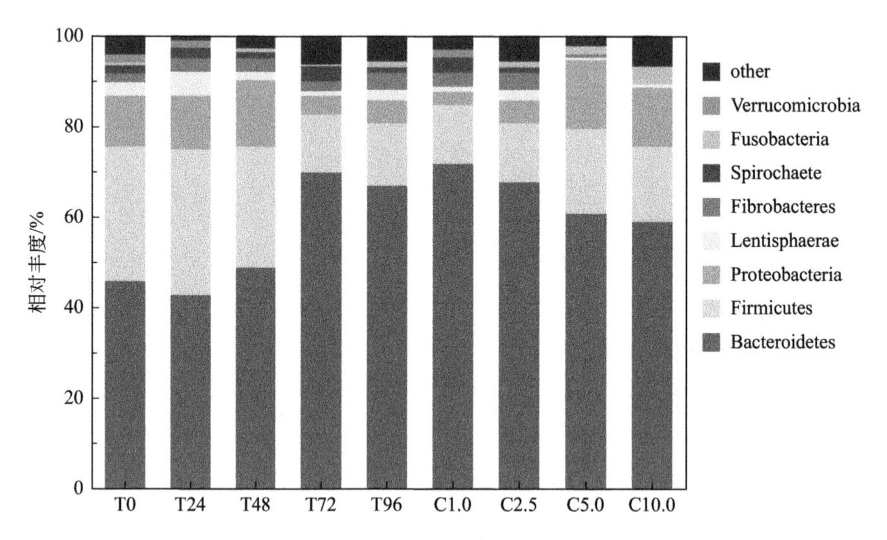

图5.27　瘤胃液预处理样品细菌群落结构在门水平上的分布

为了进一步分析细菌群落结构的多样性变化，将9种瘤胃液预处理样品的测序结果在科水平上进行分析（图5.28）。9种样品共测得109科的细菌分类，在至少一种样品中相对丰度大于1%的有17科，占总序列的83.6%～93.2%。如前所述，拟杆菌门在9种样品中占比最大，但在该门下的科水平上分布却有很大不同。初始瘤胃液（T0）和预处理前48h（T24和T48）的样品较类似，拟杆菌门主要集中在Prevotellaceae（普雷沃氏菌科）（15.7%～20.0%）和BS11（7.8%～13.2%）两科；当预处理时间大于72h（T72和T96）时，样品拟杆菌门中Unclassified Bacteroidales取代了BS11，与Prevotellaceae一起成为优势菌科，两者所占比分别达到13.3%～19.4%和35.5%～40.1%，而BS11几乎消失。已有文献报道BS11为反刍动物瘤胃内的主要优势菌科，但其在瘤胃内具体功能目前尚不清楚[285]，也有研究表明，BS11菌群可以降解不同半纤维素

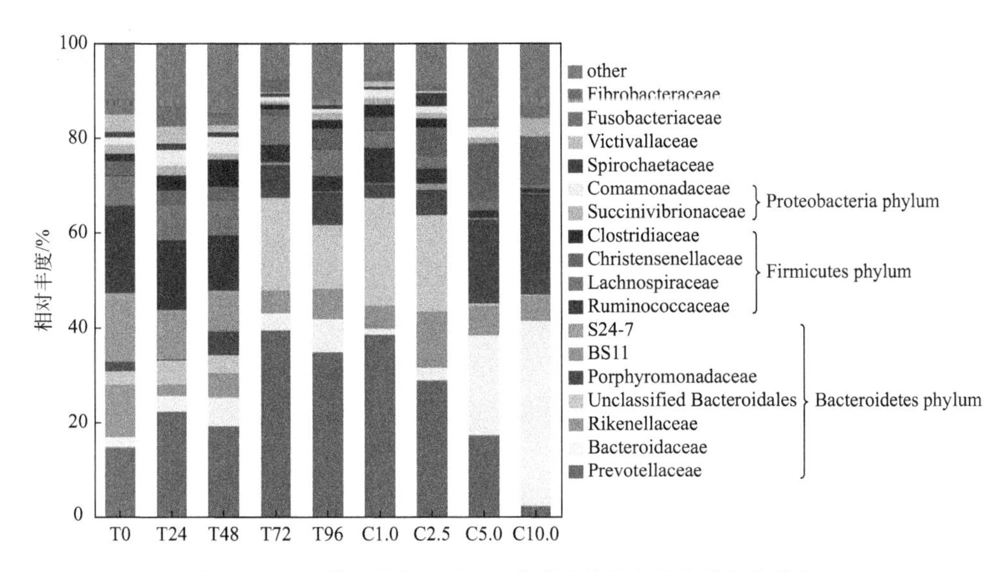

图 5.28 瘤胃液预处理样品细菌群落结构在科水平上的分布

单体（如木糖、岩藻糖、甘露糖和鼠李糖）[287]。Prevotellaceae 菌群是反刍动物日常代谢活动的主要参与者，能够发酵植物中的淀粉、果胶和木聚糖类物质[255]。虽然实验发现 BS11 菌群在体外不易长期存活，但 Prevotellaceae 和 Unclassified Bacteroidales 中的菌种可以适应体外环境，随时间延长逐渐成为拟杆菌门中的优势菌科。在高底物浓度条件下（C5.0 和 C10.0），比例较大的科同样集中在拟杆菌门下，但这些科的分布比例与低底物浓度（C1.0 和 C2.5）有明显区别。Bacteroidaceae（拟杆菌科）和 Porphyromonadaceae（紫单胞菌科）比例在高底物浓度（C5.0 和 C10.0）下占比最大，分别为 20.9%～38.7%和 17.4%～20.8%。Bacteroidaceae 主要利用纤维素分解后的多糖，Porphyromonadaceae 主要利用木聚糖、果胶和半乳糖等[276]。低底物浓度样品（C1.0 和 C2.5）中占比最高的 Prevotellaceae 和 Unclassified Bacteroidales，在高底物浓度（C5.0～C10.0）下大幅度降低，说明高底物浓度导致的低 pH 环境抑制了 Prevotellaceae 和 Unclassified Bacteroidales 菌群生长，而在高底物浓度条件下大量存在的 Bacteroidaceae 和 Porphyromonadaceae 菌群则较耐 pH 变化。

大量文献表明瘤胃内纤维素降解的主要参与者集中在厚壁菌门和纤维杆菌门[288,289]。如图 5.28 所示，占比第二大门类厚壁菌门主要包括 Ruminococcaceae（瘤胃菌科）、Lachnospiraceae（毛螺菌科）、Clostridiaceae（梭菌科）和 Christensenellaceae（克里斯滕森菌科）四科。纤维素和半纤维素降解菌主要集中在前面三科，其广泛分布于食草动物瘤胃及后肠中，参与体内纤维素和半纤维素的降解[290]。从 T0 到 T96 样品中，Ruminococcaceae 的比例由 18.6%降低到 3.2%，而其他三科并未产生明显变化，说明预处理时间的延长对 Ruminococcaceae 的比例影响较大。而 Ruminococcaceae、Lachnospiraceae 和 Clostridiaceae 三者的比例随着底物浓度的增高（C1.0～C10.0）都表现为下降，分别由 7.3%、3.8%和 2.5%降低到 1.1%、0.8%和 0，说明高底物浓度下的低 pH 环境，抑制了这三科中的纤维素和半纤维素降解菌，这与第 3 章得出高底物浓度导致纤维素和半纤维素降解率明显降低的结论一致。与前面三科不同的是，Christensenellaceae 的比例随底物浓度的增加明显升高，由 2.8% 增加到 10.1%。Fernando 等报道，高谷物喂养导致奶牛瘤胃内 pH 降低，Christensenellaceae 的丰度提高，与实验的结论相似[291]。

另外，尽管一些科的细菌比例很低，但其在瘤胃代谢过程中发挥着重要的作用，如纤维杆菌门中的 Fibrobacteraceae（纤维杆菌科）在瘤胃微生物降解纤维素过程中扮演着极其重要的角色[292]。从本实验可以看出，预处理时间对该科菌群的比例影响并不明显。而在高底物浓度下（C5.0 和 C10.0），Fibrobacteraceae 几乎消失，验证了前人的研究结论，该科内菌种对 pH 敏感[293]。

从图 5.28 中还可以发现，在高底物浓度下 Fusobacteriaceae（梭杆菌科）比例明显升高。Fusobacteriaceae 菌群通常在乳酸积累时大量存在[294]。在第 3 章研究中没有测定乳酸浓度，微生物分析显示在 C5.0 和 C10.0 样品中存在乳酸中间产物。反应器中有乳酸存在时，一些乳酸利用菌可通过丙酮酸-乳酸-丙酸这条转化途径合成丙酸。这可以解释第 3 章的结论，即瘤胃液预处理过程中，高底物浓度可导致高比例丙酸生成。

为了更深入分析细菌群落结构的变化，在属水平上对微生物进行分析，所有样品中共测出 378 属细菌分类，将其中相对丰度前 50 的属呈现在聚类分析热图上（图 5.29）。热图左侧发育树反映 OTU 之间相似度或者遗传距离；顶端发育树反映样品间 OTU 的相似度。从白到深绿过渡的不同颜色反映样品中每个 OTU 由低到高的相对丰度（以 lg 值来度量）。由图 5.29 可知，C5.0 和 C10.0 与其他 7 种样品形成两大分支，同一分支

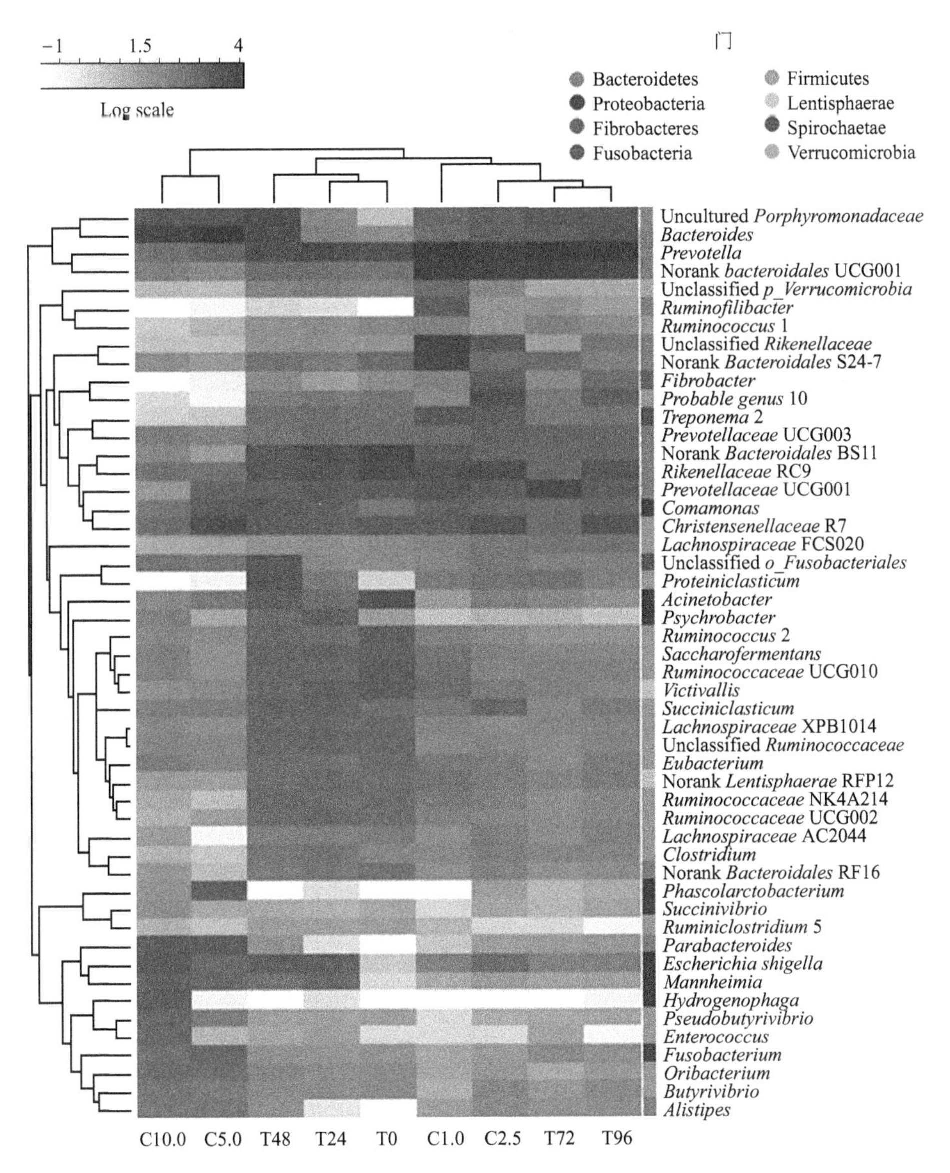

图 5.29 瘤胃液预处理样品中相对丰度前 50 细菌属的聚类分析热图

下的 T0、T24、T48 与其他四种样品（T72、T96、C1.0、C2.5）又形成两个小分支，揭示底物浓度和预处理时间均对微生物群落产生影响，而底物浓度的影响更大。

由图 5.29 可以看出，样品中相对丰度较高的 3 个属分别为 *Prevotella*（普氏菌属）、*Bacteroides*（拟杆菌属）和未分类属 Norank *Bacteroidales* UCG001，它们均为拟杆菌门下的优势属。这 3 个菌属的相对丰度都随时间的延长而增加，说明它们都可以在体外富集培养。*Prevotella* 和 Norank *Bacteroidales* UCG001 随底物浓度的增加相对丰度减少，而 *Bacteroides* 则随底物浓度的增加而升高，说明 pH 对前两者影响较大，而后者则较耐 pH 变化。*Prevotella* 为普沃氏菌科下的优势菌属，包含的主要菌种为 *P. brevis*（短普雷沃氏菌），*P. bryantii*（布氏普雷沃氏菌）和 *P. ruminicola*（栖瘤胃普雷沃氏菌），这些菌种能够利用淀粉、果胶和木聚糖合成琥珀酸和乙酸等物质[295]。该属内的某些菌种可能在一定程度上受 pH 影响。Russell 等报道，瘤胃细菌中 *P. brevis* 和 *P. bryantii* 可能受 pH 的影响较 *P. ruminicola* 更大[293]。Norank *Bacteroidales* UCG001 和 *Bacteroides* 分别为未分类科 Unclassified Bacteroidales 和拟杆菌科下的优势属。Norank *Bacteroidales* UCG001 属下的优势菌种与 *Bacteroides graminisolvens* JCM15093 菌株进化关系相近（100%相似），其为已确认的木聚糖厌氧降解菌，可生产乙酸、丙酸和琥珀酸[296]。而 *Bacteroides* 的优势菌种主要为 *B. thetaiotaomicron*（多形拟杆菌）和 *B. uniformis*（单形拟杆菌），这些细菌主要利用植物细胞壁降解后的碳水化合物[297]。

在厚壁菌门中，受预处理时间和底物浓度影响较大的菌属大部分隶属于瘤胃菌科（图 5.29），最具代表性的为瘤胃菌科下的 *Ruminococcus*（瘤胃球菌属）和 *Ruminiclostridium*（瘤胃梭菌属），两者相对丰度都随预处理时间的延长（T72 和 T96）和底物浓度的增大（C5.0 和 C10.0）而降低。*Ruminococcus* 属中的 *R. flavefaciens*（黄色瘤胃球菌）和 *R. albus*（白色瘤胃球菌）广泛分布于食草动物瘤胃中，可以降解纤维素和半纤维素，生成琥珀酸、乙酸和乙醇等代谢产物供食草动物营养需求[298]。*Ruminiclostridium* 中的 *R. cellulolyticum*（解纤维素瘤胃梭菌）不仅可以降解纤维素，还可以利用半纤维素的多糖（如阿拉伯木聚糖），产物主要为乙醇、乙酸和乳酸[299,300]。另外，隶属于梭菌科的 *Clostridium*（梭菌属），只受底物浓度的影响，高底物浓度导致其相对丰度明显下降，而预处理时间的延长并未明显改变其相对丰度。该属菌群虽然不是瘤胃中的主要细菌，但在瘤胃中的种类很多，对纤维素有降解能力的菌种有 *C. cellobioparum*、*C. longisporum*、*C. chartatabidum* 等，降解产物主要为甲酸、丁酸和乙酸等[301]。

Fibrobacter（纤维杆菌属）隶属于纤维杆菌门下的纤维杆菌科，该属

内的 *Fibrobacter succinogenes*（产琥珀酸丝状杆菌）在瘤胃中普遍存在，并具有很强的纤维素降解能力，是瘤胃中最主要的纤维素降解菌，其发酵产物主要为琥珀酸和乙酸[276]。预处理时间对 *Fibrobacter* 影响不大，但在高底物浓度（C5.0 和 C10.0）下，该属菌群几乎消失，与前人研究结果一致，产琥珀酸丝状杆菌（*Fibrobacter succinogenes*）是一种 pH 敏感菌[165]。

从细菌群落组成中的门、科及属水平上进行分析，揭示了瘤胃液预处理木质纤维素时，预处理时间延长和底物浓度提高都可影响瘤胃细菌群落的结构，尤其是高底物浓度导致的低 pH 环境使大量纤维素和半纤维素降解菌丰度降低，进而影响瘤胃液预处理效果。

5.6 瘤胃液预处理稻草残渣特性

5.6.1 瘤胃液预处理前后稻草残渣表观和微观结构

实验选用 2.5%和 10.0%底物浓度经瘤胃液预处理 72h 后的稻草残渣（2.5%残渣和 10.0%残渣）作为研究对象，两者分别代表低底物浓度和高底物浓度下瘤胃液预处理的稻草残渣。通过观察预处理后两种稻草残渣和未处理稻草的表观图（图 5.30），可见未处理稻草的颜色较浅，结构紧实、坚固；经瘤胃液预处理后的稻草颜色变深，结构变蓬松，2.5%残渣较 10.0%残渣更为明显。

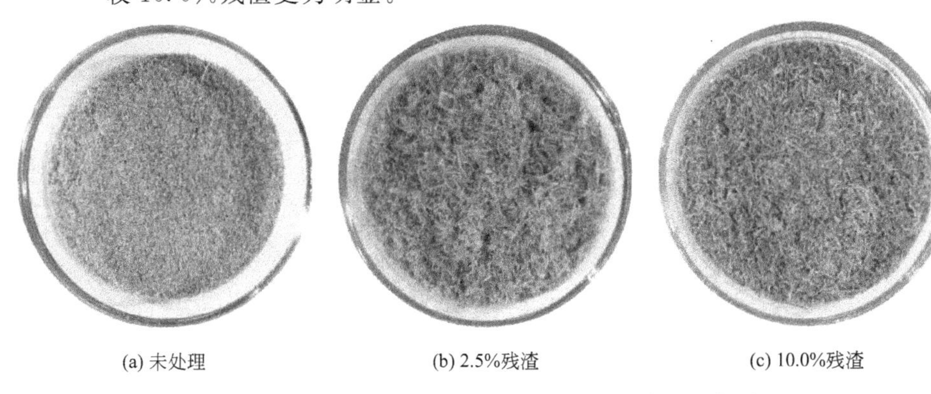

(a) 未处理　　(b) 2.5%残渣　　(c) 10.0%残渣

图 5.30　预处理后稻草残渣和未处理稻草的表观变化对比

通过观察两种瘤胃液预处理后稻草残渣和未处理稻草的SEM图（图5.31），可见未处理的稻草表面比较致密、光滑、平整。经瘤胃液预处理后，稻草残渣表面变得粗糙，出现明显大小不一的侵蚀槽，说明瘤胃微生物对纤维素和半纤维素成分进行了降解。2.5%残渣较10.0%残渣的侵蚀作用更明显，表明瘤胃微生物在低底物浓度下对稻草原料具有更强的降解和渗透能力。

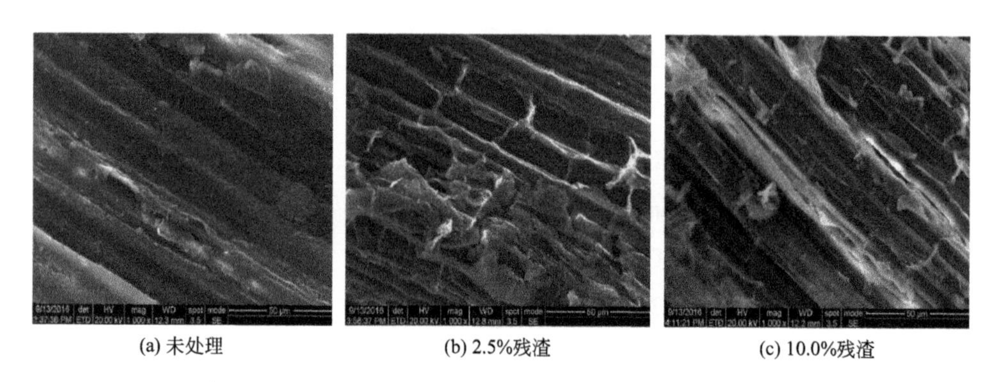

(a) 未处理　(b) 2.5%残渣　(c) 10.0%残渣

图5.31　预处理后稻草残渣和未处理稻草的扫描电镜图对比

5.6.2 瘤胃液预处理后稻草残渣的化学成分

2.5%残渣和10.0%残渣的化学成分如表5.9所示，经预处理后稻草残渣的纤维素含量为36.2%～41.7%，较高的纤维素含量说明稻草残渣仍然能够进行生物能生产，因为纤维素含量越高能够产生的可发酵糖越多[302]。

由表5.9可知，2.5%残渣的纤维素、半纤维素含量较未处理稻草均降低，分别降低了7.4%和27.2%。而10.0%残渣的纤维素含量增加了6.6%，半纤维素降低了6.3%。2.5%残渣中低纤维素和半纤维素含量说明底物浓度在2.5%条件下瘤胃微生物对稻草的降解度较高，更多的纤维素和半纤维素被水解为发酵代谢产物。而10.0%残渣中纤维素含量较高，造成这种现象的原因可能是：

① 高底物浓度下的低pH环境使瘤胃微生物活性受到抑制，对纤维素的降解不彻底。

② 稻草中其他成分，如半纤维素和可溶性成分（可溶性糖和蛋白质等）显著降低（表5.9），导致纤维素相对含量升高。

③ 稻草长时间浸泡在高浓度挥发性脂肪酸溶液中，可能具有酸预处理效果。

由于高底物浓度下稻草残渣中含有较高纤维素和较低半纤维素含量，故可作为一种生产乙醇的理想原料。

表 5.9　预处理后稻草残渣和未处理稻草的化学成分

化学成分	样品		
	未处理	2.5%残渣	10.0%残渣
纤维素/%	39.1±0.4	36.2±1.0	41.7±1.1
半纤维素/%	28.3±0.1	20.6±0.7	26.5±0.3
木质素/%	7.6±0.6	10.3±0.3	9.4±0.2
可溶性部分/%	11.4±0.2	1.8±0.0	2.3±0.0

5.6.3　瘤胃液预处理后稻草残渣的结构

红外光谱可以用来表征稻草经瘤胃液预处理后其组分（纤维素、半纤维素和木质素）的结构变化，对未处理稻草、2.5%残渣和10.0%残渣进行红外光谱分析，其光谱图如图 5.32 所示。1647cm^{-1}处的特征峰代表半纤维素吸附水形成的弯曲振动，因为半纤维素通常对水有很强的亲和力[303]；稻草原料在 1647cm^{-1}处有明显的吸收峰，经瘤胃液预处理后，此处的吸收峰强度减弱，说明稻草原料中有较多的半纤维素被瘤胃微生物降解，导致稻草残渣中的半纤维素含量降低。1505cm^{-1}处的特征峰表示

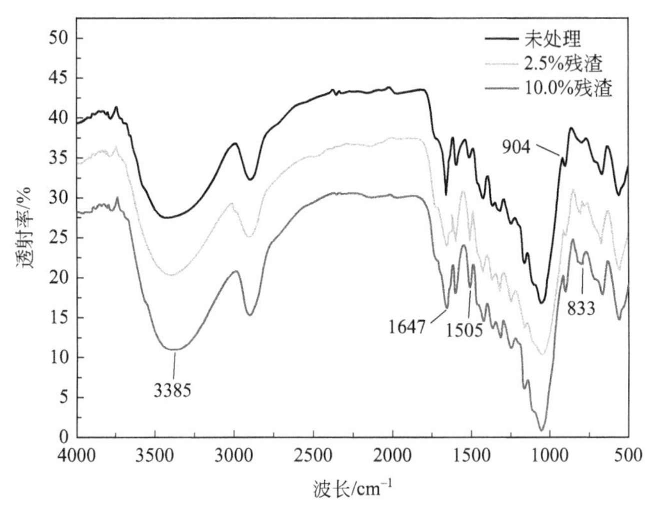

图 5.32　预处理后稻草残渣和未处理稻草的红外光谱图

木质素芳环 C=C 的伸缩振动，833cm^{-1}处的特征峰表示木质素芳环C—H面外伸缩振动[304]，经瘤胃液预处理后稻草残渣在 1505cm^{-1}和 833cm^{-1}两处的吸收峰都明显增强，因为稻草原料中的半纤维素和纤维素被瘤胃微生物降解，使瘤胃液预处理后残渣中木质素的相对含量增加。位于 904cm^{-1}处的峰值代表纤维素内 β-D 葡萄糖苷的特征峰[305]。未处理稻草与 10.0%残渣样品中均有明显的 β-D 葡萄糖苷特征吸收峰，后者更为明显，说明在高底物浓度下瘤胃微生物对纤维素的降解较少，半纤维素和可溶性成分的溶解导致残渣中的纤维素含量升高，2.5%残渣样品的特征峰明显减弱，表明低底物浓度下瘤胃微生物降解了较多的纤维素，与表 5.9 的结果一致。另外，在 3550～3200cm^{-1}范围内的较宽峰代表纤维素内氢键的伸缩振动[306]，在 3385cm^{-1}处的峰值变化规律与 β-D 葡萄糖苷特征吸收峰相同，从另一个方面反映了三种样品中纤维素含量的变化。

5.6.4 瘤胃液预处理后稻草残渣的结晶度

结晶度可以用来表征结晶纤维素在木质纤维素原料中的比例，原料的成分和结构的改变可影响其结晶度[307]，对未处理稻草、2.5%残渣和 10.0%残渣进行 X 射线衍射分析，结果如图 5.33 所示。依据 Segal 公式计算结晶度，结果如表 5.10 所示。由图 5.33 可以看出，三种样品在非晶区 $2\theta=18.0°$和结晶区 $2\theta=22.6°$的峰强有所不同。通过结晶度计算，发

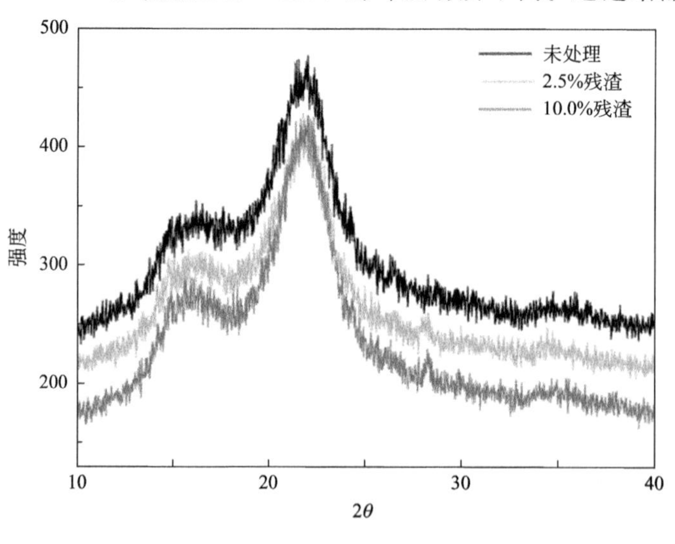

图 5.33 预处理后稻草残渣和未处理稻草的 X 射线晶体衍射图谱

现未处理稻草的结晶度为 41.6%，经过瘤胃液预处理后，10.0%残渣样品的结晶度上升至 43.4%，可能是瘤胃液预处理过程中，一部分非结晶物质（如半纤维素和一些可溶性多糖）溶解，引起结晶纤维素含量的增加所致[255]。相反，2.5%残渣样品的结晶度由未处理稻草的 41.6%降低为 38.5%，在低底物浓度下，较多的结晶纤维素被瘤胃微生物降解，导致其含量降低。另外，非结晶物质（木质素）含量明显增高，这些原因都可能导致其结晶度下降。虽然 2.5%残渣样品中有更多的结晶纤维素被降解，但纤维素特征衍射峰的强度依然较高（图 5.33），说明 2.5%残渣样品中仍含有一定量的纤维素。

表 5.10　预处理后稻草残渣和未处理稻草的纤维素结晶度

样品	未处理	2.5%残渣	10.0%残渣
Cr*I*/%	41.6	38.5	43.4

本章研究了底物浓度对稻草瘤胃液预处理效率及后续甲烷发酵的影响，通过对比 4 种底物浓度（1.0%、2.5%、5.0%和 10.0%）对瘤胃液预处理效率及后续甲烷产量的影响，得到以下结论：

① 1.0%～10.0%的底物浓度适用于稻草瘤胃液预处理促进后续产甲烷。

② VFA 产量随着底物浓度增加而降低，当底物浓度大于 5.0%时，VFA 产量下降更为明显。高底物浓度条件下生成大量 VFA，可使发酵液 pH 快速下降，进而使降解纤维素的瘤胃微生物受到抑制。4 种底物浓度下，乙酸和丙酸都是 VFA 的主要组分，两者约占总 VFA 的 85%以上，其中乙酸所占比例随底物浓度的增加而降低，而丙酸所占比例则随底物浓度的增加而升高，过高的丙酸浓度可抑制后续的产甲烷古细菌的活性。

③ 稻草干重、纤维素、半纤维素的降解率随底物浓度的增大而降低，当底物浓度大于 5.0%时，三者的降解率明显降低，瘤胃微生物降解半纤维素的能力强于降解纤维素。

④ 瘤胃微生物利用稻草中碳水化合物生成 VFA 的同时，伴有 CO_2 产生，预处理过程中生物气的主要成分为 CO_2（>70%），其次是 CH_4（<20%）。随底物浓度的降低，CO_2 产量逐渐增加，可造成较多的碳损失，导致较少的有机碳用于后续甲烷发酵。

⑤ 将瘤胃液预处理样品作为原料进行 40d 甲烷发酵，发现最佳瘤胃液预处理时间在 12～24h 之间。在最佳瘤胃液预处理时间下，4 种底物浓度的稻草经瘤胃液预处理后，甲烷产量较对照均有明显升高。2.5%底物浓度下甲烷产量最高，为 265.3mL/gVS，较对照提高了近 88.9%；1.0%底物浓度下的甲烷产量为 247.8mL/gVS，较对照提高了 62.7%；10%底物浓度下甲烷产量最低（192.3mL/gVS），较对照仅提高了 14.3%。当底物浓度介于 1.0%～5.0%时，瘤胃液预处理可以明显提高产甲烷速率。

采用 Illumina Miseq 高通量测序技术，重点考察瘤胃液预处理过程中预处理时间和底物浓度对瘤胃细菌群落结构的影响，并对细菌群落结构变化的原因进行了深入分析，同时考察瘤胃液预处理后稻草的化学成分及物理结构变化，具体结论如下：

① 通过高通量测序分析可知，瘤胃液预处理时间和底物浓度会对瘤胃细菌群落结构产生影响，初始瘤胃液的细菌群落多样性最丰富，预处理时间延长和底物浓度提高均可降低瘤胃细菌的多样性，其中底物浓度的影响更明显。

② 细菌群落的差异性分析表明，瘤胃液预处理前 48h 样品（T0～T48）的细菌群落较为相似，与预处理 72h 后样品（T72 和 T96）的细菌群落存在明显差异；高底物浓度下样品的细菌群落相似（C5.0 和 C10.0），且与低底物浓度下样品（C1.0 和 C2.5）之间存在明显差异。

③ 通过对细菌群落在门、科、属水平上分类发现，当瘤胃液预处理时间大于 72h 时，拟杆菌门 BS11 科和厚壁菌门 Ruminococcaceae（瘤胃菌科）的比例下降；当底物浓度高于 5.0%时，拟杆菌门 Prevotellaceae（普雷沃氏菌科）和 Unclassified Bacteroidales 科、厚壁菌门 Ruminococcaceae（瘤胃菌科）和 Clostridiaceae（梭菌科）、纤维杆菌门 Fibrobacteraceae（纤维杆菌科）的比例下降。其中，瘤胃菌科 *Ruminococcus*（瘤胃球菌属）和 *Ruminiclostridium*（瘤胃梭菌属）、梭菌科 *Clostridium*（梭菌属），以及纤维杆菌科 *Fibrobacter*（纤维杆菌属）具有纤维素或半纤维素降解能力，说明底物浓度较瘤胃液预处理时间更明显影响瘤胃细菌对稻草的降解效果。

④ 选用两种残渣（2.5%残渣和 10.0%残渣）分别代表低底物浓度和高底物浓度下瘤胃液预处理的稻草残渣。SEM 观察发现预处理后光滑平

整的稻草原料表面出现大小不一的侵蚀槽，2.5%残渣更明显。残渣组分分析表明，稻草经瘤胃液预处理后，2.5%残渣的纤维素和半纤维素含量较未处理降低了 7.4%和 27.2%，而 10.0%残渣的纤维素含量升高了6.6%、半纤维素含量降低了 6.3%，说明低底物浓度下瘤胃微生物对稻草的降解更彻底。10.0%残渣具有较高纤维素和较低半纤维素含量，可进一步利用生产乙醇。红外光谱分析的不同特征吸收峰变化和 XRD 分析的结晶度变化，明确了稻草瘤胃液预处理前后各组分含量的变化。

第6章

白腐真菌预处理促进沼渣发酵产酸

作为一种有效且相对简单的生物技术，厌氧消化在全世界木质纤维素废弃物稳定化、资源化与减量化中得到广泛应用。但木质纤维素类生物质中顽固性纤维物质和复杂聚合物的存在导致传统厌氧消化工艺对木质纤维素类生物质的降解率仅有30%～50%[177]。沼渣是厌氧消化后通过脱水得到的固体消化物。沼渣中仍然含有大量可生物降解有机物，由于木质素的包裹作用，这些有机物（如纤维素等）在厌氧消化过程中未被充分转化成生物能源。通常人们认为沼渣可生化性差，不适于利用生物技术进一步转化为具有更高附加值的生物能源。因此，沼渣主要被用作土壤改良剂或直接焚烧，产品附加值不高[308]。如何合理有效处理沼渣，进一步提升沼渣的可生化性，对于提高木质纤维素类生物质在厌氧消化过程中的转化率具有重要作用。

研究表明，白腐真菌对高木质素有机物具有良好的预处理效果，适宜的白腐真菌可选择性降解木质素，调节底物的理化性质。利用有效的白腐真菌预处理沼渣，能否实现沼渣的深度利用，具有重要的理论和实践意义。尽管有少量研究者提出，牛粪厌氧消化后的沼渣可进一步生产乙醇和甲烷[309,310]，但是以木质纤维素类生物质厌氧消化后沼渣为原料，特别是利用白腐真菌预处理促进其发酵产酸的研究未见报道。

本章以木质纤维素类生物质厌氧消化沼渣为原料，探究白腐真菌预处理对沼渣厌氧发酵产酸的影响，考察真菌预处理后厌氧发酵的VFA产率、组分分布。通过分析预处理过程中真菌的生长、沼渣pH、沼渣成分和形态变化及真菌降解木质素酶的释放，进一步探究白腐真菌预处理促进产酸的机理。

6.1 实验材料与方法

实验使用的主要仪器设备信息同表3.1。所用试剂同3.1节，除高效液相色谱分析中使用的试剂为色谱纯外，实验使用的化学试剂均为分析纯。

(1) 沼渣来源与性质

实验所用沼渣取自荷兰Waalwijk市某厌氧消化厂，该厂采用中温-高温两相厌氧消化工艺，处理农业废弃物和城市垃圾。沼渣基本性质见表6.1。样品采集后于60℃烘箱内烘干24h至恒重，切至2～3cm长，保存于4℃冰箱供后续使用。

表6.1 沼渣的基本性质

参数	沼渣
TS①/(g/kg)	296.3±0.2
VS①/(g/kg)	257.1±0.2
VS/TS/%	86.8±0.1
总碳②/%	44.1±0.5
总氮②/%	2.4±0.3
碳氮比	18.2±0.3
总磷②/%	0.95±0.02
纤维素②/%	18.1±0.3
半纤维素②/%	14.6±0.5
木质素②/%	31.1±0.4

① 表示湿重。

② 表示干重。

(2) 白腐真菌菌株

白腐真菌 *Pleurotus sajor-caju*（*P. sajor-caju*，strain MES 03464）及 *Trametes versicolor*（*T. versicolor*，strain MES 11914）均取自荷兰瓦赫宁根大学植物培育系实验室（Department of Plant Breeding，Wageningen University），于4℃保种于麦芽浸出液培养基。

(3) 厌氧接种污泥

实验用接种污泥同3.2.1实验材料与方法，厌氧发酵接种污泥。

(4) 白腐真菌培养与接种

白腐真菌的传代、培养与接种方法同3.2.1实验材料与方法，白腐真菌菌株。

(5) 白腐真菌预处理固体沼渣方法

白腐真菌预处理实验在1.2L的聚丙烯耐高压灭菌容器中进行。称取约100g烘干的沼渣至聚丙烯容器后在121℃下高压灭菌1h。当容器内温度降至室温后，向容器中按质量比0.1投加长有菌丝的高粱小球，充分晃动。封好具有滤网的盖子后，转移样品至恒温恒湿培养箱，在温度25℃、湿度75%的条件下培养6周。每周在不同点均匀取样分析各项指标。预处理结束后将沼渣于60℃下烘干至恒重，备用。所有样品均重复分析三次，取平均值作为测试结果。

(6) 批式厌氧发酵实验

沼渣经真菌预处理后进行厌氧发酵。批式反应瓶总体积500mL，实验体积400mL，总固体浓度（TS）设为15%。接种污泥按照$TS_{接种物}/TS_{底物}=2$的比例投加。为抑制甲烷产生，在厌氧发酵前向各反应瓶中投加19mmol/L的2-溴乙基磺酸钠。设置自动搅拌转速为180r/min，每运行6min，间歇30s，温度维持在(35±1)℃。实验前向反应瓶中充氮气5min，确保发酵过程处于厌氧环境。将只经过高压灭菌沼渣的反应瓶作为对照组，只投加接种污泥的厌氧反应瓶作为空白组。VFA产率计算参照式(3.3)。

(7) 分析方法

本实验主要的特性参数包括TS、VS、pH、麦角固醇含量、胞外木质纤维素降解酶活性、VFA等，并对样品进行扫描电镜观察。

傅里叶红外光谱分析方法如下：待测样品在105℃下烘干8h后，研磨均匀，利用Nicolet Impact 400傅里叶红外光谱仪在4000～600cm^{-1}波长段范围扫描，光谱分辨率为4cm^{-1}。

6.2 白腐真菌预处理对沼渣厌氧发酵效果的影响

6.2.1 白腐真菌预处理对沼渣发酵VFA产率的影响

沼渣厌氧发酵过程中发酵液VFA的产率变化见图6.1。随着发酵过程的进行，原始底物的发酵液 VFA 产率逐渐增加，但最大 VFA 产率仅有 107mgCOD/gVS添加。该 VFA 产率虽然较低，但由于沼渣已经进行过一次厌氧消化，有很多有机物被降解并转化成甲烷，该 VFA 产率在合理范围内。经高压灭菌的沼渣达到的最大 VFA 产率为 110mgCOD/gVS添加，与原始底物的 VFA 产率相比未有明显差异，表明高压灭菌过程对 VFA 产率没有明显影响。

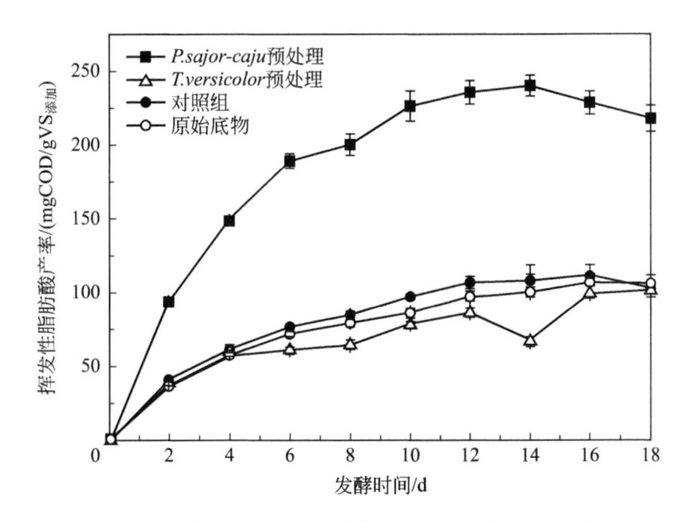

图 6.1 真菌预处理对固体沼渣 VFA 产率的影响

经真菌 *P. sajor-caju* 预处理后，沼渣的产酸能力显著提升。经过 14d 厌氧发酵，VFA 产率达到最大值，约为 240mgCOD/gVS添加，与对照组和原始底物的最大 VFA 产率相比，分别提高了 1.17 和 1.24 倍。随着发酵过程的继续进行，可能由于有甲烷生成，VFA 产率在发酵结束时下降到 217mgCOD/gVS添加。与 *P. sajor-caju* 不同，经真菌 *T. versicolor* 预处理后，沼渣的最大 VFA 产率为 101mgCOD/gVS添加，与对照组和原始底物相比，甚至分别降低了约 9%和 6%。其他研究者也观察到类似的结果。Tuyen 等[195]报道 *T. versicolor* 预处理小麦秸秆后导致厌氧消化的产气量降低，与高压灭菌样品相比，产气量下降了约 20%。其原因在于 *T. versicolor* 预处理过程中同时降解了木质素和纤维素，且降解纤维素的速率大于降解木质素的速率，导致厌氧消化过程中可被转化的有机物量（如纤维素）减少。

表 6.2 对比了实验结果与其他未经过厌氧消化或真菌预处理生物质发

酵 VFA 产率的结果。实验中沼渣经真菌 *P. sajor-caju* 预处理后的 VFA 产率与许多未经过厌氧消化过程生物质的 VFA 产率类似，甚至更高。例如，Liu 等[311]报道活性污泥经高温预处理后进行发酵，最大 VFA 产率为 224mgCOD/gVS，低于实验经真菌 *P. sajor-caju* 预处理后沼渣的最大 VFA 产率。因此，利用真菌 *P. sajor-caju* 预处理木质纤维素类生物质厌氧消化沼渣是一种非常具有发展潜力的新型预处理方法，采用这种方法预处理的沼渣具有较强的厌氧可生化性，可显著促进沼渣的 VFA 生产。

表 6.2　真菌预处理沼渣和其他未经厌氧消化过程生物质产酸率比较

发酵底物	主要成分			预处理方法	厌氧发酵运行条件	最大 VFA 产率	参考文献
	纤维素	半纤维素	木质素				
cattail、typha latifolia	28.3	11.0	13.5	—	25℃，pH=12	127mg VFA/gDM	[66]
小麦	41.1	27.4	24.7	—	35℃，无 pH 控制	141mg COD/gTS	[67]
甘蔗渣	—	—	18.77	球磨-石灰预处理	55℃，pH=7	360mg VFA/gVS	[201]
活性污泥	—	—	—	热预处理	35℃，初始 pH=6	224mg VFA/gVS	[311]
沼渣	18.1	14.6	31.1	真菌预处理（*P. sajor-caju*）	30℃，无 pH 控制	240mg COD/gVS	实验

注：DM=dry matter（干重）。

高效的厌氧发酵过程不仅需要较高的 VFA 产率，尽量少的化学品投入可使其更具有竞争力。但 VFA 的累积可导致 pH 下降，维持发酵系统 pH 在适宜的范围对于厌氧发酵过程具有重要作用。因此，如果发酵体系内碱度和缓冲能力较弱，往往需要通过投加碱性化学试剂来维持发酵系统的 pH。该研究发现，所有发酵系统的初始 pH 均在 7.8～8.3。原始底物、高压灭菌后、*P. sajor-caju* 预处理和 *T. versicolor* 预处理沼渣在经过厌氧发酵后 pH 分别为 6.1、6.8、6.4 和 6.6。经过厌氧发酵，经 *P. sajor-caju* 预处理沼渣的发酵系统 pH 最低，可能是因为发酵过程中有更多的 VFA 产生。但是所有发酵系统的 pH 均始终高于 6.0。据报道，当消化系统 pH 低于 6.0 时，纤维素降解菌将无法保持活性，整个系统趋于崩溃[181]。因此，真菌预处理沼渣的发酵产酸过程中无须投加碱液控制pH，即可使发酵反应顺利进行。

6.2.2 白腐真菌预处理对固体沼渣发酵液中 VFA 组分的影响

厌氧发酵液中 VFA 的组分对提取 VFA 及其后续利用具有重要影响。除了发酵产酸效率，有必要对发酵液中 VFA 的组分分布特征进行分析[48]。实验中共测得 5 种 VFA 组分，分别为乙酸、丙酸、丁酸、戊酸和己酸。如图 6.2 所示，在所有系统发酵结束后，乙酸含量在发酵液 VFA 中的比例均最高，其含量达到 47%以上。其次是丙酸，在所有发酵液 VFA 中占比达到 23%以上。丁酸和戊酸在发酵液 VFA 中含量均在 15%左右；己酸含量最低，其在发酵液 VFA 中的占比低于 2%。

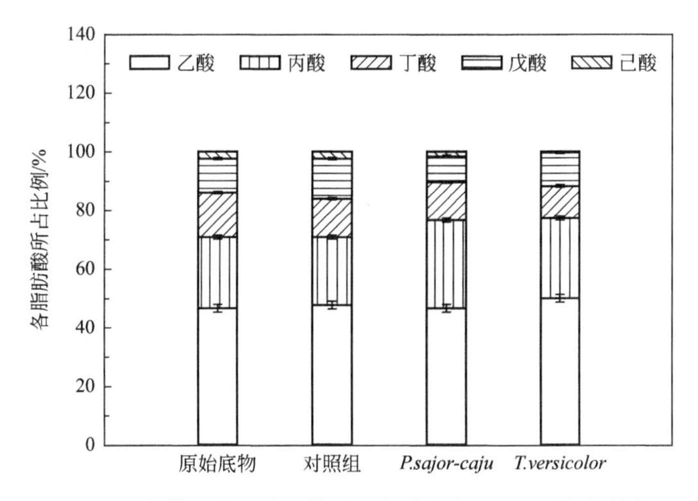

图 6.2 真菌预处理对固体沼渣发酵液中 VFA 组分的影响

值得注意的是，沼渣经过 *P. sajor-caju* 和 *T. versicolor* 真菌预处理后，丙酸的含量分别上升到 30%和 27%，同时戊酸含量下降，表明链延长反应在预处理后的发酵过程中减弱[9]。而乙酸含量在预处理后未发生明显变化。乙酸和丙酸含量在所有发酵系统中均达到 70%以上，是沼渣厌氧发酵的主要产物，经 *P. sajor-caju* 真菌预处理后发酵液中乙酸和丙酸含量达到 78%，其中，与原始底物相比，丙酸含量提高 7%。具有高含量乙酸和丙酸的发酵产物，适宜作为污水生物脱氮工艺中的反硝化碳源[47]。

6.2.3 氮磷在厌氧发酵过程中的释放

真菌 *P. sajor-caju* 预处理显著提升了沼渣发酵的 VFA 产率，但氮磷在发酵过程中也被释放出来。如表 6.3 所示，经 18d 厌氧发酵后，发酵液中氨氮浓度处于 1067～1121mg/L 之间，对应氨氮释放率为 9.34～13.88mg/gVS$_{添加}$。厌氧发酵后发酵液中磷酸盐浓度达到 314.0～336.0mg/L，对应磷酸盐释放率为 0.92～1.59mg/gVS$_{添加}$。发酵液中的氨氮大多来自有机物的水解，部分来自接种污泥的降解释放。在实际应用于污水脱氮除磷工艺中时，可将发酵液直接投加到反硝化过程作为补充碳源，也可以先分离氮磷，减轻后续脱氮除磷压力。为了更加高效利用 VFA 发酵液及尽可能回收资源，回收鸟粪石、氨吹脱等工艺可以用于发酵液的氮磷分离和回收[221]。

表 6.3 沼渣发酵后氮磷溶出

沼渣底物	NH_4^+-N 浓度/(mg/L)	PO_4^{3-}-P 浓度/(mg/L)	NH_4^+-N 产率/(mg/gVS$_{添加}$)	PO_4^{3-}-P 产率/(mg/gVS$_{添加}$)
原始底物	1067±21	314.0±2.4	9.34±1.31	1.13±0.17
高压灭菌后	1056±18	328.0±3.8	8.37±0.83	0.92±0.21
P. sajor-caju 预处理	1121±29	336.0±4.0	13.88±1.78	1.59±0.29
T. versicolor 预处理	1085±19	334.0±1.8	10.80±0.98	1.42±0.36

6.3 白腐真菌预处理沼渣的机理分析

6.3.1 预处理过程中白腐真菌在沼渣上的生长

真菌有效预处理的必要条件是真菌能够在沼渣基质上良好生长。整个预处理阶段，肉眼即可观察到沼渣表面逐渐长满白色菌丝，随着预处理进行，白色菌丝逐渐增多。图 6.3 是真菌预处理后，沼渣上长满白腐真菌的图片。

为了更好地了解真菌生长，实验考察了预处理期间两种真菌在沼渣中

(a) P.sajor-caju预处理

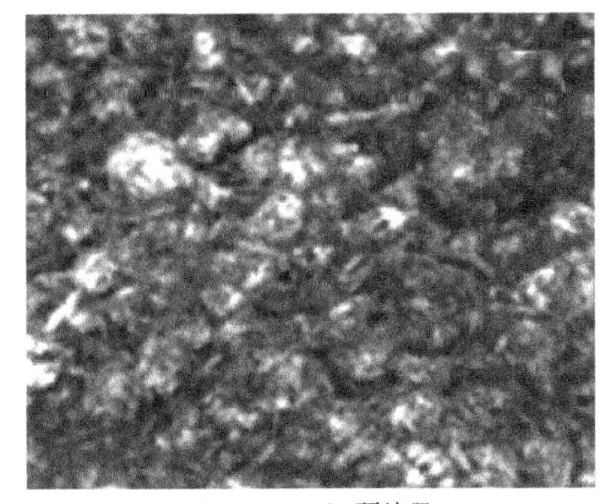
(b) T.versicolor预处理

图 6.3 预处理后真菌在沼渣中生长的照片

的麦角固醇含量变化，用于定量评价真菌的生长情况。如图 6.4 所示，麦角固醇含量在两种真菌预处理的沼渣中均被检测到，验证了两种真菌均可以在沼渣中生长。*P. sajor-caju* 预处理的沼渣中麦角固醇含量在预处理前 1 周显著增加，但从第 2 周到第 4 周，麦角固醇含量稍有下降，之后又逐渐增加。预处理 6 周结束时，*P. sajor-caju* 预处理的沼渣中麦角固醇含量为 194mg/kgTS，这一数值高于之前类似的报道，可能由底物的不同性质造成。

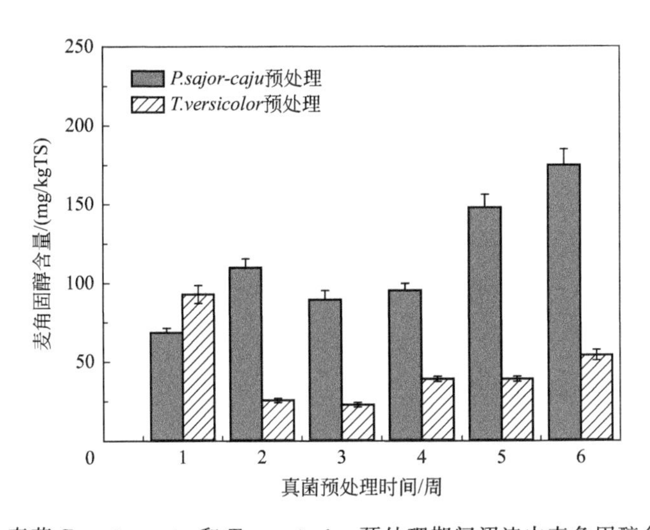

图 6.4 真菌 *P. sajor-caju* 和 *T. versicolor* 预处理期间沼渣中麦角固醇含量变化

van Kuijk 等[215]曾发现同一类菌株（*P. ostreatus*）接种于小麦秸秆 6 周后，麦角固醇含量为 120mg/kgTS。而 *T. versicolor* 在预处理沼渣时麦角固醇含量的变化趋势与*P. sajor-caju*并不一致。*T. versicolor*预处理的沼渣中麦角固醇含量在接种第1周显著增加，达到95.65mg/kgTS，之后麦角固醇含量在第2周下降至22.18mg/kgTS，之后缓慢增加，直到第6周真菌预处理结束时增加至47mg/kgTS。据报道，真菌的生长阶段可影响麦角固醇的含量，但是真菌的生长状况同木质纤维素类生物质的降解并不总呈正相关关系[211,215]。

6.3.2 白腐真菌预处理对沼渣木质纤维素组分的影响

真菌的生长伴随着木质纤维素成分的降解和含量变化，它们的变化对于厌氧消化过程具有重要的影响。真菌预处理对沼渣木质纤维素组分的影响如表6.4所示。由表6.4可知，高压灭菌过程对沼渣木质纤维素组分具有明显的影响。经过高压灭菌后的沼渣中纤维素、半纤维素和木质素的含量之和由原始底物的63.8%上升到83.6%，表明高压灭菌后沼渣中的部分灰分被去除或溶解。

表6.4 真菌预处理前后沼渣木质纤维素组分的变化

沼渣底物	纤维素（干重）/%	半纤维素（干重）/%	木质素（干重）/%	纤维素/木质素
原始底物	18.1±0.3	14.6±0.5	31.1±0.4	0.58
高压灭菌后	31.1±0.8	17.6±0.3	34.9±0.7	0.89
*P. sajor-caju*预处理	34.1±0.9	13.6±0.2	22.4±0.2	1.52
*T. versicolor*预处理	26.9±0.5	14.5±0.5	27.5±0.3	0.98

经过6周真菌预处理，经*P. sajor-caju*预处理的沼渣中木质素含量最低，为22.4%，与对照组和原始底物木质素含量相比，分别下降了约38%和28%。但经*T. versicolor*预处理的沼渣中木质素含量仅下降至27.5%，与对照组和原始底物木质素含量相比，分别下降了约21%和12%。该结果表明*P. sajor-caju*比*T. versicolor*具有更强的降解木质素能力，该作用有利于从沼渣中释放更多纤维素和半纤维素与厌氧细菌接触，并进一步促进发酵产酸过程[124]。与原始底物相比，经*P. sajor-caju*预处理的沼渣中纤维素含量由18.1%上升到34.1%。真菌预处理过程中纤维素不可避免的被真菌利用进行新陈代谢，其含量增加的原因可能在于

纤维素降解量远低于其他成分的降解量。但是，与 *P. sajor-caju* 相比，*T. versicolor* 预处理过程中降解木质素的能力较弱，但拥有更强的降解纤维素能力[195]，因此导致经 *T. versicolor* 预处理的沼渣其发酵液中 VFA 产率较低。图 6.5 所示生物红外光谱进一步显示，2922cm^{-1}左右处的吸收峰对应木质素中的甲基或亚甲基 C—H[312]，经过 *P. sajor-caju* 预处理后，沼渣该处的吸收峰下降，表明木质素在真菌预处理后被降解。同时 1033cm^{-1}左右处的吸收峰对应纤维素和半纤维素 C—O—C 官能团，在 *P. sajor-caju* 预处理后并未显著下降[313,314]，沼渣中半纤维素含量在预处理前后变化并不明显。

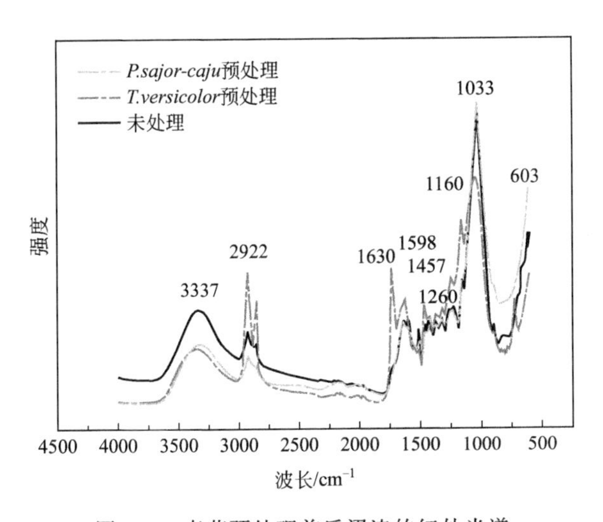

图 6.5 真菌预处理前后沼渣的红外光谱

纤维素和木质素含量的比值可用于评价底物的厌氧可生化性[315]。实验中，*P. sajor-caju* 预处理后，沼渣达到最大纤维素/木质素值，为 1.52。该结果表明在 *P. sajor-caju* 预处理过程中，沼渣中木质素的降解量多于纤维素的降解量。据报道，随着木质素降解率的提高，木质纤维素类生物质的厌氧可生化性随之提高[212,128]。*P. sajor-caju* 预处理可显著降解木质素，解除木质素对纤维素、半纤维素的束缚，不仅可保留大量纤维素作为后续厌氧消化细菌的反应基质，而且还提高了纤维素对纤维素酶结合位点的可用性[314,317]。在 *P. sajor-caju* 预处理沼渣过程中，选择性降解木质素是促进沼渣发酵 VFA 产率的原因之一。其他研究结果也证实 *P. sajor-caju* 预处理木质纤维素类生物质时，选择性降解木质素，进而促进底物厌氧消化特性[314,317]。

6.3.3 白腐真菌预处理过程中胞外木质素降解酶活性的变化

白腐真菌降解木质素的过程主要在胞外酶的催化氧化下进行。该研究中只检测到漆酶和MnP，并未检测到另一种常见的木质素降解酶LiP，结果如图6.6所示。据报道，*Pleurotus* 类白腐真菌，如 *P. sajor-caju*，并不能分泌LiP[318]。真菌接种一周后，漆酶和MnP在接种两种真菌的沼渣中均被检测到，该结果在之前相关文献报道中尚未见到。在接种 *T. versicolor* 的沼渣中检测到较高的漆酶活性，接种2周后漆酶活性达到最大值82.38U/gTS，表明漆酶在 *T. versicolor* 降解沼渣木质素的过程中

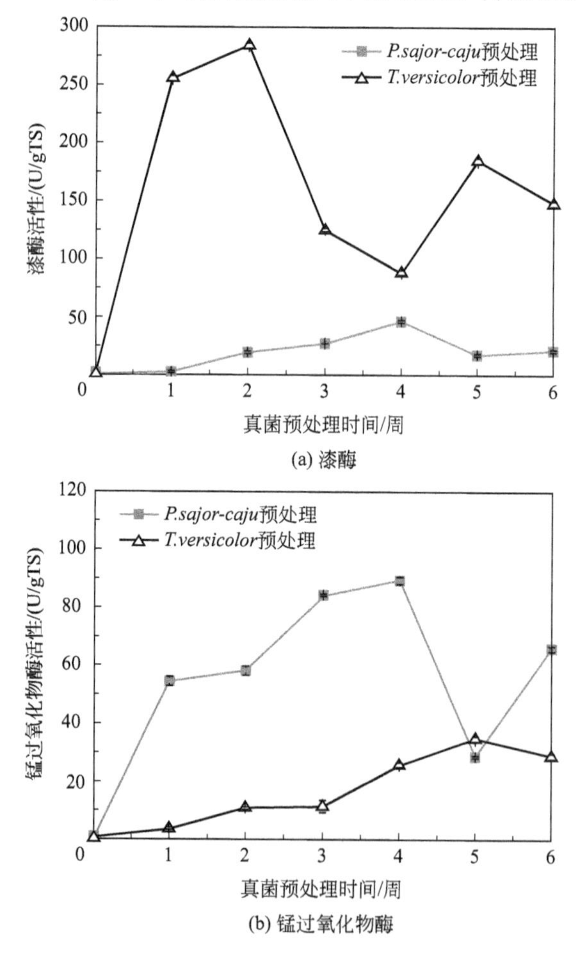

图6.6 两种真菌预处理过程中酶活性的变化

发挥主要作用。类似的，Baldrian 等[148]曾报道漆酶在 *T. versicolor* 降解木质素过程中起主要作用。此外，许多研究表明漆酶活性的增强与真菌生长具有一定的正相关性[319]。本实验中，预处理第 1 周，*T. versicolor* 在沼渣上的生长与漆酶活性的提高也具有对应关系。但是，漆酶活性在接种一周后快速下降。据报道，漆酶活性下降与真菌所在生长阶段有关。当接种的真菌生长到一定阶段后，真菌会通过调节自身营养需求继续生长，来满足自身生长对营养物质的需求，此时木质素降解酶会失活[318]。实验中，在 *P. sajor-caju* 预处理沼渣过程中，漆酶活性始终较低，最大值在预处理第 4 周时达到，仅为 13.25U/gTS。

MnP 可以有效分解芳香有机物和氯代有机物，是白腐真菌降解木质素重要的功能酶。如图 6.6(b) 所示，*P. sajor-caju* 预处理沼渣过程中，MnP 酶活在第 1 周显著增加，在第 2 周达到最大值 22.34U/gTS。但 *T. versicolor* 预处理沼渣过程中 MnP 酶活增加缓慢，在第 5 周达到最大值 10.36U/gTS，该数值不足 *P. sajor-caju* 预处理沼渣过程中 MnP 最大值的 50%，甚至低于 *P. sajor-caju* 接种第 1 周时的酶活值。

在真菌预处理沼渣过程中，MnP 活性的变化与 *P. sajor-caju* 预处理沼渣过程中的 pH 值下降相关，可能是由于 *P. sajor-caju* 降解过程中一些副产物，如草酸和烷基衣康酸等生成，这些酸同时又可以促进 Mn^{3+} 从活性位点释放，也可以通过螯合反应生成更多的 Mn^{3+}[320]。由于具有较高氧化还原电位，MnP 不仅能够降解低氧化还原电势的化合物，并且与漆酶相比，还能够氧化更顽固的芳香化合物。所以，MnP 具有更强的降解木质素能力。此外，另一种理论则证明降解过程中生成的一些小分子酸，如烷基衣康酸，可以抑制木质素降解释放的羟基自由基，减轻羟基自由基对纤维素的破坏[321]。这意味着 MnP 在预处理沼渣过程中能更有效地降解木质素，同时减少纤维素的损失，使 *P. sajor-caju* 预处理后的沼渣具有更高的纤维素/木质素，提高了后续厌氧发酵的 VFA 产率。显然，两种真菌降解木质素的机理并不相同，MnP 在 *P. sajor-caju* 预处理沼渣降解木质素过程中起主要作用，而 *T. versicolor* 预处理沼渣过程主要依靠漆酶的作用。由于漆酶降解木质素的能力较弱，而且漆酶可吸附并捆绑于纤维素，占据纤维素酶的位点，影响纤维素在厌氧发酵过程中的转化，这种特征对于沼渣厌氧发酵过程具有负面影响[137]。

6.3.4 沼渣表面形态

经过真菌预处理后，沼渣表面形态的扫描电镜照片如图 6.7 所示。

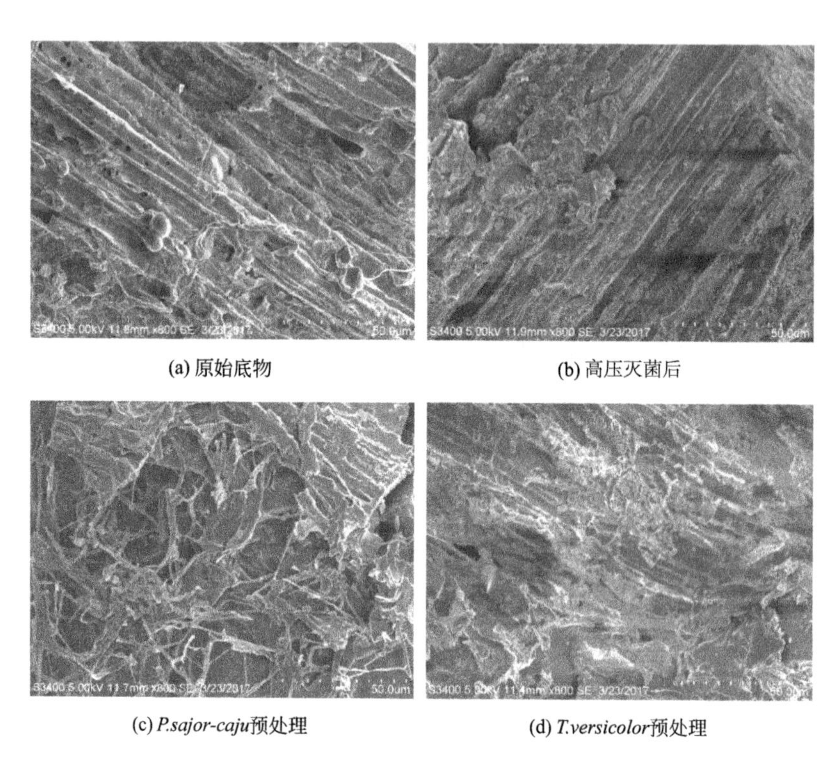

(a) 原始底物　(b) 高压灭菌后

(c) *P.sajor-caju*预处理　(d) *T.versicolor*预处理

图 6.7　沼渣扫描电镜图

由图 6.7(a) 可见，原始沼渣表面有许多小洞，可能由之前的厌氧消化过程中纤维素的降解形成，但是整体上沼渣仍表面紧实，具有较完整的结构。高压灭菌后导致沼渣表面变得粗糙。图 6.7(c) 和 (d) 显示有大量菌丝体附着在沼渣表面，部分菌丝穿透沼渣的木质纤维素结构，使沼渣结构遭到严重破坏。显然，图中显示真菌 *P. sajor-caju* 预处理对沼渣结构的破坏更加明显，可导致沼渣表面积和孔径均增大。该预处理结果可以促进后续厌氧微生物接触可利用的底物，同时允许生物酶进一步分解有机物并提高厌氧消化效率[308,48]。如图 6.7(d) 所示，相比于 *P. sajor-caju*，*T. versicolor* 预处理对沼渣结构的破坏程度较弱，并未明显增大其表面积，可能不能为酶促反应提供更多的反应位点，这可能也是

T. versicolor 预处理未能提升沼渣产酸效率的原因之一。

6.3.5 白腐真菌预处理过程中固体沼渣 pH 的变化

pH 对于真菌的新陈代谢具有重要影响，保持适宜的 pH 有利于真菌分泌酶，降解底物[123]。pH 在真菌预处理过程中的变化如图 6.8 所示。所有预处理系统中沼渣的初始 pH 均处于 6.6～6.9。在接种 1 周后，沼渣 pH 快速下降 1 个单位以上。此后，pH 在波动中缓慢下降。预处理 6 周后，接种 *P. sajor-caju* 和 *T. versicolor* 沼渣的 pH 分别为 4.9 和 4.7，处于白腐真菌生长和分泌木质素降解酶的适宜区间[322]。实验中 pH 的变化规律与之前的其他报道类似。Dong 等[323]发现甘蔗渣接种真菌 *P. ostreatus* 3 周后，pH 从 5.5 下降到 3.2。pH 的下降可能由木质素和半纤维素降解过程中产生的羧酸等小分子酸造成[324]。Chen 等[325]曾用 *P. chrysosporium* 降解云山木木质素，发现有 35%的降解产物为小分子芳香族羧酸。因此，实验中沼渣 pH 的降低可能也预示了沼渣在真菌预处理过程中被有效降解。

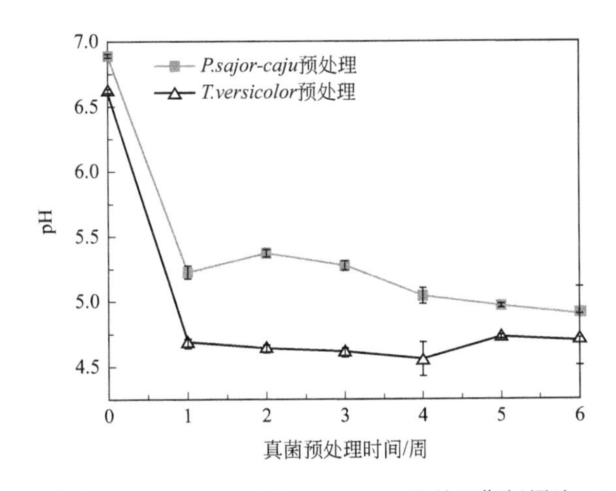

图 6.8　真菌 *P. sajor-caju* 和 *T. versicolor* 预处理期间沼渣 pH 变化

本章考察了白腐真菌 *P. sajor-caju* 和 *T. versicolor* 预处理厌氧发酵后沼渣（预处理条件：温度为 30℃，湿度为 75%，接种比为 10∶1，预处理时间为 6 周），以提高沼渣厌氧可生化性的可行性，提高其资源化利用的附加值。通过对比沼渣预处理前后厌氧发酵的 VFA 产率，发现两种白腐真菌预处理均对沼渣发酵产酸过程具有促进作用，但影响结果并不相同。此外，还考察了白腐真菌预处理过程中沼渣理化性质及真菌木质纤维素降解酶活性的变化，以探究白腐真菌预处理沼渣的作用机理，主要结论如下：

① *P. sajor-caju* 预处理可以促进沼渣发酵的 VFA 产率。结果显示，经 *P. sajor-caju* 预处理后，沼渣发酵的最大 VFA 产率为 240mgCOD/$gVS_{添加}$，与对照组和原始底物的最大 VFA 产率相比，分别提高了 1.17 和 1.24 倍。与 *P. sajor-caju* 不同，经真菌 *T. versicolor* 预处理后，沼渣发酵的最大 VFA 产率为 101mgCOD/$gVS_{添加}$，与对照组和原始底物相比，分别降低了 9%和 6%。

② 沼渣发酵的 VFA 组分中，乙酸和丙酸为主要产物，两者含量之和在总 VFA 中占比达到 70%以上。具有该特性的 VFA 产物适宜作为污水脱氮除磷工艺中的外加碳源。经过 *P. sajor-caju* 和 *T. versicolor* 真菌预处理后，沼渣发酵产物中乙酸和丙酸含量之和提升了 5%～7%，但不改变沼渣发酵类型。

③ 白腐真菌 *P. sajor-caju* 和 *T. versicolor* 在预处理阶段均能有效在沼渣中生长，但对沼渣理化性质影响不同。*P. sajor-caju* 比 *T. versicolor* 具有更强的降解沼渣中木质素的能力。*P. sajor-caju* 预处理后的沼渣中木质素含量最低，为 22.4%，与高压灭菌后和原始底物木质素含量相比，分别下降了约 38%和 28%。接种 *T. versicolor* 沼渣中的木质素含量仅下降至 27.5%，与对照组和原始底物木质素含量相比，分别下降了约 21%和 12%。此外，纤维素和木质素含量的比值表明，*P. sajor-caju* 预处理后沼渣的纤维素/木质素最大，说明在 *P. sajor-caju* 预处理过程中，沼渣中木质素降解量多于纤维素降解量，这种选择性降解木质素的功能，是后续提升沼渣发酵产酸效率的原因之一。但 *T. versicolor* 在预处理过程中不具备选择性，可同时降解大量的纤维素和木质素，对厌氧发酵过程具有负面影响。

④ 真菌预处理过程中木质素降解酶活性的变化规律表明，两种真菌降解木质素的机理并不相同。MnP 在 *P. sajor-caju* 预处理降解木质素过程中起主要作用。MnP 不仅具有较强的降解木质素能力，而且利用 MnP 降解木质素过程中产生的一些小分子酸，如烷基衣康酸，可抑制木质素降解释放的羟基自由基，从而减轻羟基自由基对纤维素的破坏。另外，在

T. versicolor 预处理沼渣过程中主要依靠漆酶的作用。但是漆酶降解木质素的能力较弱，而且漆酶可吸附并捆绑于纤维素，占据纤维素酶的位点，影响纤维素在厌氧发酵过程中的转化，这样的特征对于厌氧发酵过程具有负面影响。

⑤ 扫描电镜结果显示，真菌 *P. sajor-caju* 预处理可更加明显地破坏沼渣结构，导致沼渣表面积和孔径增大，促进后续厌氧微生物接触可利用的底物，并允许生物酶进一步分解有机物以提高厌氧消化的产酸效率。但是相比于 *P. sajor-caju*，*T. versicolor* 预处理对沼渣结构的破坏程度较弱，并未明显增大表面积，可能不能为酶反应提供更多的反应位点，这可能是 *T. versicolor* 预处理未提升沼渣产酸效率的原因之一。

第7章

微波-碱预处理、超声-碱预处理和球磨预处理方法对瘤胃液预处理稻草残渣产乙醇发酵的影响

前面的研究发现，稻草经瘤胃液预处理后可产生大量的VFA，剩余的固体残渣仍含有一定量的碳水化合物。这部分有机物再利用可生产高价、清洁的生物能源乙醇，减轻残渣处理和处置的额外环境负担，对废弃物能源化的可持续发展具有重要意义[113]。但固体残渣仍具有相对牢固的纤维结构，纤维素、半纤维素和木质素通过氢键和化学键连接，因此需要合适的预处理技术破坏这种顽固的结构[326]。常见的预处理主要是通过去除环绕在纤维素周围的半纤维素和木质素使更多的纤维素暴露出来，或通过减小颗粒粒径、增大比表面积促进酶与纤维素的接触，进而提高酶解效率[327]。

碱预处理被认为是一种有效去除木质素、破坏牢固纤维结构的有效方法[328]。为了提高预处理效率，许多研究者利用微波和超声波辅助碱预处理不同的木质纤维素。Zhu 等[153]利用微波辅助碱预处理小麦秸秆，酶解效率高于传统的热辅助碱处理。Jin 等[329]研究微波-碱对楸木木屑的酶解糖化影响，表明在最佳预处理条件下还原糖产量较对照增加了近682.1%。Silva 等[330]利用超声波辅助碱预处理甘蔗渣，总葡萄糖回收率高达95.8%。另外，通过球磨机械方法粉碎生物质也可提高木质纤维素原料的酶解效率。研究表明，球磨预处理可以有效减小生物质的颗粒大小、纤维素结晶度，使其内部结构更加分散[331]。球磨预处理甘蔗渣和水稻秸秆，葡萄糖回收率分别高达78.7%和89.4%[332,333]。更重要的是，在球磨预处理过程中无质量损失、无水解或发酵抑制物生成。上述研究表

明，微波-碱预处理（MAP）、超声-碱预处理（UAP）和球磨预处理（BMP）都能提高生物质的酶解效率，有利于乙醇生产。

本章主要对比了3种预处理方法（MAP、UAP和BMP）对2种稻草残渣（2.5%残渣和10.0%残渣）酶解效率和乙醇发酵的影响。此外，还通过研究稻草残渣预处理前后的组分及物理结构变化，解释不同预处理方法的作用机制。

7.1 实验材料与方法

实验所用材料为瘤胃液预处理后的稻草残渣（2.5%残渣和10.0%残渣）。

实验所用试剂为：纤维素酶（≥0.3U/mg，西格玛奥德里奇公司）、酿酒酵母菌（*Saccharomyces cerevisiae*，安琪公司）、氢氧化钠（NaOH，分析纯）、葡萄糖（$C_6H_{12}O_6$，分析纯）、酵母膏（yeast extract，生物专用）、蛋白胨（peptone，生物专用）、七水硫酸镁（$MgSO_4 \cdot 7H_2O$，分析纯）、磷酸氢二钾（K_2HPO_4，分析纯）、乙酸钠（CH_3COONa，分析纯）、3-甲基-1-苯基-2-吡唑啉-5-酮（$C_{10}H_{10}N_2O$，分析纯）、甲醇（CH_4O，分析纯）。

所用的实验仪器有：微波炉-LWMC-205（南京旋光科技有限公司，中国）、超声波细胞破碎仪-XO-1000D（南京顺马设备有限公司，中国）、行星球磨机-SXQM-1（长沙天创粉末设备有限公司，中国）、高效液相色谱仪-Agilent 1100（安捷伦公司，美国）、比表面积测定仪-NOVA2000（康塔公司，美国）。

（1）实验方法

① 稻草残渣预处理。

a. MAP：将60℃下烘干至恒重的稻草残渣浸泡在200mL浓度2%的NaOH溶液中，将装有稻草残渣和NaOH溶液的锥形瓶放入微波炉中，在700W条件下处理25min[333]。为了防止锥形瓶中水分的快速蒸发，在微波炉顶端加配冷凝管。预处理结束后取出锥形瓶，悬浮液经过滤后，得到的预处理样品用去离子水冲洗至pH为中性，然后在60℃下烘干至恒重，用于后续酶水解实验。

b. UAP：将烘干至恒重的稻草残渣 10g 放入盛有 200mL 浓度 2% NaOH 溶液的锥形瓶中，将超声仪的探针浸入液面以下超声处理 60min，超声功率设置为 300W，温度控制在 82℃[334]。得到的预处理样品用去离子水冲洗至 pH 为中性，然后在 60℃下烘干至恒重，用于后续酶水解实验。

c. BMP：将烘干至恒重的稻草残渣 24g，平均放入配有 4 个球磨罐（每个 250mL）的行星球磨机中，每个罐中装有直径为 8mm 的氧化锆小球 100g，并在 750r/min 的转速下运行 120min。磨碎后的稻草残渣直接用于后续酶水解实验。

② 酶水解。称取 1.0g 预处理样品置于 100mL 锥形瓶中，并加入 50mL 乙酸钠缓冲液（0.2mol/L，pH＝4.8），纤维素酶的投加量为 $30FPU/g_{固体}$，将锥形瓶置于 50℃恒温摇床中，转速设为 150r/min，反应时间为 48h。定时取水解液样品，并测定其葡萄糖含量。水解混合液用于后续乙醇发酵实验。

③ 乙醇发酵。首先将酿酒酵母菌（*Saccharomyces cerevisiae*）在 30℃液体培养基中培养 24h，培养基的成分为 50g/L 葡萄糖、5g/L 酵母膏、5g/L 蛋白胨、1g/L $MgSO_4 \cdot 7H_2O$ 和 1g/L K_2HPO_4。然后将接种酵母菌的悬浮液浓缩，其沉淀作为乙醇发酵的接种物，接种物与水解混合液的体积比为 1∶10。发酵实验在温度 30℃、转速 150r/min 的恒温摇床中进行 72h。定时取发酵液样品，并测定乙醇含量。

（2）分析方法

纤维素、半纤维素和木质素的测定详见 5.1。红外光谱和 X-射线衍射仪的测定见 5.1.2。比表面积的测定采用 NOVA 2000 型比表面积测定仪（康塔公司，美国）。

葡萄糖的测定采用 Agilent 1100 型高效液相色谱仪（安捷伦公司，美国），色谱柱为 ZORBAX Eclipse XDB-C18（150mm×4.6mm×5μm）；流动相为 0.1mol/L KH_2PO_4-NaOH 缓冲液（pH 6.8）-乙腈（83∶17）；柱温、流速、进样量分别设为 30℃、1mL/min、20μL。检测器为紫外检测器，波长设为 245nm。

葡萄糖在采用液相色谱测定前，需进行柱前衍生。具体步骤为：取 100μL 水解液与 100μL 的 PMP/甲醇溶液（0.5mol/L）混合，再加入

100μL浓度0.3mol/L的NaOH溶液。将溶液涡旋混合30s后于70℃下反应30min，冷却后，用50μL浓度0.3mol/L的HCl溶液中和，再加入100μL去离子水稀释均匀。用1mL的氯仿萃取，充分振荡后去除有机相（重复3次）。混合液经0.45μm微孔滤膜过滤后进行液相色谱分析[335]。

乙醇的测定采用配有FID火焰检测器和DB-FFAP柱（30m×0.25mm×0.25μm）的Agilent 6890N GC型气相色谱仪。分析条件为：进样口温度250℃，检测器温度300℃，载气氮气流速2.6mL/min。

总葡萄糖转化率、乙醇转化率和乙醇产量的计算公式如式(7.1)～式(7.3)：

$$\text{总葡萄糖转化率}/\% = \frac{m_1 c_1 V_1}{W \times 1.11 m_0 m_2} \tag{7.1}$$

$$\text{乙醇转化率}/\% = \frac{m_1 c_2 V_2}{W \times 1.11 \times 0.51 m_0 m_2} \tag{7.2}$$

$$\text{乙醇产量}/(\text{g}/\text{g}_{\text{残渣}}) = \frac{m_1 c_2 V_2}{m_0 m_2} \tag{7.3}$$

式中 m_0——预处理前残渣的干重，g；

m_1——预处理后残渣的干重，g；

m_2——用于酶水解反应的样品，g（m_2=1g）；

W——预处理前残渣中纤维素的含量，%；

c_1——酶解混合液中葡萄糖的浓度，mg/mL；

V_1——酶解混合液的体积，mL；

c_2——酵母发酵液中乙醇的浓度，mg/mL；

V_2——发酵液的体积，mL；

1.11——纤维素转化为葡萄糖的理论转化常数；

0.51——葡萄糖转化为乙醇的理论转化常数。

纤维素、半纤维素和木质素去除率的计算公式见式(7.4)：

$$\text{去除率}/\% = \frac{c_0 m_0 - c_1 m_1}{c_0 m_0} \tag{7.4}$$

式中 c_0——预处理前样品中半纤维素、纤维素、木质素的含量，%；

m_0——预处理前样品的干重，g；

c_1——预处理后样品中半纤维素、纤维素、木质素的含量，%；

m_1——预处理后样品的干重，g。

7.2 预处理前后稻草残渣的表观结构

图 7.1 表示预处理前后两种稻草残渣的外观图，可以观察到，稻草残渣经不同预处理后，样品的颜色、颗粒大小、结构的差异比较明显。经预处理后，稻草残渣的颜色明显变浅，微波-碱预处理后的样品颜色最浅。超声-碱和微波-碱预处理后的样品颗粒变小、结构蓬松，微波-碱预处理效果更为明显。球磨预处理后的样品呈粉末状聚集在一起。

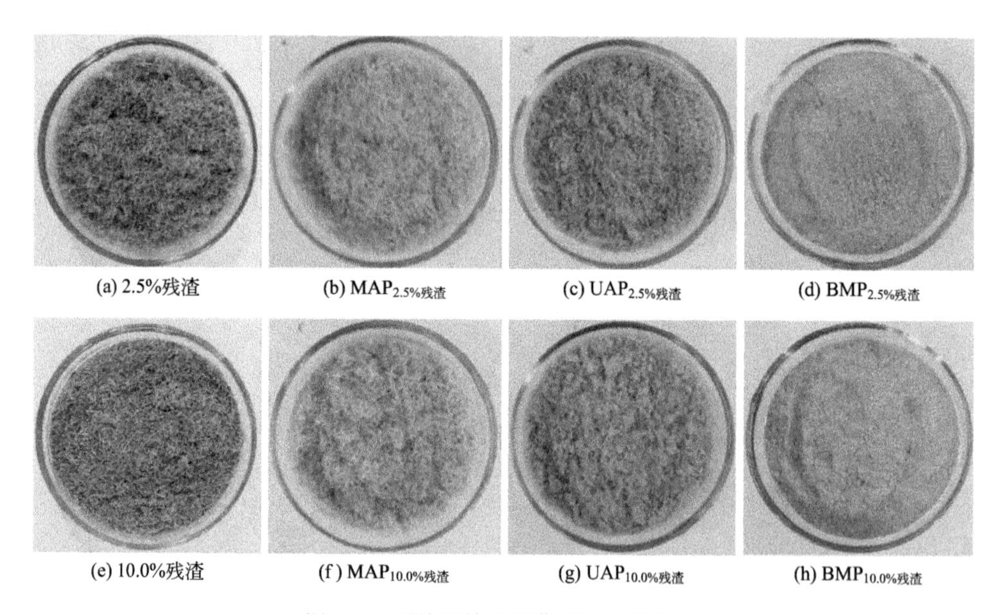

图 7.1　预处理前后稻草残渣的外观图

7.3 预处理前后稻草残渣主要成分变化

表 7.1 表示预处理对稻草残渣化学成分、去除率及干物质损失的影响。由表 7.1 可知，经微波-碱和超声-碱预处理后，10.0%残渣中纤维素、半纤维素和木质素的去除率以及干物质损失都高于 2.5%残渣，说明

低底物浓度下瘤胃微生物对稻草的降解率高，稻草中较易降解的成分被大部分利用，剩下的残渣可能更加顽固，不易被去除。

表 7.1 预处理对稻草残渣化学成分、去除率及干物质损失的影响

预处理	化学成分/%			去除率/%			干物质损失/%
	纤维素	半纤维素	木质素	纤维素	半纤维素	木质素	
2.5%残渣	36.2	20.6	10.3	—	—	—	—
$MAP_{2.5\%残渣}$	60.3	17.4	4.2	10.2	54.2	74.5	45.8
$UAP_{2.5\%残渣}$	54.2	21.1	5.6	9.6	37.8	63.4	39.3
$BMP_{2.5\%残渣}$	37.3	19.3	11.4	0	0	0	0
10.0%残渣	41.7	26.5	9.4	—	—	—	—
$MAP_{10.0\%残渣}$	71.7	18.3	3.6	13.2	64.9	82.7	49.2
$UAP_{10.0\%残渣}$	66.3	19.7	4.9	12.5	55.2	67.7	44.8
$BMP_{10.0\%残渣}$	40.9	25.4	8.7	0	0	0	0

很明显，微波-碱和超声-碱预处理都能够有效去除稻草残渣中的半纤维素和木质素。微波-碱预处理后，2.5%残渣中纤维素的含量由36.2%增加到60.3%，10.0%残渣中纤维素含量由41.7%增加到71.7%；而经超声-碱预处理后，纤维素含量增加的幅度较小，2.5%残渣和10.0%残渣中纤维素含量分别增加至54.2%和66.3%。与超声-碱预处理相比，微波-碱预处理去除了更多的木质素和半纤维素，导致纤维素含量相对增高，说明微波-碱预处理更有助于溶解稻草残渣中的木质素和半纤维素。微波能够渗透到生物质中，引起生物质内分子快速振动，导致温度急剧增加，同时可以破坏嵌于木质纤维素复杂结构上的分子间和分子内的氢键[336]，因此木质素和半纤维素的结构在微波-碱作用下更容易被破坏，使其内部的纤维素暴露出来，有利于提高酶解效率。而超声波则主要是通过空化气泡的破裂产生张力打开固体物质的表面[337]。从表7.1还可以看出，球磨预处理后，两种稻草残渣的成分没有明显改变，说明球磨预处理并不能破坏纤维素-半纤维素-木质素网状结构。然而球磨预处理可通过减小木质纤维素颗粒粒径，使生物质内部结构变得更为松散，达到促进生物质酶水解反应的目的[338]。

化学预处理的主要目的是尽可能去除更多的木质素，同时要防止纤维素的损失。由表 7.1 可见，尽管两种稻草残渣（2.5%残渣和 10.0%残渣）经微波-碱预处理后，木质素的去除率最高（74.5%和 82.7%），但也造成了一部分纤维素损失（10.2%和 13.2%），略高于超声-碱预处理导致的 9.6%和 12.5%纤维素损失。Zhu 等[153]在相似的预处理条件下发现，小麦秸秆经微波-碱预处理后，木质素的去除率高达 81.3%，却未发现有纤维素的损失。可能小麦秸秆中木质素含量（21.3%）较本实验所用稻草残渣（9.4%和 10.3%）高，纤维素由更多的木质素和半纤维素保护。Keshwani 和 Cheng[339] 在 250W 条件下用微波-碱预处理柳枝稷 10min 后发现，有 68%木质素被去除，同时纤维素损失高达 18%。Zhu 等[340]用 1.0% NaOH（*w*/*w*）预处理玉米秸秆，木质素去除率为 9.6%，而纤维素损失达 6.5%。

7.4 预处理前后稻草残渣的微观结构

图 7.2 为两种稻草残渣预处理前后的微观形态变化。未处理稻草残渣表面出现不同程度瘤胃微生物渗透的侵蚀槽，但仍然有紧凑、坚固的结构，水解酶可能仍然很难接近其内部。经预处理后，这种坚固的结构被打破。微波-碱预处理后，稻草残渣的颗粒变小，结构松散膨胀，同时出现大量碎片。超声-碱预处理后，稻草残渣表面出现清晰的小孔和裂缝。很

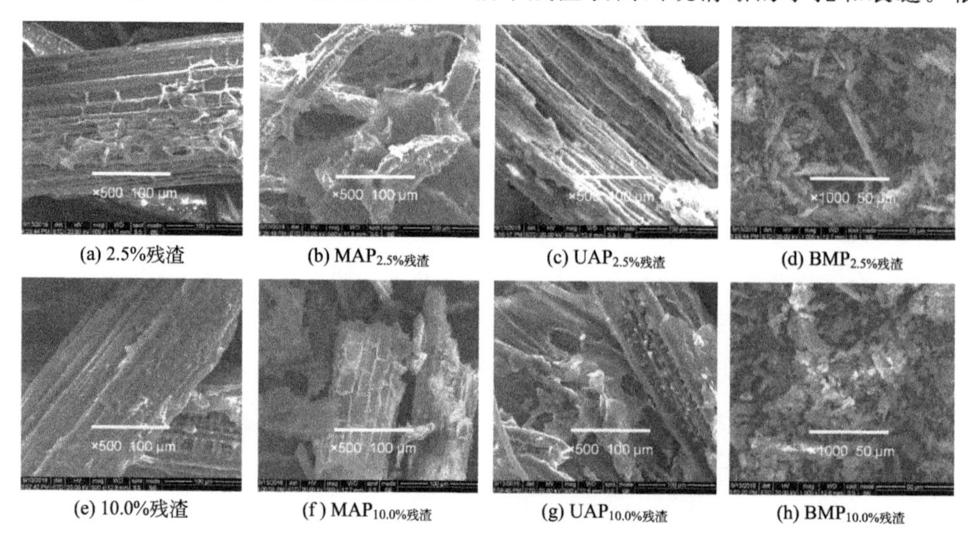

(a) 2.5%残渣　(b) $MAP_{2.5\%残渣}$　(c) $UAP_{2.5\%残渣}$　(d) $BMP_{2.5\%残渣}$

(e) 10.0%残渣　(f) $MAP_{10.0\%残渣}$　(g) $UAP_{10.0\%残渣}$　(h) $BMP_{10.0\%残渣}$

图 7.2　预处理前后两种稻草残渣的电子显微照片

明显，微波-碱预处理后样品的颗粒较超声-碱预处理更小，结构更加松散，说明微波-碱预处理对稻草残渣的表面形态破坏更严重。微波可以使生物质内分子快速振动，产生的高温可增强碱对稻草残渣结构的破坏[341]。由图 7.2 可见，经球磨预处理后，稻草残渣变为精细的颗粒，颗粒直径小于 40μm，因此具有更大的表面积[332]。通过去除木质素破坏纤维素-半纤维素-木质素的牢固网状结构和减小样品颗粒大小增加其表面积，都有利于提高酶解效率[336]。

7.5 预处理前后稻草残渣的红外光谱分析

红外光谱可以用来表征稻草残渣经不同预处理后组分和化学结构的变化。图 7.3 为预处理前后稻草残渣的红外光谱图，根据已报道文献确定各吸收峰所代表的化学组分[324,342～347]，相应的谱带归属如表 7.2 所示。

由图 7.3 可见，稻草残渣经微波-碱和超声-碱预处理后，代表木质素的特征吸收峰（波长为 $1745cm^{-1}$、$1505cm^{-1}$、$1465cm^{-1}$、$1320cm^{-1}$、$1250cm^{-1}$和 $833cm^{-1}$）几乎消失，而表示纤维素的特征吸收峰（波长为 $3385cm^{-1}$、$2880cm^{-1}$、$1170cm^{-1}$和 $904cm^{-1}$）强度则增加，说明微波-碱和超声-碱预处理都能有效去除稻草残渣中的木质素，导致纤维素的含量相对增加。波长 $1647cm^{-1}$为半纤维素的特征吸收峰，经微波-碱和超声-碱预处理后强度有所减弱，说明有一部分半纤维素被降解。上述发现与表 7.1 的结论基本一致。由图 7.3 还可以看出，微波-碱预处理后样品中纤维素的特征吸收峰强于超声-碱预处理，间接验证了微波-碱预处理对稻草残渣木质素的去除率高于超声-碱预处理[348]。代表木质素的特征吸收峰经微波-碱和超声-碱预处理后几乎消失。与上两种预处理不同的是，球磨预处理并未明显改变纤维素、半纤维素和木质素特征吸收峰的强度，与球磨预处理未改变稻草残渣三种成分含量的结论一致。但在波长 $3385cm^{-1}$处，代表纤维素 O—H 伸缩振动（氢键）的峰值强度变大，可能在球磨预处理时，高强度的机械作用破坏了纤维素主链上分子内和分子间的氢键[113]。有研究表明，球磨预处理可以促进生物质内部能量升高，从而降低氢键的稳定性[349]。

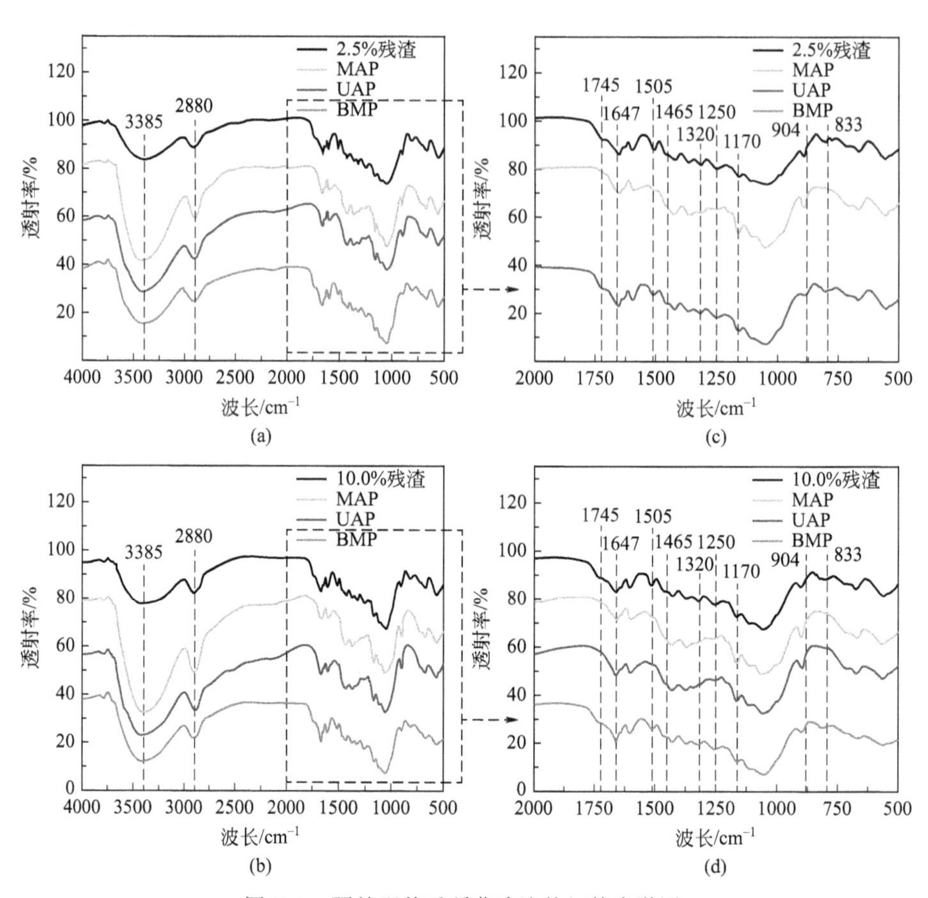

图 7.3　预处理前后稻草残渣的红外光谱图

波长 4000～500cm^{-1}范围内，2.5%残渣（a）和 10.0%残渣（b）；

波长 2000～500cm^{-1}范围内，2.5%残渣（c）和 10.0%残渣（d）

表 7.2　红外光谱带的归属[232,342～347]

波长/cm^{-1}	红外光谱带归属	化学成分
3385	O—H 伸缩振动(氢键)	纤维素
2880	—CH_3、—CH_2 伸缩振动	纤维素或木质素
1745	C═O 伸缩振动，乙酰酯和羰基醛基团	木质素或半纤维素
1647	吸附水弯曲振动	半纤维素
1505	芳香族骨架 C═C 伸缩振动	木质素
1465	芳环上—CH_3、—CH_2、—OCH_3 振动	木质素
1320	紫丁香基环呼吸和 C—O 伸缩振动	木质素

续表

波长/cm^{-1}	红外光谱带归属	化学成分
1250	愈创木基环呼吸和C—O伸缩振动	木质素
1170	C—O—C伸缩振动	纤维素或半纤维素
904	C—H变形与环的振动、β-1,4-糖苷键	纤维素
833	芳环C—H面外伸缩振动	木质素

7.6 预处理前后稻草残渣的结晶度

结晶度用来表征结晶纤维素在纤维素原料中所占的比例，是影响酶解效率的一个重要因素。对两种稻草残渣原料预处理后的样品进行X射线衍射分析（图7.4），并根据Segal公式计算结晶度（表7.3）。在图7.4中，$2\theta=22°\sim23°$为结晶区衍射强度，$2\theta=18°$表示非结晶区强度。在木质纤维素类生物质中，结晶区主要与纤维素物质有关，而非结晶区主要与木质素和半纤维素等物质有关[350]。如图7.4所示，两种稻草残渣经过微波-碱和超声-碱预处理后，代表结晶区衍射强度的（002）面衍射峰（$2\theta=22.5°$）明显增加，而经球磨预处理后其强度明显降低。通过结晶度计算（表7.3）发现，2.5%残渣样品的结晶度均低于10.0%残渣，经微波-碱预处理后2.5%残渣样品的结晶度由38.5%上升到55.8%，10.0%残渣样品则由43.4%上升到59.1%，它们均高于超声-碱预处理后的49.2%（2.5%残渣）和55.0%（10.0%残渣）。结晶度的增加主要原因是木质素和半纤维素等非结晶物质的去除，引起结晶纤维素的含量相对升高。许多研究表明，预处理对木质素和半纤维素的去除率越高，对应的结晶度越高[344,351]，稻草残渣经微波-碱预处理后，木质素和半纤维素的去除率明显高于超声-碱预处理，因此其结晶度较高。然而，球磨预处理导致两种稻草残渣样品的结晶度降低，分别下降到19.4%（2.5%残渣）和21.9%（10.0%残渣），球磨预处理可能同时破坏了纤维素内的氢键和结晶形态，导致纤维素以非结晶态或低结晶态形式出现[349]。很明显，化学预处理和机械预处理都可以促进生物质的酶水解反应，但作用机制不同，化学预处理通过去除非结晶物质（木质素和半纤维素）提高样品的结晶度，达到促进酶水解的目的；而机械预处理则通过减小颗粒粒径以及破坏结晶结构降低样品的结晶度，同样可以提高酶解效率。因此，对于不同类型的预处理来说，结晶度大小并不能准确反映木质纤维素类生物质的酶解效率。Lee等[352]甚至提出将生物质细胞壁的结构在微观尺度上打开就足以提高其酶解效率，并不需要考虑其结晶度的大小。

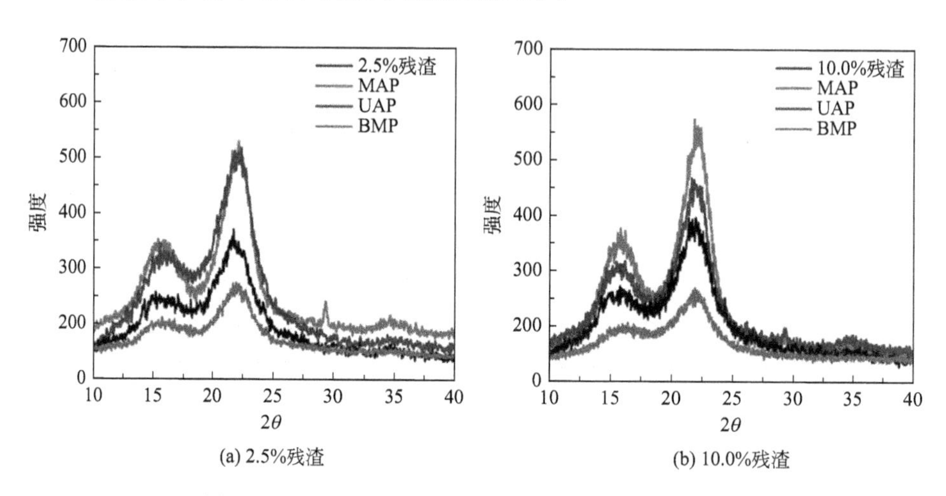

(a) 2.5%残渣　(b) 10.0%残渣

图 7.4　预处理前后稻草残渣的 X 射线晶体衍射图谱

表 7.3　预处理前后稻草残渣的纤维素结晶度

样品	2.5%残渣	$MAP_{2.5\%残渣}$	$UAP_{2.5\%残渣}$	$BMP_{2.5\%残渣}$	10.0%残渣	$MAP_{10\%残渣}$	$UAP_{10\%残渣}$	$BMP_{10\%残渣}$
Cr*I* /%	38.5	55.8	49.2	19.4	43.4	59.1	55.0	21.9

7.7 预处理前后稻草残渣的比表面积

比表面积是影响酶解效率的一个重要因素。从表 7.4 可以看出，三种预处理方法都能有效增加稻草残渣的比表面积。经微波-碱和超声-碱预处理后，2.5%残渣样品的比表面积由 92.9m^2/kg 分别上升到 297.6m^2/kg 和 253.1m^2/kg，10.0%残渣样品则由 81.3m^2/kg 分别增加到 278.7m^2/kg 和 269.4m^2/kg。比表面积明显增加主要归功于半纤维素和木质素的去除，使样品表面形成了大量小孔[353]。经微波-碱预处理后，样品的比表面积较超声-碱预处理更大，可能是由于微波-碱预处理后样品的颗粒更小，结构更加松散和膨胀（图 7.2）。经球磨预处理后，两种稻草残渣（2.5%残渣和 10.0%残渣）的比表面积分别增加到 198.1m^2/kg 和 211.5m^2/kg，尽管球磨预处理后样品的颗粒细小，但其比表面积仍低于微波-碱和超声-碱预处理。但这不能反映这些细小颗粒的真实比表面积，因为在球磨过程中这些细小颗粒很容易聚集到一起，进而影响后续的比表面积测定。另外，在球磨过程中，生物质结构的崩塌也会导致纤维基上的小孔消失。Yuan 等[338]报道了与实验类似的结论，球磨预处理样品的比表面积较水热-稀酸预处理更低。

表 7.4　预处理前后稻草残渣的比表面积

样品	2.5%残渣	$MAP_{2.5\%残渣}$	$UAP_{2.5\%残渣}$	$BMP_{2.5\%残渣}$	10.0%残渣	$MAP_{10\%残渣}$	$UAP_{10\%残渣}$	$BMP_{10\%残渣}$
比表面积/(m^2/kg)	92.9	297.6	253.1	198.1	81.3	278.7	269.4	211.5

7.8 预处理方法对稻草残渣酶解糖化和乙醇发酵的影响

图 7.5 表示预处理方法对酶解过程中葡萄糖浓度的影响。在酶水解 48h 后，未经预处理的两种稻草残渣（2.5%残渣和 10.0%残渣）水解液中葡萄糖浓度（1.42g/L 和 2.16g/L）远低于三种预处理样品的葡萄糖浓度（4.62～8.72g/L 和 5.53～11.40g/L）。微波-碱预处理样品水解液中的葡萄糖浓度高于超声-碱预处理样品，而球磨预处理样品的葡萄糖浓度最低。总葡萄糖转化率可用来表示稻草残渣中纤维素转化为葡萄糖的效率，是评价预处理效果的重要指标，其结果如表 7.5 所示。未经预处理的两种稻草残渣（2.5%残渣和 10.0%残渣）总葡萄糖转化率最低，分别为 17.30%和 22.72%，经球磨预处理后，稻草残渣的总葡萄糖转化率分别达到 57.37%和 61.78%，略低于微波-碱预处理（59.12%和 62.64%），但明显高于超声-碱预处理（49.01%和 54.98%），说明球磨和微波-碱预处理相对超声-碱预处理效果更好。尽管球磨预处理后水解液中的葡萄糖浓度最低，但总葡萄糖转化率较高，主要是因为球磨预处理并未改变稻草残渣的纤维素含量，用于酶解反应的样品中纤维素含量较其他两种预处理

样品低，但稻草残渣比表面积大、结晶度低，均有利于酶解将纤维素转化为葡萄糖[349]。微波-碱预处理较超声-碱预处理去除了更多的木质素和半纤维素，导致预处理后样品纤维素的含量相对增高，有更多的纤维素暴露出来供纤维素酶利用，因此经微波-碱预处理后水解液中葡萄糖的浓度以及总葡萄糖转化率都较超声-碱预处理更高。

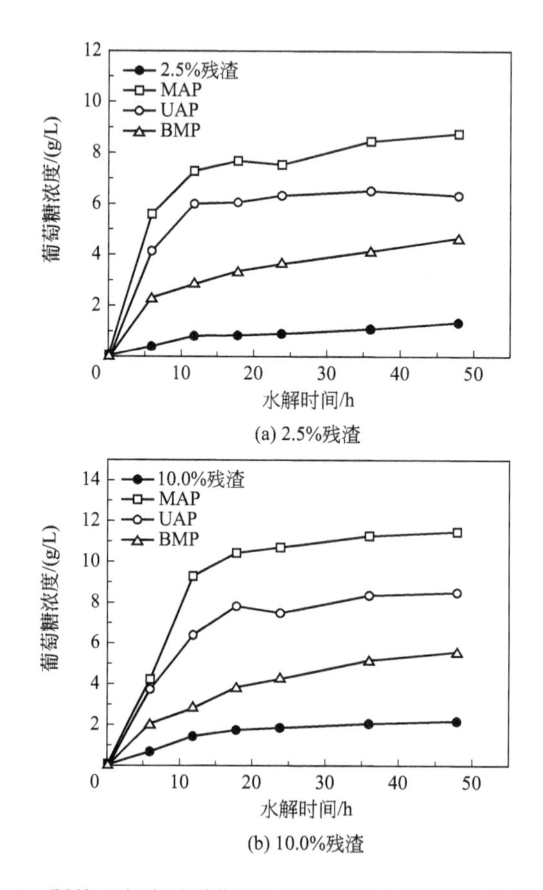

(a) 2.5%残渣

(b) 10.0%残渣

图 7.5　预处理方法对稻草残渣酶解过程中葡萄糖浓度的影响

表 7.5　预处理对稻草残渣总葡萄糖转化率、乙醇转化率及乙醇产量的影响

样品	酶水解	乙醇发酵	
	总葡萄糖转化率/%	乙醇转化率/%	乙醇产量/(mg/g残渣)
2.5%残渣	17.30	15.08	30.81
MAP2.5%残渣	59.12	53.11	108.5
UAP2.5%残渣	49.01	42.81	87.47

续表

样品	酶水解	乙醇发酵	
	总葡萄糖转化率/%	乙醇转化率/%	乙醇产量/(mg/$g_{残渣}$)
$BMP_{2.5\%残渣}$	57.37	57.84	116.65
10.0%残渣	22.72	20.49	48.42
$MAP_{10.0\%残渣}$	62.64	58.57	138.3
$UAP_{10.0\%残渣}$	54.98	48.74	115.06
$BMP_{10.0\%残渣}$	61.78	61.50	147.42

不同样品的酶解液经72h酵母发酵后，乙醇转化率以及乙醇产量如表7.5所示。乙醇转化率的顺序由大到小依次为球磨预处理＞微波-碱预处理＞超声-碱预处理＞对照。有趣的是，这种趋势与总葡萄糖转化率不同（微波-碱预处理＞球磨预处理＞超声-碱预处理＞对照），最有可能的原因是乙醇发酵过程中酶解反应仍在继续进行，球磨预处理后由于样品颗粒细小、结晶度低，产生了更多乙醇。因此，球磨预处理后，稻草残渣的乙醇转化率最高，10.0%残渣的乙醇产量为147.42mg/$g_{残渣}$，较2.5%残渣提高了26.4%（116.65mg/$g_{残渣}$）。与总葡萄糖转化率相似，相同预处理条件下10.0%残渣的乙醇转化率和产量均高于2.5%残渣，说明10.0%残渣中有更多的纤维素成分可供酶水解。

稻草残渣经球磨预处理后纤维素转化为葡萄糖的效率为57.37%～61.78%，明显高于过氧化氢和硫酸预处理棉花秸秆的转化效率（49.80%和23.85%）[328]。研究表明，桉树原料经120min球磨预处理后总葡萄糖的转化率可达89.7%[315]；甘蔗渣及其秸秆分别经球磨60min和90min后，总葡萄糖的转化率为78.7%和63.6%，乙醇产量约为222.51mg/$g_{甘蔗渣}$和179.8mg/$g_{秸秆}$[331]。实验中总葡萄糖转化率和乙醇产量均低于上述球磨预处理，可能与本实验所使用的生物质原料、酶、酵母菌和操作条件（如球磨时间和球磨方式等）有关，因此有待进一步优化预处理、酶水解和乙醇发酵过程的操作条件。但可以确定，球磨预处理对促进不同类型生物质酶水解和乙醇发酵的作用非常明显。

微波-碱和超声-碱预处理在去除半纤维素和木质素时，会同时伴有一些有毒化合物产生，例如酚醛树脂和杂环化合物等，这些化合物可影响后续的酶水解和乙醇发酵[337]。因此，预处理样品需水洗及滤纸过滤，以去除残留在样品中的抑制性化学物质，在此过程中不可避免会产生一定的生物质损失。此外，微波-碱和超声-碱预处理在去除半纤维素和木质素的同时，还会导致一部分纤维素损失（表7.1）。预处理过程中损失的生物质和纤维素则可导致稻草残渣中纤维素转化为葡萄糖或乙醇的效率降低。然而，球磨预处理不仅可以提高葡萄糖含量和乙醇产量，在此过程中几乎没有物质损失、不存在任何化学试剂及水的添加，从而减少废水排放，节省预处理成本。球磨预处理的易连续运行、低设备要求、无物质损失和无废水排放的特点，使其较微波-碱和超声-碱预处理更适用于工业生产。

本章主要探讨微波-碱、超声-碱和球磨预处理对两种稻草残渣（2.5%残渣和10.0%残渣）酶解产糖效率和乙醇发酵的影响，具体结论如下：

① 经瘤胃液发酵后的稻草残渣含有一定量的纤维素和半纤维素，是一种适合生产乙醇的生物质原料。

② 两种稻草残渣经球磨预处理后，纤维素、半纤维素和木质素含量变化不大；而微波-碱和超声-碱预处理能有效去除半纤维素和木质素，微波-碱预处理的去除率更高，且10.0%残渣的效果优于2.5%残渣。

③ SEM观察发现，3种预处理方法均严重破坏了稻草残渣的结构。微波-碱预处理较超声-碱预处理使稻草残渣的颗粒变得更小，紧凑牢固的结构变得更为松散膨胀。球磨预处理后，颗粒直径小于40μm。

④ 红外光谱分析表明，经微波-碱和超声-碱预处理后代表木质素的特征峰消失、半纤维素和纤维素的特征峰分别减弱和增强，以微波-碱预处理导致的变化更大；球磨预处理后，只在3385cm^{-1}处的特征峰出现增强，说明纤维素内氢键在球磨预处理后发生了变化。

⑤ 微波-碱和超声-碱预处理后稻草残渣的结晶度均上升，而球磨预处理后结晶度下降。结晶度的上升主要因为生物质原料中纤维素和半纤维素非结晶成分的去除；结晶度的下降主要由于结晶形态的纤维遭到破坏，纤

维素以低晶态形式或非晶态形式存在。

⑥ 三种预处理均增大了稻草残渣的比表面积，作用大小的排序为微波-碱预处理＞超声-碱预处理＞球磨预处理。微波-碱和超声-碱预处理导致比表面积增大的原因是木质素和半纤维素去除形成表面小孔，而球磨预处理的主要原因是由于颗粒变小。

⑦ 经酶水解和乙醇发酵后发现，球磨预处理效果最佳。10.0％残渣较2.5％残渣更适合产乙醇，球磨预处理后10.0％残渣的乙醇转化率和乙醇产量分别为61.5％和147.42mg/$g_{残渣}$，高于2.5％残渣的57.84％和116.65mg/$g_{残渣}$。

参考文献

[1] Energy I，Pollution A. World Energy Outlook Special Report. Paris：International Energy Agency，2016：36-43.

[2] 林伯强．中国能源发展报告．北京：中国财政经济出版社，2008：12-17.

[3] 翟秀静，刘奎仁，韩庆．新能源技术．北京：化学工业出版社，2010：52-61.

[4] 刘荣厚．生物质生物转换技术．上海：上海交通大学出版社，2015：1-2，174-184.

[5] 袁振宏．生物质能高效利用技术．北京：化学工业出版社，2015：10-21.

[6] Lee W S，Chua A S M，Yeoh H K，et al. A review of the production and applications of waste-derived volatile fatty acids. Chemical Engineering Journal，2014，235：83-99.

[7] Angenent L T，Richter H，Buckel W，et al. Chain elongation with reactor microbiomes：open-culture biotechnology to produce biochemicals. Environmental Science and Technology，2016，50（6）：2796-2810.

[8] Danner H，Braun R. Biotechnology for the production of commodity chemicals from biomass. Chemical Society Reviews，1999，28（6）：395-405.

[9] Holtzapple M T，Granda C B. Carboxylate platform：the MixAlco process part 1：comparison of three biomass conversion platforms. Applied Biochemistry and Biotechnology，2009，156（1-3）：95-106.

[10] Agler M T，Wrenn B A，Zinder S H，et al. Waste to bioproduct conversion with undefined mixed cultures：the carboxylate platform. Trends in Biotechnology，2011，29（2）：70-78.

[11] Henze M，van Loosdrecht M C，Ekama G A，et al. Biological wastewater treatment. IWA publishing，2008：231-237.

[12] Nagase M，Matsuo T. Interactions between amino-acid degrading bacteria and methanogenic bacteria in anaerobic digestion. Biotechnology and Bioengineering，1982，24（10）：2227-2239.

[13] Kleerebezem R，van Loosdrecht M C. Mixed culture biotechnology for bioenergy production. Current Opinion in Biotechnology，2007，18（3）：207-212.

[14] Chen Y，Jiang S，Yuan H，et al. Hydrolysis and acidification of waste activated sludge at different pHs. Water Research，2007，41（3）：683-689.

[15] van Lier J B，Mahmoud N，Zeeman G. Anaerobic wastewater treatment，Biological Wastewater Treatment，Principles，Modelling and Design. IWA publishing，2008：415-456.

[16] Reeves R E，Warren L G，Susskind B T，et al. An energy-conserving pyruvate-to-acetate pathway in Entamoeba histolytica. Pyruvate synthase and a new acetate thiokinase. Journal of Biological Chemistry，1977，252（2）：726-731.

[17] 马琳，王晋，符波，等．顶空 CO_2 对有机物厌氧发酵产挥发性脂肪酸的影响．中国环境

科学，2012 (4)：635-639.

[18] Latif H，Zeidan A A，Nielsen A T，et al. Trash to treasure：production of biofuels and commodity chemicals via syngas fermenting microorganisms. Current Opinion in Biotechnology，2014，27：79-87.

[19] Spirito C M，Richter H，Rabaey K，et al. Chain elongation in anaerobic reactor microbiomes to recover resources from waste. Current Opinion in Biotechnology，2014，27：115-122.

[20] Reichardt N，Duncan S H，Young P，et al. Phylogenetic distribution of three pathways for propionate production within the human gut microbiota. The Isme Journal，2014，8 (6)：1323-1335.

[21] Macy J M，Probst I. The biology of gastrointestinal bacteroides. Annual Reviews in Microbiology，1979，33 (1)：561-594.

[22] van Houtert M. The production and metabolism of volatile fatty acids by ruminants fed roughages：A review. Animal Feed Science and Technology，1993，43 (3-4)：189-225.

[23] Scott K P，Martin J C，Campbell G，et al. Whole-genome transcription profiling reveals genes up-regulated by growth on fucose in the human gut bacterium "Roseburia inulinivorans". Journal of Bacteriology，2006，188 (12)：4340-4349.

[24] Bobik T A，Havemann G D，Busch R J，et al. The Propanediol Utilization (pdu) Operon of Salmonella enterica Serovar Typhimurium LT_2 Includes Genes Necessary for Formation of Polyhedral Organelles Involved in Coenzyme B12-Dependent 1，2-Propanediol Degradation. Journal of Bacteriology，1999，181 (19)：5967-5975.

[25] Pasteur L. On the viscous fermentation and the butyrous fermentation. Bull Societe Chimmie. Paris，1861，11：30-31.

[26] Louis P，Flint H J. Diversity，metabolism and microbial ecology of butyrate-producing bacteria from the human large intestine. Fems Microbiology Letters，2009，294 (1)：1-8.

[27] Duncan S H，Louis P，Flint H J. Lactate-utilizing bacteria，isolated from human feces，that produce butyrate as a major fermentation product. Applied and Environmental Microbiology，2004，70 (10)：5810-5817.

[28] Ren N，Wang B，Huang J. Ethanol-type fermentation from carbohydrate in high rate acidogenic reactor. Biotechnology and Bioengineering，1997，54 (5)：428-433.

[29] Puniya A K，Singh R，Kamra D N. Rumen microbiology：from evolution to revolution. Springer，2015：135-139.

[30] Davies D，Theodorou M，Newbold J. Biotransformation and fermentation-exploiting the rumen and silo. IGER Innov，2007，11：37-41.

[31] Bryant M P. Bacterial species of the rumen. Bacteriological Reviews，1959，23 (3)：125.

[32] Sijpesteijn A K. On Ruminococcus flavefaciens，a cellulose-decomposing：bacterium from

the rumen of sheep and cattle. Microbiology, 1951, 5 (5): 869-879.

[33] Hobson P N, Stewart C S. The rumen microbial ecosystem. Springer Science and Business Media, 2012: 321-327.

[34] Kamra D N. Rumen microbial ecosystem. Current Science, 2005: 124-135.

[35] Weiland P. Biogas production: current state and perspectives. Applied Microbiology and Biotechnology, 2010, 85 (4): 849-860.

[36] Bryant M P. The microbiology of anaerobic degradation and methanogenesis with special reference to sewage. Elsevier, 1977: 107-117.

[37] Bryant M P, Wolin M J. Rumen bacteria and their metabolic interactions. Proc Intersect Congr Int Assoc Microbiol Soc, 1975: 98-103.

[38] Scheifinger C C, Wolin M J. Propionate formation from cellulose and soluble sugars by combined cultures of Bacteroides succinogenes and Selenomonas ruminantium. Applied Microbiology, 1973, 26 (5): 789-795.

[39] Russell J B. Fermentation of cellodextrins by cellulolytic and noncellulolytic rumen bacteria. Applied and Environmental Microbiology, 1985, 49 (3): 572-576.

[40] Werpy T, Petersen G, Aden A, et al. Top value added chemicals from biomass. Volume 1-Results of screening for potential candidates from sugars and synthesis gas. Washington DC, Pacific Northwest National Laboratory, 2004: 32-46.

[41] Choi J, Lee S Y. Process analysis and economic evaluation for poly (3-hydroxybutyrate) production by fermentation. Bioprocess and Biosystems Engineering, 1997, 17 (6): 335-342.

[42] Holmes P A. Applications of PHB-a microbially produced biodegradable thermoplastic. Physics in Technology, 1985, 16 (1): 32-37.

[43] Jiang Y, Chen Y, Zheng X. Efficient polyhydroxyalkanoates production from a waste-activated sludge alkaline fermentation liquid by activated sludge submitted to the aerobic feeding and discharge process. Environmental Science and Technology, 2009, 43 (20): 7734-7741.

[44] Korkakaki E, Mulders M, Veeken A, et al. PHA production from the organic fraction of municipal solid waste (OFMSW): Overcoming the inhibitory matrix. Water Research, 2016, 96: 74-83.

[45] Mohan S V, Reddy M V. Optimization of critical factors to enhance polyhydroxyalkanoates (PHA) synthesis by mixed culture using Taguchi design of experimental methodology. Bioresource Technology, 2013, 128: 409-416.

[46] Grady Jr C L, Daigger G T, Love N G, et al. Biological wastewater treatment. CRC press, 2011: 231-237.

[47] Tong J, Chen Y. Recovery of nitrogen and phosphorus from alkaline fermentation liquid of waste

activated sludge and application of the fermentation liquid to promote biological municipal wastewater treatment. Water Research, 2009, 43 (12): 2969-2976.

[48] Chen Y, Randall A A, Mccue T. The efficiency of enhanced biological phosphorus removal from real wastewater affected by different ratios of acetic to propionic acid. Water Research, 2004, 38 (1): 27-36.

[49] Thomas M, Wright P, Blackall L, et al. Optimisation of Noosa BNR plant to improve performance and reduce operating costs. Water Science and Technology, 2003, 47 (12): 141-148.

[50] Li G, Zhang P, Wang Y, et al. Enhancing biological denitrification with adding sludge liquor of hydrolytic acidification pretreated by high-pressure homogenization. International Biodeterioration and Biodegradation, 2016, 113: 222-227.

[51] Tong J, Chen Y. Enhanced biological phosphorus removal driven by short-chain fatty acids produced from waste activated sludge alkaline fermentation. Environmental Science and Technology, 2007, 41 (20): 7126-7130.

[52] Gao Y, Peng Y, Zhang J, et al. Using excess sludge as carbon source for enhanced nitrogen removal and sludge reduction with hydrolysis technology. Water Science and Technology, 2010, 62 (7): 1536-1543.

[53] Lim S, Choi D W, Lee W G, et al. Volatile fatty acids production from food wastes and its application to biological nutrient removal. Bioprocess and Biosystems Engineering, 2000, 22 (6): 543-545.

[54] Lynen F, Ochoa S. Enzymes of fatty acid metabolism. Biochimica Et Biophysica Acta, 1953, 12 (1-2): 299-314.

[55] Kenealy W R, Cao Y, Weimer P J. Production of caproic acid by cocultures of ruminal cellulolytic bacteria and Clostridium kluyveri grown on cellulose and ethanol. Applied Microbiology and Biotechnology, 1995, 44 (3): 507-513.

[56] Kenealy W R, Waselefsky D M. Studies on the substrate range of Clostridium kluyveri; the use of propanol and succinate. Archives of Microbiology, 1985, 141 (3): 187-194.

[57] Smith D P, Mccarty P L. Energetic and rate effects on methanogenesis of ethanol and propionate in perturbed CSTRs. Biotechnology and Bioengineering, 1989, 34 (1): 39-54.

[58] Grootscholten T, Steinbusch K, Hamelers H, et al. Chain elongation of acetate and ethanol in an upflow anaerobic filter for high rate MCFA production. Bioresource Technology, 2013, 135: 440-445.

[59] Xu J, Hao J, Guzman J J, et al. Temperature-phased conversion of acid whey waste into medium-chain carboxylic acids via lactic acid: no external e-donor. Joule, 2018 (2): 280-295.

[60] Yang G, Wang J. Co-fermentation of sewage sludge with ryegrass for enhancing hydrogen production: Performance evaluation and kinetic analysis. Bioresource Technology, 2017, 243: 1027-1036.

[61] Kyazze G, Martinez Perez N, Dinsdale R, et al. Influence of substrate concentration on the stability and yield of continuous biohydrogen production. Biotechnology and Bioengineering, 2006, 93 (5): 971-979.

[62] Mata-Alvarez J, Dosta J, Romero-Güiza M S, et al. A critical review on anaerobic co-digestion achievements between 2010 and 2013. Renewable and Sustainable Energy Reviews, 2014, 36: 412-427.

[63] Feng L, Chen Y, Zheng X. Enhancement of waste activated sludge protein conversion and volatile fatty acids accumulation during waste activated sludge anaerobic fermentation by carbohydrate substrate addition: the effect of pH. Environmental Science and Technology, 2009, 43 (12): 4373-4380.

[64] Ma H, Liu H, Zhang L, et al. Novel insight into the relationship between organic substrate composition and volatile fatty acids distribution in acidogenic co-fermentation. Biotechnology for Biofuels, 2017, 10 (1): 137-143.

[65] Chen Y, Li X, Zheng X, et al. Enhancement of propionic acid fraction in volatile fatty acids produced from sludge fermentation by the use of food waste and Propionibacterium acidipropionici. Water Research, 2013, 47 (2): 615-622.

[66] Chen Y, Wen Y, Zhou J, et al. Effects of pH on the hydrolysis of lignocellulosic wastes and volatile fatty acids accumulation: The contribution of biotic and abiotic factors. Bioresource Technology, 2012, 110: 321-329.

[67] Motte J, Sambusiti C, Dumas C, et al. Combination of dry dark fermentation and mechanical pretreatment for lignocellulosic deconstruction: an innovative strategy for biofuels and volatile fatty acids recovery. Applied Energy, 2015, 147: 67-73.

[68] Shin H, Youn J, Kim S. Hydrogen production from food waste in anaerobic mesophilic and thermophilic acidogenesis. International Journal of Hydrogen Energy, 2004, 29 (13): 1355-1363.

[69] Dong L, Zhenhong Y, Yongming S, et al. Hydrogen production characteristics of the organic fraction of municipal solid wastes by anaerobic mixed culture fermentation. International Journal of Hydrogen Energy, 2009, 34 (2): 812-820.

[70] Xiong H, Chen J, Wang H, et al. Influences of volatile solid concentration, temperature and solid retention time for the hydrolysis of waste activated sludge to recover volatile fatty acids. Bioresource Technology, 2012, 119: 285-292.

[71] Chen Y, Luo J, Yan Y, et al. Enhanced production of short-chain fatty acid by co-fermenta-

tion of waste activated sludge and kitchen waste under alkaline conditions and its application to microbial fuel cells. Applied Energy, 2013, 102: 1197-1204.

[72] Guo Z, Zhou A, Yang C, et al. Enhanced short chain fatty acids production from waste activated sludge conditioning with typical agricultural residues: carbon source composition regulates community functions. Biotechnology for Biofuels, 2015, 8 (1): 192.

[73] Gallert C, Winter J. Bacterial metabolism in wastewater treatment systems. Wiley-VCH, Weinheim, Germany, 2005: 1-48.

[74] Lay J, Lee Y, Noike T. Feasibility of biological hydrogen production from organic fraction of municipal solid waste. Water Research, 1999, 33 (11): 2579-2586.

[75] Ma H, Chen X, Liu H, et al. Improved volatile fatty acids anaerobic production from waste activated sludge by pH regulation: alkaline or neutral pH? Waste Management, 2016, 48: 397-403.

[76] Yuan H, Chen Y, Zhang H, et al. Improved bioproduction of short-chain fatty acids (SCFAs) from excess sludge under alkaline conditions. Environmental Science and Technology, 2006, 40 (6): 2025-2029.

[77] Hussy I, Hawkes F R, Dinsdale R, et al. Continuous fermentative hydrogen production from a wheat starch co-product by mixed microflora. Biotechnology and Bioengineering, 2003, 84 (6): 619-626.

[78] Horiuchi J, Shimizu T, Tada K, et al. Selective production of organic acids in anaerobic acid reactor by pH control. Bioresource Technology, 2002, 82 (3): 209-213.

[79] Temudo M F, Kleerebezem R, van Loosdrecht M. Influence of the pH on (open) mixed culture fermentation of glucose: a chemostat study. Biotechnology and Bioengineering, 2007, 98 (1): 69-79.

[80] Yu H Q, Fang H H. Acidogenesis of gelatin-rich wastewater in an upflow anaerobic reactor: influence of pH and temperature. Water Research, 2003, 37 (1): 55-66.

[81] Jie W, Peng Y, Ren N, et al. Volatile fatty acids accumulation and microbial community structure of excess sludge at different pHs. Bioresource Technology, 2014, 152: 124-129.

[82] Wang K, Yin J, Shen D, et al. Anaerobic digestion of food waste for volatile fatty acids (VFAs) production with different types of inoculum: effect of pH. Bioresource Technology, 2014, 161: 395-401.

[83] Liu H, Wang J, Liu X, et al. Acidogenic fermentation of proteinaceous sewage sludge: effect of pH. Water Research, 2012, 46 (3): 799-807.

[84] Wu H, Yang D, Zhou Q, et al. The effect of pH on anaerobic fermentation of primary sludge at room temperature. Journal of Hazardous Materials, 2009, 172 (1): 196-201.

[85] Ferreiro N, Soto M. Anaerobic hydrolysis of primary sludge: influence of sludge concentra-

tion and temperature. Water Science and Technology, 2003, 47 (12): 239-246.

[86] Boe K, Angelidaki I. Online monitoring and control of the biogas process. Phd thesis. Technical University of Denmark, 2006: 53-58.

[87] Skalsky D S, Daigger G T. Wastewater solids fermentation for volatile acid production and enhanced biological phosphorus removal. Water Environment Research, 1995, 67 (2): 230-237.

[88] Liu T, Sung S. Ammonia inhibition on thermophilic aceticlastic methanogens. Water Science and Technology, 2002, 45 (10): 113-120.

[89] Cokgor E U, Oktay S, Tas D O, et al. Influence of pH and temperature on soluble substrate generation with primary sludge fermentation. Bioresource Technology, 2009, 100 (1): 380-386.

[90] Eastman J A, Ferguson J F. Solubilization of particulate organic carbon during the acid phase of anaerobic digestion. Journal of Water Pollution Control Federation, 1981: 352-366.

[91] Ahn Y H, Speece R E. Elutriated acid fermentation of municipal primary sludge. Water Research, 2006, 40 (11): 2210-2220.

[92] Yuan Q, Sparling R, Oleszkiewicz J A. VFA generation from waste activated sludge: Effect of temperature and mixing. Chemosphere, 2011, 82 (4): 603-607.

[93] Yuan Y, Liu Y, Li B, et al. Short-chain fatty acids production and microbial community in sludge alkaline fermentation: long-term effect of temperature. Bioresource Technology, 2016, 211: 685-690.

[94] Lim S, Kim B J, Jeong C, et al. Anaerobic organic acid production of food waste in once-a-day feeding and drawing-off bioreactor. Bioresource Technology, 2008, 99 (16): 7866-7874.

[95] Wijekoon K C, Visvanathan C, Abeynayaka A. Effect of organic loading rate on VFA production, organic matter removal and microbial activity of a two-stage thermophilic anaerobic membrane bioreactor. Bioresource Technology, 2011, 102 (9): 5353-5360.

[96] Min K S, Khan A R, Kwon M K, et al. Acidogenic fermentation of blended food-waste in combination with primary sludge for the production of volatile fatty acids. Journal of Chemical Technology and Biotechnology, 2005, 80 (8): 909-915.

[97] Min B, Kim J, Oh S, et al. Electricity generation from swine wastewater using microbial fuel cells. Water Research, 2005, 39 (20): 4961-4968.

[98] Banerjee A, Elefsiniotis P, Tuhtar D. The effect of addition of potato-processing wastewater on the acidogenesis of primary sludge under varied hydraulic retention time and temperature. Journal of Biotechnology, 1999, 72 (3): 203-212.

[99] Yu H, Fang H H, Gu G. Comparative performance of mesophilic and thermophilic acido-

genic upflow reactors. Process Biochemistry, 2002, 38 (3): 447-454.

[100] Yu H Q, Fang H H. Acidification of mid-and high-strength dairy wastewaters. Water Research, 2001, 35 (15): 3697-3705.

[101] Jouany J. Optimizing rumen functions in the close-up transition period and early lactation to drive dry matter intake and energy balance in cows. Animal Reproduction Science, 2006, 96 (3): 250-264.

[102] Vermaas J V, Petridis L, Qi X, et al. Mechanism of lignin inhibition of enzymatic biomass deconstruction. Biotechnology for Biofuels, 2015, 8 (1): 217.

[103] Klemm D, Heublein B, Fink H P, et al. Cellulose: fascinating biopolymer and sustainable raw material. Angewandte Chemie International Edition, 2005, 44 (22): 3358-3393.

[104] Zheng Y, Zhao J, Xu F, et al. Pretreatment of lignocellulosic biomass for enhanced biogas production. Progress in Energy and Combustion Science, 2014, 42: 35-53.

[105] Cao Y, Wu J, Zhang J, et al. Room temperature ionic liquids (RTILs): A new and versatile platform for cellulose processing and derivatization. Chemical Engineering Journal, 2009, 147 (1): 13-21.

[106] Ha M A, Apperley D C, Evans B W, et al. Fine structure in cellulose microfibrils: NMR evidence from onion and quince. The Plant Journal, 1998, 16 (2): 183-190.

[107] Ademark P, Varga A, Medve J, et al. Softwood hemicellulose-degrading enzymes from Aspergillus niger: purification and properties of a β-mannanase. Journal of Biotechnology, 1998, 63 (3): 199-210.

[108] Ebringerová A. Structural diversity and application potential of hemicelluloses. Wiley Online Library, 2005, 232 (1): 1-12.

[109] Sun R, Lawther J M, Banks W B. Fractional and structural characterization of wheat straw hemicelluloses. Carbohydrate Polymers, 1996, 29 (4): 325-331.

[110] Hatakka A. Biodegradation of lignin. Biopolymers Online, 2005: 124-128 .

[111] Grabber J H. How do lignin composition, structure, and cross-linking affect degradability? A review of cell wall model studies. Crop Science, 2005, 45 (3): 820-831.

[112] Rouches E, Herpoël-Gimbert I, Steyer J P, et al. Improvement of anaerobic degradation by white-rot fungi pretreatment of lignocellulosic biomass: a review. Renewable and Sustainable Energy Reviews, 2016, 59: 179-198.

[113] Monlau F, Barakat A, Trably E, et al. Lignocellulosic materials into biohydrogen and biomethane: impact of structural features and pretreatment. Critical Reviews in Environmental Science and Technology, 2013, 43 (3): 260-322.

[114] Hendriks A, Zeeman G. Pretreatments to enhance the digestibility of lignocellulosic biomass. Bioresource Technology, 2009, 100 (1): 10-18.

[115] Sharma S K, Mishra I M, Sharma M P, et al. Effect of particle size on biogas generation from biomass residues. Biomass, 1988, 17 (4): 251-263.

[116] De la Rubia M A, Fernández-Cegrí V, Raposo F, et al. Influence of particle size and chemical composition on the performance and kinetics of anaerobic digestion process of sunflower oil cake in batch mode. Biochemical Engineering Journal, 2011, 58: 162-167.

[117] Baba Y, Tada C, Fukuda Y, et al. Improvement of methane production from waste paper by pretreatment with rumen fluid. Bioresource Technology, 2013, 128: 94-99.

[118] Pettersen R C. The chemical composition of wood. ACS Publications, 1984: 217-241.

[119] Hon D N, Shiraishi N. Wood and cellulosic chemistry, revised and expanded. CRC Press, 2000: 58-71.

[120] Song Z, Yang G, Guo Y, et al. Comparison of two chemical pretreatments of rice straw for biogas production by anaerobic digestion. Bioresources, 2012, 7 (3): 3223-3236.

[121] Gerhardt M, Pelenc V, BäumL M. Application of hydrolytic enzymes in the agricultural biogas production: Results from practical applications in Germany. Biotechnology Journal, 2007, 2 (12): 1481-1484.

[122] Romano R T, Zhang R, Teter S, et al. The effect of enzyme addition on anaerobic digestion of JoseTall Wheat Grass. Bioresource Technology, 2009, 100 (20): 4564-4571.

[123] Parawira W. Enzyme research and applications in biotechnological intensification of biogas production. Critical Reviews in Biotechnology, 2012, 32 (2): 172-186.

[124] Wan C, Li Y. Microbial pretreatment of corn stover with Ceriporiopsis subvermispora for enzymatic hydrolysis and ethanol production. Bioresource Technology, 2010, 101 (16): 6398-6403.

[125] Leonowicz A, Matuszewska A, Luterek J, et al. Biodegradation of lignin by white rot fungi. Fungal Genetics and Biology, 1999, 27 (2-3): 175-185.

[126] Kirk T K, Farrell R L. Enzymatic "combustion": the microbial degradation of lignin. Annual Reviews in Microbiology, 1987, 41 (1): 465-501.

[127] Blanchette R A. Degradation of the lignocellulose complex in wood. Canadian Journal of Botany, 1995, 73 (S1): 999-1010.

[128] Guillén F, Martínez M J, Gutiérrez A, et al. Biodegradation of lignocellu-losics: microbial, chemical and enzymatic aspects of the fungal attack of lignin. International Microbiology, 2005, 8: 195-204.

[129] Bisaria R, Madan M, Mukhopadhyay S N. Production of biogas from residues from mushroom cultivation. Biotechnology Letters, 1983, 5 (12): 811-812.

[130] Zhao J, Zheng Y, Li Y. Fungal pretreatment of yard trimmings for enhancement of methane yield from solid-state anaerobic digestion. Bioresource Technology, 2014, 156:

176-181.

[131] Kirk T K, Chang H. Decomposition of lignin by white-rot fungi Ⅱ Characterization of heavily degraded lignins from decayed spruce. Holzforschung International Journal of the Biology, Chemistry, Physics and Technology of Wood, 1975, 29 (2): 56-64.

[132] Reddy C A. The potential for white-rot fungi in the treatment of pollutants. Current Opinion in Biotechnology, 1995, 6 (3): 320-328.

[133] Rajakumar S, Gaskell J, Cullen D, et al. Lip-like genes in Phanerochaete sordida and Ceriporiopsis subvermispora, white rot fungi with no detectable lignin peroxidase activity. Applied and Environmental Microbiology, 1996, 62 (7): 2660-2663.

[134] Breen A, Singleton F L. Fungi in lignocellulose breakdown and biopulping. Current Opinion in Biotechnology, 1999, 10 (3): 252-258.

[135] Martinez M J, Ruiz Dueñas F J, Guillén F, et al. Purification and catalytic properties of two manganese peroxidase isoenzymes from Pleurotus eryngii. The Febs Journal, 1996, 237 (2): 424-432.

[136] Wan C, Li Y. Fungal pretreatment of lignocellulosic biomass. Biotechnology Advances, 2012, 30 (6): 1447-1457.

[137] Kiiskinen L, Palonen H, Linder M, et al. Laccase from Melanocarpus albomyces binds effectively to cellulose. Febs Letters, 2004, 576 (1-2): 251-255.

[138] Bourbonnais R, Paice M G. Oxidation of non-phenolic substrates: an expanded role for laccase in lignin biodegradation. Febs Letters, 1990, 267 (1): 99-102.

[139] van Kuijk S, Sonnenberg A, Baars J, et al. Fungal treated lignocellulosic biomass as ruminant feed ingredient: a review. Biotechnology Advances, 2015, 33 (1): 191-202.

[140] Labuschagne P M, Eicker A, Aveling T, et al. Influence of wheat cultivars on straw quality and Pleurotus ostreatus cultivation. Bioresource Technology, 2000, 71 (1): 71-75.

[141] Arora D S, Sharma R K. Enhancement in in vitro digestibility of wheat straw obtained from different geographical regions during solid state fermentation by white rot fungi. Bioresources, 2009, 4 (3): 909-920.

[142] Bonnarme P, Jeffries T W. Mn(Ⅱ) regulation of lignin peroxidases and manganese-dependent peroxidases from lignin-degrading white rot fungi. Applied and Environmental Microbiology, 1990, 56 (1): 210-217.

[143] Cone J W, Baars J, Sonnenberg A, et al. Fungal strain and incubation period affect chemical composition and nutrient availability of wheat straw for rumen fermentation. Bioresource Technology, 2012, 111: 336-342.

[144] Membrillo I, Sánchez C, Meneses M, et al. Effect of substrate particle size and additional nitrogen source on production of lignocellulolytic enzymes by Pleurotus ostreatus strains. Bioresource Technology, 2008, 99 (16): 7842-7847.

[145] Stajić M, Persky L, Friesem D, et al. Effect of different carbon and nitrogen sources on laccase and peroxidases production by selected Pleurotus species. Enzyme and Microbial Technology, 2006, 38 (1): 65-73.

[146] Sachs M S. Posttranscriptional control of gene expression in filamentous fungi. Fungal Genetics and Biology, 1998, 23 (2): 117-125.

[147] Gómez S Q, Cuenca A A, Flores Y M, et al. Effect of particle size and aeration on the biological delignification of corn straw using Trametes sp44. Bioresources, 2011, 7 (1): 327-344.

[148] Baldrian P. Fungal laccases-occurrence and properties. Fems Microbiology Reviews, 2006, 30 (2): 215-242.

[149] Reid I D. Optimization of solid-state fermentation for selective delignification of aspen wood with Phlebia tremellosa. Enzyme and Microbial Technology, 1989, 11 (12): 804-809.

[150] Hatakka A I. Pretreatment of wheat straw by white-rot fungi for enzymic saccharification of cellulose. Applied Microbiology and Biotechnology, 1983, 18 (6): 350-357.

[151] Asgher M, Asad M J, Legge R L. Enhanced lignin peroxidase synthesis by Phanerochaete chrysosporium in solid state bioprocessing of a lignocellulosic substrate. World Journal of Microbiology and Biotechnology, 2006, 22 (5): 449-453.

[152] Kuittinen S, Rodriguez Y P, Yang M, et al. Effect of Microwave-Assisted Pretreatment Conditions on Hemicellulose Conversion and Enzymatic Hydrolysis of Norway Spruce. Bioenergy Research, 2016, 9 (1): 344-354.

[153] Zhu S, Wu Y, Yu Z, et al. Microwave-assisted Alkali Pre-treatment of Wheat Straw and its Enzymatic Hydrolysis. Biosystems Engineering, 2006, 94 (3): 437-442.

[154] Hu Y, Pang Y Z, Yuan H R, et al. Promoting anaerobic biogasification of corn stover through biological pretreatment by liquid fraction of digestate (LFD) . Bioresource Technology, 2015, 175: 167-173.

[155] Doto S P, Liu J X. Effects of direct-fed microbials and their combinations with yeast culture on in vitro rumen fermentation characteristics. Journal of Animal & Feed Sciences, 2011, 20 (2): 259-271.

[156] Hackmann T J, Spain J N. Invited review: ruminant ecology and evolution: perspectives useful to ruminant livestock research and production. Journal of Dairy Science, 2010, 93 (4): 1320-1334.

[157] Krause D O, Russell J B. An rRNA approach for assessing the role of obligate amino acid-

fermenting bacteria in ruminal amino acid deamination. Applied & Environmental Microbiology, 1996, 62 (3): 815-821.

[158] Mcsweeney C S, Blackall L L, Collins E, et al. Enrichment, isolation and characterisation of ruminal bacteria that degrade non-protein amino acids from the tropical legume Acacia angustissima. Animal Feed Science & Technology, 2005, 121 (1): 191-204.

[159] Yue Q, Yang H J, Cao Y C, et al. Feruloyl and acetyl esterase production of an anaerobic rumen fungus Neocallimastix sp YQ2 effected by glucose and soluble nitrogen supplementations and its potential in the hydrolysis of fibrous feedstuffs. Animal Feed Science & Technology, 2009, 153 (3): 263-277.

[160] Williams A G, Coleman G S. The rumen protozoa. Brock/springer, 1992: 73-139.

[161] Firkins J L. Maximizing microbial protein synthesis in the rumen. Journal of Nutrition, 1996, 126 (4): 1347.

[162] Williams A G, Withers S E, Orpin C G. Effect of the carbohydrate growth substrate on polysaccharolytic enzyme formation by anaerobic fungi isolated from the foregut and hindgut of nonruminant herbivores and the forestomach of ruminants. Letters in Applied Microbiology, 1994, 18 (3): 147-151.

[163] O'Sullivan C, Burrell P C, Pasmore M, et al. Application of flowcell technology for monitoring biofilm development and cellulose degradation in leachate and rumen systems. Bioresour Technol, 2009, 100 (1): 492-496.

[164] Miron J, Benghedalia D, Morrison M. Invited review: adhesion mechanisms of rumen cellulolytic bacteria. Journal of Dairy Science, 2001, 84 (6): 1294-1309.

[165] Hu Z H, Liu S Y, Yue Z B, et al. Microscale analysis of in vitro anaerobic degradation of lignocellulosic wastes by rumen microorganisms. Environmental Science & Technology, 2008, 42 (1): 276-281.

[166] Zang G L, Sheng G P, Tong Z H, et al. Direct Electricity Recovery from Canna indica by an Air-Cathode Microbial Fuel Cell Inoculated with Rumen Microorganisms. Environmental Science & Technology, 2010, 44 (7): 2715-2720.

[167] Susmel P, Stefanon B. Aspects of lignin degradation by rumen microorganisms. Journal of Biotechnology, 1993, 30 (1): 141-148.

[168] Li F, Zhang P, Zhang G, et al. Enhancement of corn stover hydrolysis with rumen fluid pretreatment at different solid contents: Effect, structural changes and enzymes participation. International Biodeterioration & Biodegradation, 2016.

[169] Hu Z H, Yu H Q. Application of rumen microorganisms for enhanced anaerobic fermentation of corn stover. Process Biochemistry, 2005, 40 (7): 2371-2377.

[170] Lazuka A, Auer L, Bozonnet S, et al. Efficient anaerobic transformation of raw wheat

straw by a robust cow rumen-derived microbial consortium. Bioresource Technology, 2015, 196: 241.

[171] Hu Z H, Yu H Q, Zheng J C. Application of response surface methodology for optimization of acidogenesis of cattail by rumen cultures. Bioresource Technology, 2006, 97 (16): 2103-2109.

[172] Yue Z B, Yu H Q, Harada H, et al. Optimization of anaerobic acidogenesis of an aquatic plant, Canna indica L, by rumen cultures. Water Research, 2007, 41 (11): 2361-2370.

[173] Yue Z B, Wang J, Liu X M, et al. Comparison of rumen microorganism and digester sludge dominated anaerobic digestion processes for aquatic plants. Renewable Energy, 2012, 46 (5): 255-258.

[174] Kivaisi A K, Eliapenda S. Application of rumen microorganisms for enhanced anaerobic degradation of bagasse and maize bran. Biomass & Bioenergy, 1995, 8 (1): 45-50.

[175] Zhang L, Sun X. Changes in physical, chemical and microbiological properties during the two-stage co-composting of green waste with spent mushroom compost and biochar. Bioresource Technology, 2014, 171: 274-284.

[176] Finney K N, Ryu C, Sharifi V N, et al. The reuse of spent mushroom compost and coal tailings for energy recovery: comparison of thermal treatment technologies. Bioresource Technology, 2009, 100 (1): 310-315.

[177] Azman S, Khadem A F, van Lier J B, et al. Presence and role of anaerobic hydrolytic microbes in conversion of lignocellulosic biomass for biogas production. Critical Reviews in Environmental Science and Technology, 2015, 45 (23): 2523-2564.

[178] Shi X, Yuan X, Wang Y, et al. Modeling of the methane production and pH value during the anaerobic co-digestion of dairy manure and spent mushroom substrate. Chemical Engineering Journal, 2014, 244: 258-263.

[179] Abbassi-Guendouz A, Brockmann D, Trably E, et al. Total solids content drives high solid anaerobic digestion via mass transfer limitation. Bioresource Technology, 2012, 111: 55-61.

[180] Fernández J, Pérez M, Romero L I. Effect of substrate concentration on dry mesophilic anaerobic digestion of organic fraction of municipal solid waste. Bioresource Technology, 2008, 99 (14): 6075-6080.

[181] Asanuma N, Hino T. Tolerance to low pH and lactate production in rumen bacteria. Animal Science and Technology (Japan), 1997: 15-22.

[182] Li L, Wen Y, Xu C, et al. Fermentation of lignocellulosic wastes for volatile fatty acids at different temperatures under alkaline condition. Trans Tech Publ, 2013: 85-91.

[183] Chiu S, Gao T, Chan C S, et al. Removal of spilled petroleum in industrial soils by spent

compost of mushroom Pleurotus pulmonarius. Chemosphere，2009，75 (6)：837-842.

[184] Lin Y，Ge X，Liu Z，et al. Integration of Shiitake cultivation and solid-state anaerobic digestion for utilization of woody biomass. Bioresource Technology，2015，182：128-135.

[185] Zhou A，Guo Z，Yang C，et al. Volatile fatty acids productivity by anaerobic co-digesting waste activated sludge and corn straw：effect of feedstock proportion. Journal of Biotechnology，2013，168 (2)：234-239.

[186] Zhang H，Zhang P，Ye J，et al. Improvement of methane production from rice straw with rumen fluid pretreatment：A feasibility study. International Biodeterioration and Biodegradation，2016，113：9-16.

[187] Ucisik A S，Henze M. Biological hydrolysis and acidification of sludge under anaerobic conditions：the effect of sludge type and origin on the production and composition of volatile fatty acids. Water Research，2008，42 (14)：3729-3738.

[188] Yi J，Dong B，Jin J，et al. Effect of increasing total solids contents on anaerobic digestion of food waste under mesophilic conditions：performance and microbial characteristics analysis. Plos One，2014，9 (7)：e102548.

[189] Miron Y，Zeeman G，van Lier J B，et al. The role of sludge retention time in the hydrolysis and acidification of lipids，carbohydrates and proteins during digestion of primary sludge in CSTR systems. Water Research，2000，34 (5)：1705-1713.

[190] Wang Q，Jiang J，Zhang Y，et al. Effect of initial total solids concentration on volatile fatty acid production from food waste during anaerobic acidification. Environmental Technology，2015，36 (15)：1884-1891.

[191] Zhang P，Chen Y，Zhou Q. Waste activated sludge hydrolysis and short-chain fatty acids accumulation under mesophilic and thermophilic conditions：effect of pH. Water Research，2009，43 (15)：3735-3742.

[192] Mohd-Zaki Z，Bastidas-Oyanedel J R，Lu Y，et al. Influence of pH regulation mode in glucose fermentation on product selection and process stability. Microorganisms，2016，4 (1)：2-8.

[193] Kang X，Zhang G，Chen L，et al. Effect of initial pH adjustment on hydrolysis and acidification of sludge by ultrasonic pretreatment. Industrial and Engineering Chemistry Research，2011，50 (22)：12372-12378.

[194] Behera S，Arora R，Nandhagopal N，et al. Importance of chemical pretreatment for bioconversion of lignocellulosic biomass. Renewable and Sustainable Energy Reviews，2014，36：91-106.

[195] Tuyen V D，Cone J W，Baars J，et al. Fungal strain and incubation period affect chemical composition and nutrient availability of wheat straw for rumen fermentation. Bioresource

Technology, 2012, 111: 336-342.

[196] Niemenmaa O, Galkin S, Hatakka A. Ergosterol contents of some wood-rotting basidiomycete fungi grown in liquid and solid culture conditions. International Biodeterioration and Biodegradation, 2008, 62 (2): 125-134.

[197] Cruz-Morató C, Ferrando-Climent L, Rodriguez-Mozaz S, et al. Degradation of pharmaceuticals in non-sterile urban wastewater by Trametes versicolor in a fluidized bed bioreactor. Water Research, 2013, 47 (14): 5200-5210.

[198] Zahmatkesh M, Spanjers H, Toran M J, et al. Bioremoval of humic acid from water by white rot fungi: exploring the removal mechanisms. AMB Express, 2016, 6 (1): 118-125.

[199] Paszczyński A, Crawford R L, Huynh V. Manganese peroxidase of Phanerochaete chrysosporium: purification. Methods in Enzymology, 1988, 161: 264-270.

[200] Tien M, Kirk T K. Lignin peroxidase of Phanerochaete chrysosporium. Methods in Enzymology, 1988, 161: 238-249.

[201] Fang W, Ye J, Zhang P, et al. Solid-state anaerobic fermentation of spent mushroom compost for volatile fatty acids production by pH regulation. International Journal of Hydrogen Energy, 2017, 42 (29): 18295-18300.

[202] Rughoonundun H, Mohee R, Holtzapple M T. Influence of carbon-to-nitrogen ratio on the mixed-acid fermentation of wastewater sludge and pretreated bagasse. Bioresource Technology, 2012, 112: 91-97.

[203] Bari E, Nazarnezhad N, Kazemi S M, et al. Comparison between degradation capabilities of the white rot fungi Pleurotus ostreatus and Trametes versicolor in beech wood. International Biodeterioration and Biodegradation, 2015, 104: 231-237.

[204] Morgan-Sagastume F, Pratt S, Karlsson A, et al. Production of volatile fatty acids by fermentation of waste activated sludge pre-treated in full-scale thermal hydrolysis plants. Bioresource Technology, 2011, 102 (3): 3089-3097.

[205] Yu L, Bule M, Ma J, et al. Enhancing volatile fatty acid (VFA) and bio-methane production from lawn grass with pretreatment. Bioresource Technology, 2014, 162: 243-249.

[206] Mussoline W, Esposito G, Lens P, et al. Enhanced methane production from rice straw co-digested with anaerobic sludge from pulp and paper mill treatment process. Bioresource Technology, 2013, 148: 135-143.

[207] Kirk T K, Connors W J, Zeikus J G. Requirement for a growth substrate during lignin decomposition by two wood-rotting fungi. Applied and Environmental Microbiology, 1976, 32 (1): 192-194.

[208] Yang L, Xu F, Ge X, et al. Challenges and strategies for solid-state anaerobic digestion of

lignocellulosic biomass. Renewable and Sustainable Energy Reviews, 2015, 44: 824-834.

[209] Bååth E. Estimation of fungal growth rates in soil using 14 C-acetate incorporation into ergostero. Soil Biology and Biochemistry, 2001, 33 (14): 2011-2018.

[210] Seitz L M, Mohr H E, Burroughs R, et al. Ergosterol as an indicator of fungal invasion in grains. Cereal Chemistry, 1977: 152-165.

[211] Gao Y, Chen T, Breuil C. Ergosterol—a measure of fungal growth in wood for staining and pitch control fungi. Biotechnology Techniques, 1993, 7 (9): 621-626.

[212] Curvetto N R, Figlas D, Devalis R, et al. Growth and productivity of different Pleurotus ostreatus strains on sunflower seed hulls supplemented with N-NH_4^+ and/or Mn (Ⅱ). Bioresource Technology, 2002, 84 (2): 171-176.

[213] Zhang R, Li X, Fadel J G. Oyster mushroom cultivation with rice and wheat straw. Bioresource Technology, 2002, 82 (3): 277-284.

[214] Bisaria R, Madan M, Vasudevan P. Utilisation of agro-residues as animal feed through bioconversion. Bioresource Technology, 1997, 59 (1): 5-8.

[215] van Kuijk S J, Sonnenberg A S, Baars J J, et al. Fungal treatment of lignocellulosic biomass: Importance of fungal species, colonization and time on chemical composition and in vitro rumen degradability. Animal Feed Science and Technology, 2015, 209: 40-50.

[216] Owaid M N, Abed A M, Nassar B M. Recycling cardboard wastes to produce blue oyster mushroom Pleurotus ostreatus in Iraq. Emirates Journal of Food and Agriculture, 2015, 27 (7): 537-545.

[217] Ramasamy K, Kelley R L, Reddy C A. Lack of lignin degradation by glucose oxidase-negative mutants of Phanerochaete chrysosporium. Biochemical and Biophysical Research Communications, 1985, 131 (1): 436-441.

[218] Song L, Ma F, Zeng Y, et al. The promoting effects of manganese on biological pretreatment with Irpex lacteus and enzymatic hydrolysis of corn stover. Bioresource Technology, 2013, 135: 89-92.

[219] Hong C, Haiyun W. Optimization of volatile fatty acid production with co-substrate of food wastes and dewatered excess sludge using response surface methodology. Bioresource Technology, 2010, 101 (14): 5487-5493.

[220] Cheng J, Ding L, Lin R, et al. Fermentative biohydrogen and biomethane co-production from mixture of food waste and sewage sludge: Effects of physiochemical properties and mix ratios on fermentation performance. Applied Energy, 2016, 184: 1-8.

[221] Huang W, Huang W, Yuan T, et al. Volatile fatty acids (VFAs) production from swine manure through short-term dry anaerobic digestion and its separation from nitrogen and phosphorus resources in the digestate. Water Research, 2016, 90: 344-353.

[222] Chen W, Westerhoff P, Leenheer J A, et al. Fluorescence excitation-emission matrix regional integration to quantify spectra for dissolved organic matter. Environmental Science and Technology, 2003, 37 (24): 5701-5710.

[223] Yin B, Liu H, Wang Y, et al. Improving volatile fatty acids production by exploiting the residual substrates in post-fermented sludge: protease catalysis of refractory protein. Bioresource Technology, 2016, 203: 124-131.

[224] Wu Q, Guo W, Zheng H, et al. Enhancement of volatile fatty acid production by co-fermentation of food waste and excess sludge without pH control: The mechanism and microbial community analyses. Bioresource Technology, 2016, 216: 653-660.

[225] Wang X, Cheng X, Sun D. Autocatalysis in Reactive Black 5 biodecolorization by Rhodopseudomonas palustris W1. Applied Microbiology and Biotechnology, 2008, 80 (5): 907-915.

[226] Morales M, Ataman M, Badr S, et al. Sustainability assessment of succinic acid production technologies from biomass using metabolic engineering. Energy and Environmental Science, 2016, 9 (9): 2794-2805.

[227] Beeftink H H, van den Heuvel J C. Novel anaerobic gas-lift reactor (AGLR) with retention of biomass: Start-up routine and establishment of hold up. Biotechnology and Bioengineering, 1987, 30 (2): 233-238.

[228] Kistner A, Therion J, Kornelius J H, et al. Effect of pH on specific growth rates of rumen bacteria, 1979, 10 (2-3): 268-270.

[229] Demirel B, Scherer P. The roles of acetotrophic and hydrogenotrophic methanogens during anaerobic conversion of biomass to methane: a review. Reviews in Environmental Science and Biotechnology, 2008, 7 (2): 173-190.

[230] Ferry J G. Methanogenesis: ecology, physiology, biochemistry and genetics. Springer Science and Business Media, 2012.

[231] Fang H H, Liu H. Effect of pH on hydrogen production from glucose by a mixed culture. Bioresource Technology, 2002, 82 (1): 87-93.

[232] Lens P N, De Beer D, Cronenberg C C, et al. Heterogeneous distribution of microbial activity in methanogenic aggregates: pH and glucose microprofiles. Applied and Environmental Microbiology, 1993, 59 (11): 3803-3815.

[233] Yamaguchi T, Yamazaki S, Uemura S, et al. Microbial-ecological significance of sulfide precipitation within anaerobic granular sludge revealed by micro-electrodes study. Water Research, 2001, 35 (14): 3411-3417.

[234] Stewart P S. Diffusion in biofilms. Journal of Bacteriology, 2003, 185 (5): 1485-1491.

[235] Ohnishi A, Bando Y, Fujimoto N, et al. Development of a simple bio-hydrogen production sys-

tem through dark fermentation by using unique microflora. International Journal of Hydrogen Energy, 2010, 35 (16): 8544-8553.

[236] Ohnishi A, Hasegawa Y, Abe S, et al. Hydrogen fermentation using lactate as the sole carbon source: Solution for 'blind spots' in biofuel production. RSC Advances, 2012, 2 (22): 8332-8340.

[237] Watanabe Y, Nagai F, Morotomi M. Characterization of Phascolarctobacterium succinatutens sp nov, an asaccharolytic, succinate-utilizing bacterium isolated from human feces. Applied and Environmental Microbiology, 2012, 78 (2): 511-518.

[238] Weimer P J, Moen G N. Quantitative analysis of growth and volatile fatty acid production by the anaerobic ruminal bacterium Megasphaera elsdenii T81. Applied Microbiology and Biotechnology, 2013, 97 (9): 4075-4081.

[239] Buckel W, Thauer R K. Energy conservation via electron bifurcating ferredoxin reduction and proton/Na^+ translocating ferredoxin oxidation. Biochimica et Biophysica Acta (BBA)-Bioenergetics, 2013, 1827 (2): 94-113.

[240] Wallace R J. Control of lactate production by Selenomonas ruminantium: homotropic activation of lactate dehydrogenase by pyruvate. Microbiology, 1978, 107 (1): 45-52.

[241] Hino T, Shimada K, Maruyama T. Substrate preference in a strain of Megasphaera elsdenii, a ruminal bacterium, and its implications in propionate production and growth competition. Applied and Environmental Microbiology, 1994, 60 (6): 1827-1831.

[242] Prabhu R, Altman E, Eiteman M A. Lactate and acrylate metabolism by Megasphaera elsdenii under batch and steady-state conditions. Applied and Environmental Microbiology, 2012, 78 (24): 8564-8570.

[243] Bryant M P. The characteristics of strains of Selenomonas isolated from bovine rumen contents. Journal of Bacteriology, 1956, 72 (2): 162-167.

[244] Bryant M P, Small N, Bouma C, et al. Bacteroides ruminicola n sp and Succinimonas amylolytica the new genus and species: species of succinic acid-producing anaerobic bacteria of the bovine rumen. Journal of Bacteriology, 1958, 76 (1): 15-22.

[245] Lou J, Dawson K A, Strobel H J. Glycogen Formation by the Ruminal Bacterium Prevotella ruminicola. Applied and Environmental Microbiology, 1997, 63 (4): 1483-1488.

[246] Howlett M R, Mountfort D O, Turner K W, et al. Metabolism and growth yields in Bacteroides ruminicola strain b14. Applied and Environmental Microbiology, 1976, 32 (2): 274-283.

[247] 国家统计局. 中国统计年鉴. 北京：中国统计出版社，2009.

[248] Gu Y, Chen X, Liu Z, et al. Effect of inoculum sources on the anaerobic digestion of rice straw. Bioresource Technology, 2014, 158 (4): 149-155.

[249] Song Z L，Gai-He Y，Feng Y Z，et al. Pretreatment of Rice Straw by Hydrogen Peroxide for Enhanced Methane Yield. Journal of Integrative Agriculture，2013，12 (7)：1258-1266.

[250] Chen X，Zhang Y L，Yu G，et al. Enhancing methane production from rice straw by extrusion pretreatment. Applied Energy，2014，122 (2)：34-41.

[251] Ferreira L C，Donosobravo A，Nilsen P J，et al. Influence of thermal pretreatment on the biochemical methane potential of wheat straw. Bioresource Technology，2013，143 (9)：251-257.

[252] Yan L，Gao Y，Wang Y，et al. Diversity of a mesophilic lignocellulolytic microbial consortium which is useful for enhancement of biogas production. Bioresource Technology，2012，111 (5)：49-54.

[253] Bruni E，Jensen A P，Angelidaki I. Comparative study of mechanical，hydrothermal，chemical and enzymatic treatments of digested biofibers to improve biogas production. Bioresource Technology，2010，101 (22)：8713-8717.

[254] Yuan X，Wen B，Ma X，et al. Enhancing the anaerobic digestion of lignocellulose of municipal solid waste using a microbial pretreatment method. Bioresource Technology，2014，154 (1)：1-9.

[255] Creevey C J，Kelly W J，Henderson G，et al. Determining the culturability of the rumen bacterial microbiome. Microbial Biotechnology，2014，7 (5)：467-479.

[256] O'Sullivan C A，Burrell P C，Clarke W P，et al. Comparison of cellulose solubilisation rates in rumen and landfill leachate inoculated reactors. Bioresource Technology，2006，97 (18)：2356-2363.

[257] Song H，Clarke W P，Blackall L L. Concurrent microscopic observations and activity measurements of cellulose hydrolyzing and methanogenic populations during the batch anaerobic digestion of crystalline cellulose. Biotechnology and Bioengineering，2005，91 (3)：369-378.

[258] Liu C M，Yuan H R，Zou D X，et al. Improving biomethane production and mass bioconversion of corn stover anaerobic digestion by adding NaOH pretreatment and trace elements. Biomed Research International，2015，2015：1-8.

[259] Li Y，Lu F，Zhang R，et al. Influence of Inoculum Source and Pre-incubation on Bio-Methane Potential of Chicken Manure and Corn Stover. Applied Biochemistry and Biotechnology，2013，171 (1)：117-127.

[260] van Soest P J，Robertson J B，Lewis B A. Methods for Dietary Fiber，Neutral Detergent Fiber and Nonstarch Polysaccharides in Relation to Animal Nutrition. Journal of Dairy Science，1991，74 (10)：3583-3597.

[261] Park G W，Seo C，Jung K，et al. A comprehensive study on volatile fatty acids production from rice straw coupled with microbial community analysis. Bioprocess and Biosystems Engineering，2015，38 (6)：1-10.

[262] Siegert I，Banks C. The effect of volatile fatty acid additions on the anaerobic digestion of cellulose and glucose in batch reactors. Process Biochemistry，2005，40 (11)：3412-3418.

[263] Zhang Q，He J，Tian M，et al. Enhancement of methane production from cassava residues by biological pretreatment using a constructed microbial consortium. Bioresource Technology，2011，102 (19)：8899-8906.

[264] Wang Y Y，Zhang Y L，Wang J B，et al. Effects of volatile fatty acid concentrations on methane yield and methanogenic bacteria. Biomass & Bioenergy，2009，33 (5)：848-853.

[265] 张海燕，王传宽，王兴昌．温带12个树种新老树枝非结构性碳水化合物浓度比较．生态学报，2013，33 (18)：5675-5685.

[266] Bugg T D，Ahmad M，Hardiman E M，et al. Pathways for degradation of lignin in bacteria and fungi. ChemInform，2012，43 (9)：1883-1896.

[267] Zheng M，Li X，Li L，et al. Enhancing anaerobic biogasification of corn stover through wet state NaOH pretreatment. Bioresource Technology，2009，100 (21)：5140-5145.

[268] Chandra R，Takeuchi H，Hasegawa T. Hydrothermal pretreatment of rice straw biomass：A potential and promising method for enhanced methane production. Applied Energy，2012，94 (94)：129-140.

[269] Ghosh A，Bhattacharyya B C. Biomethanation of white rotted and brown rotted rice straw. Bioprocess and Biosystems Engineering，1999，20 (4)：297-302.

[270] Yu H W，Samani Z，Hanson A，et al. Energy Production and Compost Generation from a Segregated Municipal Waste Stream Using Bi-phasic Anaerobic Digestion. Proceedings of the Water Environment Federation，2001，2001 (4)：197-219.

[271] Sari M，Ferret A，Calsamiglia S. Effect of pH on in vitro microbial fermentation and nutrient flow in diets containing barley straw or non-forage fiber sources. Animal Feed Science & Technology，2015，200 (2)：17-24.

[272] Meng Y，Mumme J，Xu H，et al. A biologically inspired variable-pH strategy for enhancing short-chain fatty acids (SCFAs) accumulation in maize straw fermentation. Bioresource Technology，2015，201：329.

[273] Hu Z H，Wang G，Yu H Q. Anaerobic degradation of cellulose by rumen microorganisms at various pH values. Biochemical Engineering Journal，2004，21 (1)：59-62.

[274] 冯仰廉．反刍动物瘤胃营养学．北京：科学出版社，2004.

[275] Mcdougall E I. The composition and output of sheep's saliva. Biochemical Journal，1948，43 (1)：99-109.

[276] Russell J B, Rychlik J L. Factors That Alter Rumen Microbial Ecology. Science, 2001, 292 (292): 1119-1122.

[277] Russell J B, Wilson D B. Why are ruminal cellulolytic bacteria unable to digest cellulose at low pH? Journal of Dairy Science, 1996, 79 (8): 1503-1509.

[278] Yue Z B, Yu H Q, Wang J L, et al. Anaerobic batch degradation of cattail by rumen cultures. International Journal of Environment & Pollution, 2009, 38 (3): 36-41.

[279] Hu Z H, Yu H Q. Anaerobic digestion of cattail by rumen cultures. Waste Management, 2006, 26 (11): 1222-1228.

[280] Calsamiglia S, Cardozo P W, Ferret A, et al. Changes in rumen microbial fermentation are due to a combined effect of type of diet and pH. Journal of Animal Science, 2008, 86 (3): 702.

[281] Martin S A. Nutrient transport by ruminal bacteria: a review. Journal of Animal Science, 1994, 72 (11): 3019-3031.

[282] Halliwell G, Bryant M P. The cellulolytic activity of pure strains of bacteria from the rumen of cattle. Journal of General Microbiology, 1963, 32 (3): 441-448.

[283] 岳正波．水生植物的瘤胃微生物转化．安徽：化学与材料科学学院，2008：7-13.

[284] Jami E, Israel A, Kotser A, et al. Exploring the bovine rumen bacterial community from birth to adulthood. Isme Journal, 2013, 7 (6): 1069.

[285] Guo W, Li Y, Wang L, et al. Evaluation of composition and individual variability of rumen microbiota in yaks by 16S rRNA high-throughput sequencing technology. Anaerobe, 2015, 34: 74-79.

[286] Jami E, Mizrahi I. Composition and Similarity of Bovine Rumen Microbiota across Individual Animals. Plos One, 2012, 7 (3): e33306.

[287] Solden L M, Hoyt D W, Collins W B, et al. New roles in hemicellulosic sugar fermentation for the uncultivated Bacteroidetes family BS11. Isme Journal, 2017.

[288] Dai X, Zhu Y, Luo Y, et al. Metagenomic insights into the fibrolytic microbiome in yak rumen. Plos One, 2012, 7 (7): e40430.

[289] Singh K M, Tripathi A K, Pandya P R, et al. Methanogen diversity in the rumen of Indian Surti buffalo (Bubalus bubalis), assessed by 16S rDNA analysis. Journal of Applied Genetics, 2010, 51 (3): 395-402.

[290] Mccann J C, Drewery M L, Sawyer J E, et al. Effect of postextraction algal residue supplementation on the ruminal microbiome of steers consuming low-quality forage. Journal of Animal Science, 2014, 92 (11): 5063.

[291] Fernando S C, Ii H T P, Najar F Z, et al. Rumen Microbial Population Dynamics during Adaptation to a High-Grain Diet. Applied & Environmental Microbiology, 2010, 76

(22): 7482-7490.

[292] Thoetkiattikul H, Mhuantong W, Laothanachareon T, et al. Comparative analysis of microbial profiles in cow rumen fed with different dietary fiber by tagged 16S rRNA gene pyrosequencing. Current Microbiology, 2013, 67 (2): 130-137.

[293] Russell J B, Dombrowski D B. Effect of pH on the efficiency of growth by pure cultures of rumen bacteria in continuous culture. Applied & Environmental Microbiology, 1980, 39 (3): 604-610.

[294] Nagaraja T G, Chengappa M M. Liver abscesses in feedlot cattle: a review. Journal of Animal Science, 1998, 76 (1): 287.

[295] Pinloche E, Mcewan N, Marden J P, et al. The Effects of a Probiotic Yeast on the Bacterial Diversity and Population Structure in the Rumen of Cattle. Plos One, 2013, 8 (7): e67824.

[296] Nishiyama T, Ueki A, Kaku N, et al. Bacteroides graminisolvens sp nov, a xylanolytic anaerobe isolated from a methanogenic reactor treating cattle waste. International Journal of Systematic & Evolutionary Microbiology, 2009, 59 (8): 1901.

[297] Ziemer C J. Broad Diversity and Newly Cultured Bacterial Isolates from Enrichment of Pig Feces on Complex Polysaccharides. Microbial Ecology, 2013, 66 (2): 448.

[298] Flint H J, Bayer E A, Rincon M T, et al. Polysaccharide utilization by gut bacteria: potential for new insights from genomic analysis. Nature Reviews Microbiology, 2008, 6 (2): 121-131.

[299] Abdou L, Boileau C, De P P, et al. Transcriptional regulation of the Clostridium cellulolyticum cip-cel operon: a complex mechanism involving a catabolite-responsive element. Journal of Bacteriology, 2008, 190 (5): 1499-1506.

[300] Ravachol J, Borne R, Meynial-Salles I, et al. Combining free and aggregated cellulolytic systems in the cellulosome-producing bacterium Ruminiclostridium cellulolyticum. Biotechnology for Biofuels, 2015, 8 (1): 114.

[301] Varel V H. Reisolation and characterization of Clostridium longisporum, a ruminal sporeforming cellulolytic anaerobe. Archives of Microbiology, 1989, 152 (3): 209-214.

[302] Jung Y H, Hong J C, Lee J S, et al. Evaluation of a transgenic poplar as a potential biomass crop for biofuel production. Bioresource Technology, 2013, 129 (2): 639.

[303] Bodirlau R, Teaca C, Spiridon I. Influence of Ionic Liquid on Hydrolyzed Cellulose Material: FT-IR Spectroscopy and TG-DTG-DSC Analysis. International Journal of Polymer Analysis & Characterization, 2010, 15 (7): 460-469.

[304] Huang Y, Wei Z, Qiu Z, et al. Study on structure and pyrolysis behavior of lignin derived from corncob acid hydrolysis residue. Journal of Analytical & Applied Pyrolysis, 2011, 93

(1)：153-159.

[305] Wang B，Wang X J，Feng H. Deconstructing recalcitrant Miscanthus with alkaline peroxide and electrolyzed water. Bioresource Technology，2010，101（2）：752-760.

[306] Phitsuwan P，Sakka K，Ratanakhanokchai K. Structural changes and enzymatic response of Napier grass（Pennisetum purpureum）stem induced by alkaline pretreatment. Bioresource Technology，2016，218：247-256.

[307] Kumar R，Mago G，Balan V，et al. Physical and chemical characterizations of corn stover and poplar solids resulting from leading pretreatment technologies. Bioresource Technology，2009，100（17）：3948-3962.

[308] Tambone F，Scaglia B，D Imporzano G，et al. Assessing amendment and fertilizing properties of digestates from anaerobic digestion through a comparative study with digested sludge and compost. Chemosphere，2010，81（5）：577-583.

[309] Garoma T，Pappaterra D. An investigation of ultrasound effect on digestate solubilization and methane yield. Waste Management，2017.

[310] Yue Z，Teater C，Liu Y，et al. A sustainable pathway of cellulosic ethanol production integrating anaerobic digestion with biorefining. Biotechnology and Bioengineering，2010，105（6）：1031-1039.

[311] Liu X，Liu H，Chen J，et al. Enhancement of solubilization and acidification of waste activated sludge by pretreatment. Waste Management，2008，28（12）：2614-2622.

[312] Gao Z，Fan Q，He Z，et al. Effect of biodegradation on thermogravimetric and chemical characteristics of hardwood and softwood by brown-rot fungus. Bioresource Technology，2016，211：443-450.

[313] Yang X，Zeng Y，Ma F，et al. Effect of biopretreatment on thermogravimetric and chemical characteristics of corn stover by different white-rot fungi. Bioresource Technology，2010，101（14）：5475-5479.

[314] Kumaran S，Sastry C A，Vikineswary S. Laccase，cellulase and xylanase activities during growth of Pleurotus sajor-caju on sagohampas. World Journal of Microbiology and Biotechnology，1997，13（1）：43-49.

[315] Zhong W，Zhang Z，Luo Y，et al. Effect of biological pretreatments in enhancing corn straw biogas production. Bioresource Technology，2011，102（24）：11177-11182.

[316] Taniguchi M，Suzuki H，Watanabe D，et al. Evaluation of pretreatment with Pleurotus ostreatus for enzymatic hydrolysis of rice straw. Journal of Bioscience and Bioengineering，2005，100（6）：637-643.

[317] Ortega G M，Martinez E O，González P C，et al. Enzyme activities and substrate degradation during white rot fungi growth on sugar-cane straw in a solid state fermentation. World

Journal of Microbiology and Biotechnology, 1993, 9 (2): 210-212.

[318] Moore D, Robson G D, Trinci A P. 21st century guidebook to fungi with CD. Cambridge University Press, 2011: 356-363.

[319] Tavares A, Coelho M, Agapito M, et al. Optimization and modeling of laccase production by Trametes versicolor in a bioreactor using statistical experimental design. Applied Biochemistry and Biotechnology, 2006, 134 (3): 233-248.

[320] Kishi K, Wariishi H, Marquez L, et al. Mechanism of manganese peroxidase compound Ⅱ reduction Effect of organic acid chelators and pH. Biochemistry, 1994, 33 (29): 8694-8701.

[321] Rahmawati N, Ohashi Y, Watanabe T, et al. Ceriporic Acid B, An extracellular metabolite of ceriporiopsis subvermispora, suppresses the depolymerization of cellulose by the fenton reaction. Biomacromolecules, 2005, 6 (5): 2851-2856.

[322] Sharma R K, Arora D S. Fungal degradation of lignocellulosic residues: An aspect of improved nutritive quality. Critical Reviews in Microbiology, 2015, 41 (1): 52-60.

[323] Dong X Q, Yang J S, Zhu N, et al. Sugarcane bagasse degradation and characterization of three white-rot fungi. Bioresource Technology, 2013, 131: 443-451.

[324] Bugg T D, Ahmad M, Hardiman E M, et al. Pathways for degradation of lignin in bacteria and fungi. Natural Product Reports, 2011, 28 (12): 1883-1896.

[325] Chen C, Chang H, Kirk T K. Carboxylic acids produced through oxidative cleavage of aromatic rings during degradation of lignin in spruce wood by Phanerochaete chrysosporium. Journal of Wood Chemistry and Technology, 1983, 3 (1): 35-57.

[326] Qiu Z H, Aita G M, Walker M S. Effect of ionic liquid pretreatment on the chemical composition, structure and enzymatic hydrolysis of energy cane bagasse. Bioresource Technology, 2012, 117 (4): 251-256.

[327] Zhu S, Huang W, Huang W, et al. Pretreatment of rice straw for ethanol production by a two-step process using dilute sulfuric acid and sulfomethylation reagent. Applied Energy, 2015, 154: 190-196.

[328] Silverstein R A, Chen Y, Sharma-Shivappa R R, et al. A comparison of chemical pretreatment methods for improving saccharification of cotton stalks. Bioresource Technology, 2007, 98 (16): 3000-3011.

[329] Jin S, Zhang G, Zhang P, et al. Microwave assisted alkaline pretreatment to enhance enzymatic saccharification of catalpa sawdust. Bioresource Technology, 2016, 221: 26.

[330] Silva G T D, Chiarello L M, Lima E M, et al. Sono-assisted alkaline pretreatment of sugarcane bagasse for cellulosic ethanol production. Catalysis Today, 2016, 269: 21-28.

[331] Da S A, Inoue H, Endo T, et al. Milling pretreatment of sugarcane bagasse and straw for

enzymatic hydrolysis and ethanol fermentation. Bioresource Technology, 2010, 101 (19): 7402.

[332] Hideno A, Inoue H, Tsukahara K, et al. Wet disk milling pretreatment without sulfuric acid for enzymatic hydrolysis of rice straw. Bioresour Technol, 2009, 100 (10): 2706-2711.

[333] Zhu S D, Wu Y X, Yu Z N, et al. Production of ethanol from microwave-assisted alkali pretreated wheat straw. Process Biochemistry, 2006, 41 (4): 869-873.

[334] Kim I, Han J I. Optimization of alkaline pretreatment conditions for enhancing glucose yield of rice straw by response surface methodology. Biomass & Bioenergy, 2012, 46 (1): 210-217.

[335] Dai J, Wu Y, Chen S W, et al. Sugar compositional determination of polysaccharides from Dunaliella salina by modified RP-HPLC method of precolumn derivatization with 1-phenyl-3-methyl-5-pyrazolone. Carbohydrate Polymers, 2010, 82 (3): 629-635.

[336] Long W L, Idris A. Comparison of steam-alkali-chemical and microwave-alkali pretreatment for enhancing the enzymatic saccharification of oil palm trunk. Renewable Energy, 2016, 99: 738-746.

[337] Alvira P, Tomás-Pejó E, Ballesteros M, et al. Pretreatment technologies for an efficient bioethanol production process based on enzymatic hydrolysis: A review. Bioresource Technology, 2010, 101 (13): 4851.

[338] Yuan Z Q, Long J X, Wang T J, et al. Process intensification effect of ball milling on the hydrothermal pretreatment for corn straw enzymolysis. Energy Conversion & Management, 2015, 101 (2): 481-488.

[339] Keshwani D R, Cheng J J. Microwave-based alkali pretreatment of switchgrass and coastal bermudagrass for bioethanol production. Biotechnology Progress, 2010, 26 (3): 644-652.

[340] Zhu J, Wan C, Li Y. Enhanced solid-state anaerobic digestion of corn stover by alkaline pretreatment. Bioresource Technology, 2010, 101 (19): 7523.

[341] Ma H, Liu W W, Chen X, et al. Enhanced enzymatic saccharification of rice straw by microwave pretreatment. Bioresource Technology, 2009, 100 (3): 1279-1284.

[342] Lu Q L, Tang L R, Wang S, et al. An investigation on the characteristics of cellulose nanocrystals from Pennisetum sinese. Biomass & Bioenergy, 2014, 70: 267-272.

[343] Alemdar A, Sain M. Isolation and characterization of nanofibers from agricultural residues—Wheat straw and soy hulls. Bioresource Technology, 2008, 99 (6): 1664-1671.

[344] Wang M, Zhou D, Wang Y, et al. Bioethanol production from cotton stalk: A comparative study of various pretreatments. Fuel, 2016, 184: 527-532.

[345] Zhao C, Shao Q J, Ma Z Q, et al. Physical and chemical characterizations of corn stalk resulting from hydrogen peroxide presoaking prior to ammonia fiber expansion pretreatment. Industrial Crops & Products, 2016, 83 (2): 86-93.

[346] Wang Q, Wei W, Kingori G P, et al. Cell wall disruption in low temperature NaOH/urea solution and its potential application in lignocellulose pretreatment. Cellulose, 2015, 22 (6): 3559-3568.

[347] Gabov K, Gosselink R J A, Smeds A I, et al. Characterization of lignin extracted from birch wood by a modified hydrotropic process. Journal of Agricultural & Food Chemistry, 2014, 62 (44): 10759-10767.

[348] Zhang W, Liang M, Lu C. Morphological and structural development of hardwood cellulose during mechanochemical pretreatment in solid state through pan-milling. Cellulose, 2007, 14 (5): 447-456.

[349] Liao Z, Huang Z, Hu H, et al. Microscopic structure and properties changes of cassava stillage residue pretreated by mechanical activation. Bioresource Technology, 2011, 102 (17): 7953.

[350] Kim T H, Kim J S, Sunwoo C, et al. Pretreatment of corn stover by aqueous ammonia. Bioresource Technology, 2003, 90 (1): 39-47.

[351] Filho P F D S, Ribeiro V T, Santos E S D, et al. Simultaneous saccharification and fermentation of cactus pear biomass—evaluation of using different pretreatments. Industrial Crops & Products, 2016, 89: 425-433.

[352] Lee S H, Teramoto Y, Endo T. Enzymatic saccharification of woody biomass micro/nanofibrillated by continuous extrusion process I—Effect of additives with cellulose affinity. Bioresource Technology, 2009, 100 (1): 275-279.

[353] Long J, Li X, Guo B, et al. Catalytic delignification of sugarcane bagasse in the presence of acidic ionic liquids. Catalysis Today, 2013, 200 (1): 99-105.

[354] Inoue H, Yano S, Endo T, et al. Combining hot-compressed water and ball milling pretreatments to improve the efficiency of the enzymatic hydrolysis of eucalyptus. Biotechnology for Biofuels, 2008, 1 (1): 2.